Excel 与 Power BI

数据分析 从新手到高手

宋翔◎编著

清华大学出版社
北京

内容简介

本书详细介绍了使用Excel和Power BI Desktop进行数据分析的各项功能和使用方法，及其在人力、销售和财务中的实际应用。本书从结构上分为Excel数据分析和Power BI数据分析两部分，每部分中各章的先后顺序都是以数据分析的基本流程安排的，便于读者的学习和理解。本书包含大量案例，案例文件包括操作前的原始文件和操作后的结果文件，既便于读者上机练习，又可以在练习后进行效果对比，从而让读者快速掌握使用Excel和Power BI进行数据分析的操作方法和技巧。

本书附赠丰富的配套资源，包括本书案例的原始文件和结果文件、本书重点内容的多媒体视频教程、本书内容的教学PPT、Excel VBA程序开发PDF电子书、Excel函数速查PDF电子书、Excel快捷键速查PDF电子书、Excel文档模板、Windows 10多媒体视频教程。

本书适合所有想要学习使用Excel和Power BI进行数据分析、设计和制作各类报表以及专门从事数据分析工作的用户阅读，也可作为各类院校和培训班的Excel数据分析和Power BI数据分析的教材。

图书在版编目（CIP）数据

Excel 与 Power BI 数据分析从新手到高手 / 宋翔编著 . —北京：清华大学出版社，2021.6（2021.12重印）
（从新手到高手）

ISBN 978-7-302-57929-8

Ⅰ.① E… Ⅱ.①宋… Ⅲ.①表处理软件②可视化软件－数据分析 Ⅳ.① TP391.13 ② TP317.3

中国版本图书馆 CIP 数据核字（2021）第 061980 号

责任编辑：张　敏
封面设计：杨玉兰
责任校对：胡伟民
责任印制：沈　露

出版发行：清华大学出版社
网　　址：http://www.tup.com.cn，http://www.wqbook.com
地　　址：北京清华大学学研大厦A座　　　　邮　　编：100084
社 总 机：010-62770175　　　　　　　　　邮　　购：010-83470235
投稿与读者服务：010-62776969，c-service@tup.tsinghua.edu.cn
质量反馈：010-62772015，zhiliang@tup.tsinghua.edu.cn
印 装 者：三河市君旺印务有限公司
经　　销：全国新华书店
开　　本：185mm×260mm　　　印　　张：17　　　字　　数：442千字
版　　次：2021年8月第1版　　　印　　次：2021年12月第2次印刷
定　　价：79.80元

产品编号：089994-01

前　言

编写本书的目的是帮助读者快速掌握使用 Excel 和 Power BI Desktop 进行数据分析的各项功能及使用方法，顺利完成实际工作中的任务，解决实际应用中的问题。本书主要有以下特点：

（1）本书从结构上分为 Excel 数据分析和 Power BI 数据分析两部分，每部分中各章的先后顺序都是以数据分析的基本流程（创建数据→整理数据→分析数据→展示数据）进行安排的，便于读者学习和理解。读者可以根据自己的喜好选择想要阅读的章节，但是按照各章的顺序进行学习，将会更容易掌握书中的内容。

（2）本书包含大量案例，读者可以边学边练，快速掌握使用 Excel 和 Power BI Desktop 进行数据分析的方法。案例文件包括操作前的原始文件和操作后的结果文件，既便于读者上机练习，又可以在练习后进行效果对比。

（3）本书的第 13 章介绍数据分析在不同行业中的应用方法，将理论知识与实践相结合，快速提升读者的实战水平。

（4）在每个操作的关键点上使用框线进行醒目标注，可使读者快速找到操作的关键点，节省读图时间。

本书共 13 章，各章的具体情况见下表。

章　名	简　介
第 1 章　数据分析的基本原理和工具	介绍数据分析的基本概念、基本流程，以及 Excel 中各种数据分析工具的功能和特点
第 2 章　创建基础数据	介绍输入和导入数据的多种方法，以及编辑数据的常用方法，以及保存数据的方法及相关实用设置
第 3 章　规范化数据格式	介绍整理数据的方法，包括使用数据验证功能让输入的数据规范化，修复格式不规范的数据，通过为数据设置格式改变数据的显示外观
第 4 章　使用公式和函数处理不同类型的数据	介绍公式和函数的基础知识、使用函数处理不同类型的数据的方法，以及函数在实际应用中的典型案例

章　名	简　介
第 5 章　使用多种工具分析数据	介绍使用多种工具分析数据的方法,包括排序、筛选、分类汇总、数据透视表、模拟分析、单变量求解、规划求解、分析工具库
第 6 章　使用图表展示数据	介绍图表的基本概念、创建和编辑图表,以及创建迷你图的方法
第 7 章　Power BI 快速入门	介绍 Power BI 的基本概念、组成、工作流程、基本元素,以及使用 Power BI Desktop 创建报表的界面环境和整体流程
第 8 章　获取和整理数据	介绍使用 Power BI Desktop 获取和整理数据的方法,包括连接并获取数据、刷新数据、更改数据源、删除查询、调整行和列、列标题的相关设置、转换数据类型和文本格式、将二维表转换为一维表、提取字符和日期元素、拆分列中的数据、使用条件列、合并多个表或多个文件中的数据、排序和筛选数据、分类汇总数据等
第 9 章　创建数据模型和新的计算	介绍在 Power BI Desktop 中创建数据模型,以及在此基础上创建计算列和度量值的方法,还介绍 DAX 公式的基本概念和格式规范
第 10 章　使用视觉对象展示数据	介绍使用视觉对象展示数据的方法,包括创建、设置和删除视觉对象,设置在视觉对象上查看和交互数据的方式等
第 11 章　设计报表	介绍在 Power BI Desktop 中设计报表时使用的工具和方法
第 12 章　在 Excel 中使用 Power BI 分析数据	介绍在 Excel 中使用 Power Query、Power Pivot 和 Power View 导入和整理数据、为数据建模、可视化呈现数据的方法
第 13 章　Power BI 数据分析在人力、销售和财务中的应用	介绍 Power BI 数据分析在人力、销售和财务中的应用方法

本书的第 1 ～ 6 章、第 12 章和第 13 章以 Excel 2019 为主要操作环境,但是内容本身同样适用于 Excel 2019 之前的 Excel 版本,如果您正在使用 Excel 2007/2010/2013/2016 中的任意一个版本,那么界面环境与 Excel 2019 差别很小,无论使用哪个 Excel 版本,都可以顺利学习这几章的内容。本书的第 7~11 章是以 Power BI Desktop 为操作环境,该程序可以在微软公司官方网站上免费下载,第 7 章给出了下载地址。

本书的内容专注于介绍使用 Excel 和 Power BI 进行数据分析,因此,本书假定读者已经掌握了 Excel 中的一些基本概念和基本操作,包括工作簿和工作表的基本操作,行、列、单元格的概念,单元格和区域的基本操作等,为了避免浪费不必要的篇幅,本书不再介绍这些内容。

本书适合以下人群阅读:

- 以 Excel 为主要工具进行数据处理和分析的各行业人员。
- 需要在 Excel 中制作各类表格和图表的用户。
- 希望掌握 Excel 函数、公式、图表、数据透视表和高级分析工具的用户。
- 使用 Power BI 进行数据分析可视化分析与报表设计的用户。
- 使用 Excel 中的 Power Query、Power Pivot、Power View 和 Power Map 进行数据可视化分析的用户。
- 从事电商零售业务并需要进行数据分析的个人或企业用户。
- 从事数据整理、分析和管理的 IT 专职人员。
- 从事数据分析工作的专业人员。
- 对使用 Excel 和 Power BI 处理和分析数据感兴趣的用户。

- 在校学生和社会求职者。

本书附赠以下资源：

- 本书案例文件，包括操作前的原始文件和操作后的结果文件。
- 本书重点内容的多媒体视频教程。
- 本书内容的教学 PPT。
- Excel VBA 程序开发 PDF 电子书。
- Excel 函数速查 PDF 电子书。
- Excel 快捷键速查 PDF 电子书。
- Excel 文档模板。
- Windows 10 多媒体视频教程。

Excel 文档模板	PDF 电子书	案例文件
多媒体视频教程	教学 PPT	读者服务

　　由于 Power BI 中的数据源使用的是绝对路径，为了确保书中第 7 ～ 12 章介绍的 Power BI 内容的案例文件在查询编辑器中打开时能够正确显示，用户可能需要更改 Power BI 案例文件的数据源位置。

编　者

目　录

第1章
数据分析的基本原理和工具

本章将简要介绍数据分析的基本原理，使读者在对数据开始真正分析之前，从整体上对数据分析的基本概念和基本流程有一个系统的了解。本章还从整体上介绍 Excel 提供的多种分析工具的功能和特点，使读者对这些工具有大致的了解，本书的后续章节会对这些分析工具的使用方法进行详细介绍。

1.1 数据分析的基本原理

本节将简要介绍数据分析的基本原理，这部分内容可能相对比较枯燥，但是花一些时间读完，会对数据分析有一个整体的了解。

1.1.1 为什么要进行数据分析

对数据进行分析主要有两个原因：了解现状和预测未来。了解现状是为了对当前阶段进行总结，例如总结企业现阶段的整体运营和财政收支情况，从而衡量企业的整体发展形势和状态。

了解现状的目的是为了弄清楚哪些方面做得好，哪些方面做得不好，然后进行及时调整和把控：好的方面是如何做到的，以后如何做得更好；差的方面是什么原因导致的，以后如何改善和避免。预测未来是为了让企业发展更好而制订的策略和计划。数据分析虽然面对的是大量枯燥乏味的数字，但是这项工作对企业的长远发展至关重要。

1.1.2 数据分析的基本概念

简单来说，数据分析是通过人眼观察或使用相关工具，从大量数据中找出数据的分布规律、发展趋势等数据的内在含义，从而对现阶段的状况或未来的发展提供有意义的指导。

"数据分析"这项活动针对的对象是"数据"，要对"数据"这个对象做的事情是"分析"。人们面对的数据或简单或复杂，数据的来源也有各种各样的渠道。然而，无论数据来源和数据本身是什么形式的，在对它们进行分析时，都要对数据进行分类，只有分类后的数据才有进一步分析的意义。"分析"实际上是对数据作"比较"，只有将同类数据放到一起进行比较，才能得出结果。

例如，在一个销售明细表中包含苹果、蓝莓、芒果三种产品在 1—3 月的销量，如图 1-1 所示。

如果单独把其中一种产品在 3 个月的总销量拿出来看，例如 E2 单元格中的 600，它只是一个表示"苹果"在 1—3 月的总销量的数字，并不能提供更多有价值的信息。

如果把该产品在 1—3 月每个月的销量都拿出来看，此时这些数字就有了更多的含义，通过这些数字可以比较出哪个月（3 月）的销量最多，哪个月（1 月）的销量最少。如果将三种产品在同一个月的销量拿出来看，通过这些数字可以比较出在同一个月中哪种产品（蓝莓）的销量最多，哪种产品（苹果）的销量最少，如图 1-2 所示。

图 1-1　三种产品的销量情况　　　　图 1-2　分类后的数字放在一起作比较产生有价值的信息

根据数据之间比较的结果，就可以挖掘导致这种分析结果背后的原因，例如某个月销量最多的原因是季节因素还是其他因素，某款产品的销量最多是因为产品质量好，还是因为受众人群广。

这个简单的例子说明了"分类"和"比较"在数据分析中的意义。在实际的数据分析过程中，人们使用很多专业的分析工具对数据展开各种分析研究，虽然分析工具的种类和用途各有不同，但是数据分析的两个基本要素（"分类"和"比较"）是相同或类似的。

1.1.3　数据分析的基本流程

为了更好地分析数据并得到正确的分析结果，在分析数据时通常需要遵循以下 4 个步骤：创建数据→整理数据→分析数据→展示数据。

1．创建数据

"数据分析"针对的对象是"数据"，因此在进行数据分析时首先要有数据。创建数据主要有两种方式，一种是手动输入数据，另一种是导入由其他程序创建的数据。

使用第一种方式创建数据的效率较低，由于用户的误输入可能会导致内容存在一些错误，但是输入内容的格式相对比较规范。使用第二种方式创建数据的效率较高，直接导入即可完成，但是导入的数据通常在格式上会出现一些不符合要求的情况。

2．整理数据

无论是用户手动输入的数据，还是从外部程序导入的数据，或多或少都会存在一些问题，例如格式不规范、内容有误等。因此在构建好基础数据后，通常需要按照要求或规范，对数据进行必要的整理，包括转换数据、提取数据、拆分数据、合并数据等。

3．分析数据

将基础数据整理成比较规范的格式后，接下来就可以开始对数据进行分析了。分析数据的目的是从繁杂的数据中提取出有价值的信息，最后形成有效的观点或结论。Excel 提供了不同类型的分析工具，用户可以根据数据分析的需求，选择使用适合的分析工具。例如，如果要按照产品类别汇总销售额，可以使用"分类汇总"工具；如果要实现资源的最优化配置，则需要使用"规划求解"工具。

4．展示数据

在完成前面 3 个阶段的工作后，就可以展示数据了。展示数据是指将数据的分析结果以让人易于理解的方式呈现出来，而图表正是展示数据的利器。根据数据类型和结构的不同，可以选择使用适合的图表类型来展示数据。

1.2　Excel 中的数据分析工具

Excel 提供了多种不同类型的分析工具，使用这些工具可以对数据进行不同方面的分析，本节对这些工具进行了分类，并简要介绍了它们的功能和特点，以及在 Excel 功能区中的位置。

1.2.1　基本分析工具——排序、筛选、分类汇总、数据透视表

Excel 中的基本分析工具包括排序、筛选、分类汇总、数据透视表，将它们称为"基本工具"是因为这些工具简单易用，无须统计分析方面的专业知识就可以直接使用并得出分析结果，另一个原因是这些工具只能对数据进行最基本的分析。

1．排序

使用"排序"工具，可以对数据按照升序、降序或自定义顺序进行排列，从而快速了解数据的分布规律，例如通过对产品的销量进行降序排列，可以快速了解到哪个产品的销量最好，哪个产品的销量最差。可以在普通数据区域和数据透视表中使用"排序"工具。"排序"工具位于 Excel 功能区的"数据"选项卡中，如图 1-3 所示。

图 1-3　"排序"工具在功能区中的位置

2．筛选

使用"筛选"工具，可以快速找出符合条件的数据，Excel 为不同类型的数据提供了不同的筛选方式，然而所有类型的数据都有通用的筛选方式。可以在普通数据区域和数据透视表中使用"筛选"工具。"筛选"工具位于 Excel 功能区的"数据"选项卡中，如图 1-4 所示。

图 1-4　"筛选"工具在功能区中的位置

在"开始"选项卡中单击"排序和筛选"按钮，在弹出的菜单中也可以找到"排序"和"筛选"工具，如图 1-5 所示。

3．分类汇总

使用"分类汇总"工具，可以对数据按照一个类别或多个类别进行划分，并对同类数据进行汇总计算，例如求和、计数、求平均值、求最大值和最小值等。可以在普通数据区域中使用"分类汇总"工具。"分类汇总"工具位于 Excel 功能区的"数据"选项卡中，如图 1-6 所示。

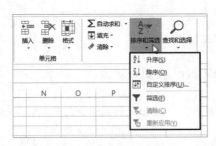

图 1-5 "排序"工具和"筛选"工具出现的另一个位置

图 1-6 "分类汇总"工具在功能区中的位置

4．数据透视表

使用"数据透视表"工具，可以在不使用任何公式和函数的情况下，快速完成大量数据的汇总统计工作。只需简单地改变字段在数据透视表中的布局，即可快速获得具有不同含义的报表，因此，使用数据透视表可以从不同角度透视数据。

"数据透视表"工具位于 Excel 功能区的"插入"选项卡中，如图 1-7 所示。创建数据透视表后，将在功能区中显示"分析"和"设计"两个选项卡，其中的命令都与数据透视表有关，如图 1-8 所示。

图 1-7 "数据透视表"工具在功能区中的位置

图 1-8 创建数据透视表后与其有关的工具

第 5 章将详细介绍排序、筛选、分类汇总、数据透视表的使用方法。

1.2.2 高级分析工具——模拟分析、单变量求解、规划求解、分析工具库

Excel 中的高级分析工具包括模拟分析、单变量求解、规划求解、分析工具库。与基本分析工具相比，高级分析工具具有更强的针对性，有些工具需要用户具备统计学方面的知识，才能正确使用并得到结果。

1．模拟分析

使用"模拟分析"工具，可以基于现有的计算模型，对影响最终结果的多种因素进行预测和分析，以便得到最接近目标的方案。"模拟分析"工具位于 Excel 功能区的"数据"选项卡中，如图 1-9 所示。

图 1-9　"模拟分析"工具在功能区中的位置

2．单变量求解

使用"单变量求解"工具，可以对数据进行与模拟分析相反方向的分析。"单变量求解"工具位于 Excel 功能区的"数据"选项卡中，如图 1-10 所示。

图 1-10　"单变量求解"工具在功能区中的位置

3．规划求解

使用"规划求解"工具，可以为可变的多个值设置约束条件，通过不断调整这些可变的值，最终得到想要的结果。在经营决策、生产管理等需要对资源、产品等进行合理规划时，可以借助"规划求解"工具获得最佳的经济效果，例如利润最大、产量最高、成本最小等。

"规划求解"工具位于 Excel 功能区的"数据"选项卡中，如图 1-11 所示。使用前需要先安装"规划求解"加载项。

图 1-11　"规划求解"工具在功能区中的位置

4．分析工具库

使用"分析工具库"工具，可以对数据进行统计分析、工程计算等，并将最终分析结果显示在输出表中，一些工具还会创建图表。"分析工具库"工具位于 Excel 功能区的"数据"选项卡中，如图 1-12 所示。使用前需要先安装"分析工具库"加载项。

图 1-12　"分析工具库"工具在功能区中的位置

第 5 章将详细介绍模拟分析、单变量求解、规划求解、分析工具库的使用方法。

1.2.3　可视化工具——图表、迷你图

图表是 Excel 中用于展示数据的最佳利器，它可以将数据以特定尺寸的图形元素绘制出来，以便直观反映数据的含义。Excel 提供了不到 20 种图表类型，每种图表类型还包含一个或多个子类型，不同类型的图表为数据提供了不同的展示方式。

迷你图是从 Excel 2010 开始支持的新功能，可以将其看作是"图表"工具的微缩版。使用"迷你图"工具，可以在单元格中创建微型图表，用于显示特定的数据点或表示一系列数据的变化趋势。迷你图只能显示一个数据系列，且不具备普通图表所拥有的一些图表元素。

"图表"工具和"迷你图"工具位于 Excel 功能区的"插入"选项卡中，如图 1-13 所示。

图 1-13 "图表"工具和"迷你图"工具在功能区中的位置

创建图表后，将在功能区中显示"设计"和"格式"两个选项卡，其中的命令都与图表有关，如图 1-14 所示。

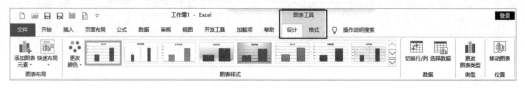

图 1-14 创建图表后与其有关的工具

创建迷你图后，将在功能区中显示"设计"选项卡，其中的命令都与迷你图有关，如图 1-15 所示。

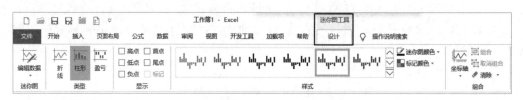

图 1-15 创建迷你图后与其有关的工具

第 6 章将详细介绍"图表"和"迷你图"两个工具的使用方法。

1.2.4 商业智能分析工具——Power BI

本小节所说的商业智能工具指的是 Power BI，在 Excel 中更规范的名称是 Power BI for Excel。通过在 Excel 中安装 Power 加载项，可以在 Excel 中使用商业智能工具对海量数据进行智能分析。该工具包括数据导入、整理、建模、分析、展示等数据分析过程中的每个阶段所需使用的工具。

除了在 Excel 中使用 Power 加载项实现使用 Power BI 分析数据外，还可以使用独立的 Power BI Desktop 程序实现相同甚至更强大的功能。第 7 ～ 12 章将详细介绍 Power BI Desktop 和 Power BI for Excel 两个工具的使用方法。

1.2.5 公式和函数

公式和函数是 Excel 中一切与计算相关的核心技术。Excel 提供了 400 多个函数用于不同类型和领域的计算。相对于前面介绍的几类分析工具，公式和函数入门容易，但熟练运用则较难。对于大多数用户来说，很容易掌握公式和函数的基本操作和简单计算，对于数组公式或需要使用多个函数组合运用的复杂公式，则难以理解和掌握。

第 4 章将详细介绍公式的基础知识，以及使用函数处理不同类型数据的方法。

本书的主题是数据分析,没有数据,Excel 中的所有分析工具都将无用武之地,因此,数据分析的第一步是创建基础数据。在 Excel 中创建数据有两种方式,一种方式是从零开始手动输入数据,另一种方式是将其他程序创建的数据导入到 Excel 中。本章将介绍输入和导入数据的多种方法,以及编辑数据的常用方法,还将介绍保存数据的方法及相关实用设置。

2.1 输入数据

Excel 为数据输入提供了多种方法,用户可以根据要输入的数据类型及需求选择合适的方法。本节将介绍输入任何数据时都需要掌握的基本方法,以及输入不同类型数据的特定方法,还将介绍一些可以提高输入效率的技巧。

2.1.1 了解 Excel 中的数据类型

数据类型决定了数据在 Excel 中的存储和处理方式。Excel 中的数据可以分为数值、文本、日期和时间、逻辑值和错误值 5 种基本类型,"日期和时间"实际上是一种特殊形式的数值。不同类型的数据在单元格中具有不同的默认对齐方式:文本在单元格中左对齐,数值、日期和时间在单元格中右对齐,逻辑值和错误值在单元格中居中对齐,如图 2-1 所示。

	A	B	C	D	E
1	文本	数值与日期和时间	逻辑值	错误值	
2	Excel	168	TRUE	#NUM!	
3	销量分析	2018年3月	FALSE	#VALUE!	
4					

图 2-1 不同类型的数据具有不同的默认对齐方式

下面将介绍这 5 种数据类型的基本概念和特性,理解这些内容可以在输入数据时更加顺利并减少错误。

1. 文本

文本用于表示任何具有描述性的内容,例如姓名、商品名称、产品编号、报表标题等。文本可以是任意字符的组合，一些不需要计算的数字也可以文本格式存储，例如电话号码、身份证号码等。文本不能用于数值计算，但是可以比较文本的大小。

一个单元格最多容纳 32767 个字符，所有内容可以完整显示在编辑栏中，而在单元格中最多只能显示 1024 个字符。

2．数值

在 Excel 中，数字和数值是两个不同的概念。数字是指由 0 ～ 9 这 10 个数字任意组合而成的单纯的数，数值用于表示具有特定用途或含义的数量，例如金额、销量、员工人数、体重、身高等。除了普通的数字外，Excel 也会将一些带有特殊符号的数字识别为数值，例如百分号（%）、货币符号（如￥）、千位分隔符（,）、科学计数符号（E）等。数值可以参与计算，但并不是所有数值都有必要参与计算。例如，在员工健康调查表中，通常不会对员工的身高和体重进行任何计算。

Excel 支持的最大正数约为 9E+307，最小正数约为 2E-308，最大负数与最小负数与这两个数字相同，只是需要在数字开头添加负号。虽然 Excel 支持一定范围内的数字，但只能正常存储和显示最大精确到 15 位有效数字的数字。对于超过 15 位的整数，多出的位数会自动变为 0，如 12345678987654321 会变为 12345678987654300。对于超过 15 位有效数字的小数，多出的位数会被截去。如果要在单元格中输入 15 位以上的数字，则必须以文本格式输入，才能保持数字的原貌。

在单元格中输入数值时，如果数值位数的长度超过单元格的宽度，Excel 会自动增加列宽以完全容纳其中的内容。如果整数位数超过 11 位，则以科学计数形式显示。如果数值的小数位数较多，且超过单元格的宽度，Excel 会自动对超出宽度的第一个小数位进行四舍五入，并截去其后的小数位。

3．日期和时间

在 Excel 中，日期和时间存储为"序列值"，其范围是 1 ～ 2958465，每个序列值对应一个日期。因此，日期和时间实际上是一个特定范围内的数值，这个数值范围就是 1 ～ 2958465。

在 Windows 操作系统的 Excel 版本中，序列值 1 对应于 1900 年 1 月 1 日，序列值 2 对应于 1900 年 1 月 2 日，以此类推，最大序列值 2958465 对应于 9999 年 12 月 31 日。因此，在 Windows 操作系统的 Excel 版本中支持的日期范围为 1900 年 1 月 1 日—9999 年 12 月 31 日，将这个日期系统称为"1900 日期系统"。在 Macintosh 计算机的 Excel 版本中使用的是"1904 日期系统"，该日期系统中的第一个日期是 1904 年 1 月 1 日，其序列值为 1。

可以根据需要，在两种日期系统之间转换。单击"文件"按钮并选择"选项"命令，打开"Excel 选项"对话框，在"高级"选项卡中选择所需的日期系统：取消选中"使用 1904 日期系统"复选框，表示使用 1900 日期系统，选中该复选框表示使用 1904 日期系统，如图 2-2 所示。

表示日期的序列值是一个整数，一天的数值单位是 1，一天有 24 小时，因此 1 小时可以表示为 1/24。1 小时有 60 分钟，那么 1 分钟可以表示为 1/（24×60）。按照这种换算方式，一天中的每一个时刻都有与其对应的数值表示形式，例如中午 12 点可以表示为 0.5。对于一个大于 1 的小数，Excel 会将其整数部分换算为日期，将小数部分换算为时间，例如序列值 43466.75 表示 2019 年 1 月 1 日 18 点。

如果要查看一个日期对应的序列值，可以先在单元格中输入这个日期，然后将其格式设置为"常规"。如果想要查看一个序列值所对应的日期，可以在单元格中输入这个序列值，然后将单元格的数字格式设置为某种日期格式。由于日期和时间的本质是数值，因此日期和时间也可以进行数值计算。

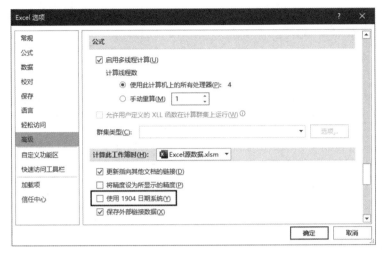

图 2-2　转换日期系统

4．逻辑值

逻辑值主要用在公式中作为条件判断的结果，只有 TRUE（真）和 FALSE（假）两个值。当条件判断结果为 TRUE 时，执行一种指定的计算；当条件判断结果为 FALSE 时，执行另一种指定的计算，从而实现智能的计算方式。

逻辑值可以进行四则运算，此时的 TRUE 等价于 1，FALSE 等价于 0。当逻辑值用在条件判断时，任何非 0 的数字等价于逻辑值 TRUE，0 等价于逻辑值 FALSE。

5．错误值

错误值是 Excel 中一类比较特殊的数据类型，当用户在单元格中输入 Excel 无法识别的内容，或公式计算不正确时，就会返回一个错误值，通过错误值可以大概判断导致问题的原因。

Excel 中的错误值有以下 7 种：#DIV/0!、#NUM!、#VALUE!、#REF!、#NAME?、#N/A、#NULL!。每种错误值都以井号（#）开头，用于标识特定的错误类型，它们不能参与计算和排序。7 种错误值的说明如表 2-1 所示。

表 2-1　Excel 中的 7 种错误值

错　误　值	说　　　　明
#DIV/0!	当数字除以 0 时，将会出现该类型的错误
#NUM!	如果在公式或函数中使用了无效的数值，将会出现该类型的错误
#VALUE!	当在公式或函数中使用的参数或操作数的类型错误时，将会出现该类型的错误
#REF!	当单元格引用无效时，将会出现该类型的错误
#NAME?	当 Excel 无法识别公式中的文本时，将会出现该类型的错误
#N/A	当数值对函数或公式不可用时，将会出现该类型的错误
#NULL!	如果指定两个并不相交的区域的交点，将会出现该类型的错误

2.1.2　输入数据的基本方法

在 Excel 中输入数据有一些基本的方法。输入数据前，首先需要选择一个单元格，然后输入所需的内容。输入过程中会显示一条闪烁的竖线（将其称为"插入点"），表示当前输入内容的位置，如图 2-3 所示。

图 2-3　输入数据时会显示插入点

在 Excel 中，使用列标来表示列，例如 A 列、B 列、C 列等。使用行号来表示行，例如第 1 行、第 2 行、第 3 行等。同时使用列标和行号表示单元格，称为"单元格地址"，列标在前，行号在后，例如 A1、B3、C6 等。

输入完成后，按 Enter 键或单击编辑栏中的按钮✓确认输入，输入的内容会同时显示在单元格和编辑栏中。按 Enter 键会使当前单元格下方的单元格成为活动单元格，而单击按钮✓不会改变活动单元格的位置。如果在输入的过程中想要取消本次输入，则可以按 Esc 键或单击编辑栏中的按钮✕。

提示：活动单元格是接受用户输入的单元格。无论当前在工作表中是否选择了单元格，都自动存在一个活动单元格，该单元格的边框显示为绿色矩形粗线框。如果选择了一个单元格区域，整个区域的边框都会显示为绿色矩形粗线框，此时的活动单元格是其中背景为白色的单元格，在名称框中将显示活动单元格的地址。

在"Excel 选项"对话框的"高级"选项卡中，可以选中"按 Enter 键后移动所选内容"复选框，然后在"方向"下拉列表中选择一项，来改变按 Enter 键后激活的单元格的方向，如图 2-4 所示。

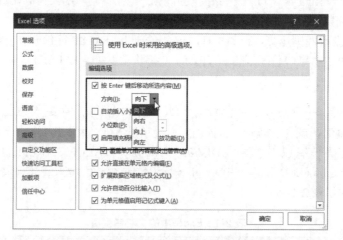

图 2-4　设置按 Enter 键后激活的单元格的方向

输入数据时，Excel 窗口底部的状态栏左侧会显示当前的输入模式，分为"输入""编辑"和"点"3 种模式。

1．输入模式

单击单元格后输入任何内容，或双击空单元格，都会进入输入模式，此时在状态栏的左侧显示"输入"，如图 2-5 所示。在输入模式下，插入点会随着内容的输入自动向右移动。在该模式下只能从左到右依次输入，一旦按下键盘上的方向键，就会结束输入并退出输入模式，已经输入的内容会保留在单元格中。

2. 编辑模式

单击单元格，然后按F2键或单击编辑栏，都会进入编辑模式，此时在状态栏的左侧显示"编辑"，如图 2-6 所示。在编辑模式下，可以使用键盘上的方向键或鼠标单击改变插入点的位置，以便在所需位置输入内容。

3. 点模式

点模式只有在输入公式时才会出现。在公式中输入等号或运算符后，按键盘上的方向键或单击任意一个单元格，都会进入点模式，此时状态栏的左侧显示"点"，如图 2-7 所示。在点模式下，当前选中的单元格的边框将变为虚线，该单元格的地址会被自动添加到公式中的等号或运算符的右侧。

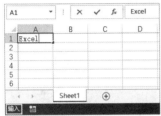
图 2-5 输入模式

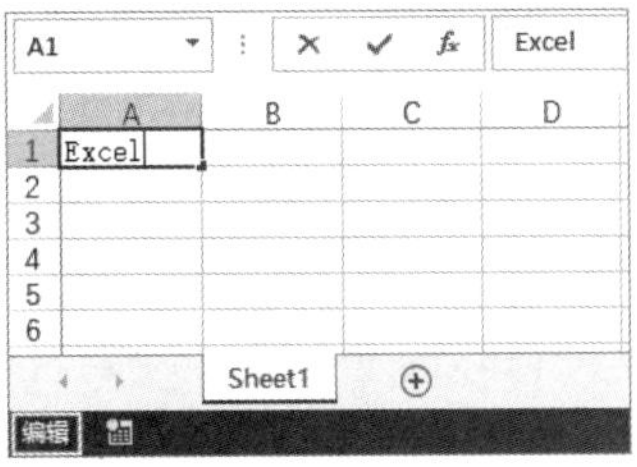

图 2-6 编辑模式

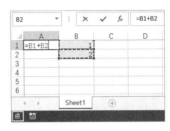
图 2-7 点模式

2.1.3 输入序列数字

如果需要经常输入一系列连续或具有特定规律的数字，可以使用 Excel 的"填充"功能快速完成。"填充"是指使用鼠标拖动单元格右下角的填充柄，在鼠标拖动过的每个单元格中会自动填入数据。"填充柄"是指选中的单元格右下角的小方块，将鼠标指针指向填充柄时，鼠标指针将变为十字形，此时可以拖动鼠标执行填充操作，如图 2-8 所示。

注意： 如果鼠标指针没有变为十字形，说明当前无法使用鼠标拖动填充柄执行填充操作。此时可以单击"文件"按钮并选择"选项"命令，打开"Excel 选项"对话框，在"高级"选项卡中选中"启用填充柄和单元格拖放功能"复选框，即可启用单元格的填充功能，如图 2-9 所示。

图 2-8 单元格右下角的填充柄

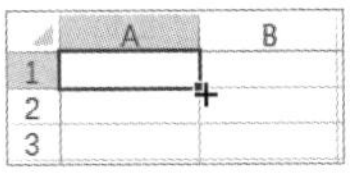

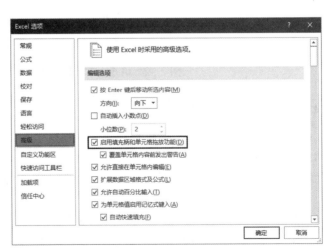
图 2-9 启用单元格的拖动填充功能

如果要使用填充功能在 A 列输入从 1 开始的连续编号，可以使用以下两种方法：

- 在 A1 和 A2 单元格中分别输入 1 和 2，选择这两个单元格，然后将鼠标指针指向 A2 单元格右下角的填充柄，当鼠标指针变为十字形时向下拖动，拖动过程中会在鼠标指针附近显示当前单元格的值，当显示所需的最终值时释放鼠标按键，如图 2-10 所示。
- 在 A1 单元格中输入 1，按住 Ctrl 键后拖动 A1 单元格右下角的填充柄，直到显示所需的最终值时释放鼠标按键。

除了通过拖动鼠标的方式填充数据外，用户还可以直接双击填充柄，将数据自动填充到相邻列的最后一个数据的同行位置。使用该方法成功填充数据的前提，是确保与要填充数据的列的相邻的任意一列中包含数据。

如图 2-11 所示，要在 A 列添加从 1 开始的连续编号，可以先在 A2 和 A3 单元格中分别输入 1 和 2，然后选择这两个单元格，但是不拖动，而是双击 A3 单元格右下角的填充柄，即可快速在 A 列填充连续的编号，最后一个编号与 B 列中的最后一个数据位于同一行。

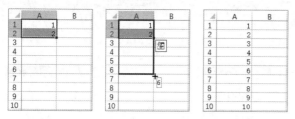

图 2-10　输入序列的前两个值后拖动填充柄　　　　图 2-11　通过双击填充柄快速填充

注意：如果 B 列数据中间存在空单元格，则在使用双击填充柄的方式对 A 列进行填充时，只会填充到与 B 列空单元格上方的单元格位于同行位置的 A 列单元格。

如果编号由字母和数字组成，则只需在一个单元格中输入起始编号，然后拖动该单元格右下角的填充柄，即可在拖动过的单元格中自动输入连续的编号，如图 2-12 所示。

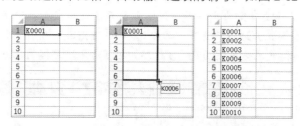

图 2-12　填充由字母和数字组成的编号

2.1.4　输入超过 15 位的数字

Excel 支持的数字有效位数最多为 15 位，如果数字超过 15 位，超出的部分将显示为 0。如图 2-13 所示，在单元格中输入 18 位的身份证号码后，最后 3 位自动变为 0。

图 2-13　超过 15 位的数字显示为 0

如果要在单元格中正确显示 18 位身份证号码，则需要以文本格式输入数字，有以下两种方法：

- 选择一个单元格，在功能区的"开始"选项卡中打开"数字格式"下拉列表，从中选择"文本"，然后输入身份证号码，如图 2-14 所示。

- 在单元格中先输入一个英文半角单引号 "'"，然后输入身份证号码。

如图 2-15 所示，A2 单元格中的 18 位身份证号码是使用第 2 种方法输入的，输入的单引号只在编辑栏中显示，而不会显示在单元格中。

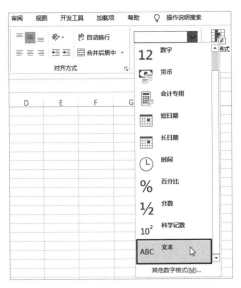

图 2-14　将单元格设置为文本格式

图 2-15　以文本格式输入超过 15 位的数字

2.1.5　输入日期

Excel 中的日期和时间本质上是数值，如果要让输入的数据被 Excel 识别为正确的日期和时间，则需要按照 Excel 规定的格式输入。在 Windows 操作系统的 Excel 版本中，需要按照以下格式输入日期：

- 在表示年、月、日的数字之间使用 "-" 或 "/" 符号，可以在一个日期中混合使用这两个符号，例如 2020-8-6、2020/8/6、2020-8/6。
- 在表示年、月、日的数字之后添加 "年""月""日" 等文字，例如 2020 年 8 月 6 日。

注意：如果在表示年、月、日的数字之间使用空格或其他符号作为分隔符，输入的日期将被 Excel 当作文本对待。如果省略表示年份的数字，则默认为系统当前的年份；如果省略表示日期的数字，则默认为所输入月份的第一天，例如 Excel 会将 2020-8 看作 2020-8-1。

输入时间时，需要使用冒号分隔表示小时、分钟和秒的数字。时间分为 12 小时制和 24 小时制两种，如果要使用 12 小时制表示时间，需要在表示凌晨和上午的时间末尾添加 "Am"，在表示下午和晚上的时间末尾添加 "Pm"。

例如，"8:30 Am" 表示上午 8 点 30 分，"8:30 Pm" 表示晚上 8 点 30 分。如果时间末尾没有 Am 或 Pm，则默认表示 24 小时制的时间，在这种情况下，"8:30" 表示上午 8 点 30 分，而晚上 8 点 30 分使用 "20:30" 表示。

注意：输入的时间可以省略 "秒" 部分，但是必须包含 "小时" 和 "分钟" 两个部分。

如果要在工作表中输入一系列连续的日期，则可以使用填充功能快速完成。在一个单元格中输入系列日期中的起始日期，然后使用鼠标拖动该单元格右下角的填充柄，直到在单元格中填充所需的结束日期，如图 2-16 所示。

提示：如果使用鼠标右键拖动填充柄，可以在弹出的菜单中选择"以月填充""以年填充"等命令，以不同的填充方式快速输入一系列具有不同时间间隔的日期，如图 2-17 所示。

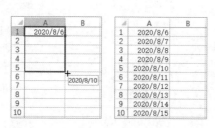

图 2-16　快速输入一系列连续的日期　　　图 2-17　使用多种方式填充日期

2.1.6　换行输入

当在单元格中输入的内容超过单元格的宽度时，使用"自动换行"功能可以自动将超出宽度的内容移动到单元格的下一行继续显示。要使用"自动换行"功能，需要先选择包含内容的单元格，然后在功能区的"开始"选项卡中单击"自动换行"按钮。如图 2-18 所示为 A1 单元格中的内容自动换行前、后的效果。

有时可能需要在指定的位置换行，而不是根据单元格的列宽由 Excel 自动控制换行位置。如果想要指定换行的位置，可以按 F2 键或双击单元格进入编辑状态，将插入点定位到要换行的位置，然后按 Alt+Enter 快捷键在该位置强制换行。如图 2-19 所示为 A1 单元格中的内容手动换行的效果，在编辑栏中也会显示手动换行后的格式。

图 2-18　自动换行前、后的效果　　　　图 2-19　在指定位置手动换行

提示：执行手动换行操作后，如果在单元格中没有显示换行后的效果，可以适当调整单元格的宽度。

2.1.7　提高输入效率的技巧

本小节将介绍一些可以提高输入效率的方法，使用这些方法不但可以快速输入数据，还可以减少出错的概率。

1．一次性在多个单元格中输入数据

如果要在多个单元格中输入相同的内容，可以选择这些单元格，它们可以是连续或不连续的区域，然后输入所需内容，最后按 Ctrl+Enter 快捷键，输入的内容将同时出现在选中的每一个单元格中，如图 2-20 所示。

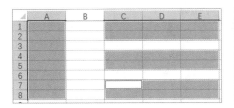

图 2-20　一次性在多个单元格中输入数据

选择单元格区域有以下方法：

- 选择一个单元格，然后按住鼠标左键在工作表中拖动，到达另一个单元格时释放鼠标左键，即可选中以这两个单元格为左上角和右下角的矩形单元格区域。
- 选择一个单元格，然后按住 Shift 键，再选择另一个单元格。
- 选择一个单元格，然后按 F8 键进入"扩展"选择模式，再选择另一个单元格，效果与第二种方法相同。在"扩展"选择模式下按 F8 键或 Esc 键将退出该模式。

2．使用记忆式键入功能

默认情况下，如果正在输入的内容与其同列上方的某个单元格中的内容相同或相似，Excel 会自动使用匹配的内容填充当前单元格，填充部分高亮显示。如图 2-21 所示，当在 A3 单元格中输入字母 E 时（大小写均可），Excel 将在该字母的右侧自动添加"Excel 与 Power BI 数据分析从新手到高手"，这是因为 A2 单元格包含以字母 E 开头的内容"Excel 与 Power BI 数据分析从新手到高手"，Excel 将其识别为与所输入的字母 E 匹配的完整内容。

图 2-21　由 Excel 自动填充匹配的内容

实现以上自动填充内容的操作是因为默认启用了"记忆式键入"功能，该功能的正常使用需要具备以下条件：

- 输入内容的开头必须与同列上方的某个单元格的开头部分相同。
- 输入内容的单元格必须与同列上方的单元格位于连续的数据区域中，它们之间不能被空行分隔。
- "记忆式键入"功能只对文本有效，对数值和公式无效。

用户可以根据需要启动或禁用该功能。单击"文件"按钮并选择"选项"命令，打开"Excel 选项"对话框，在"高级"选项卡中选中"为单元格值启用记忆式键入"复选框将启用该功能，取消选中该复选框将禁用该功能，如图 2-22 所示。

3．使用从下拉列表中选择功能

除了"记忆式键入"功能外，还可以使用"从下拉列表中选择"功能提高输入效率。右击要输入内容的单元格，在弹出的菜单中选择"从下拉列表中选择"命令，在打开的下拉列表中显示同列上方每一个单元格中的内容，从列表中选择一项即可将其输入到单元格中，如图 2-23 所示。

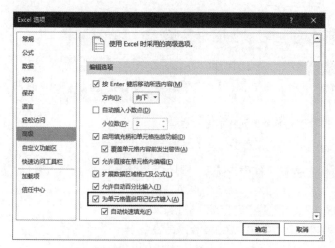

图 2-22　启用或禁用"记忆式键入"功能

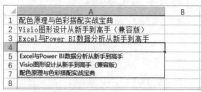

图 2-23　从下拉列表中选择要输入的内容

2.2　导入数据

虽然用户可以在 Excel 中方便快速地输入数据，但是在很多情况下，要分析的数据是由其他程序创建的。为了在 Excel 中处理和分析这些数据，用户需要将它们导入 Excel 中。Excel 支持导入多种类型的数据，例如文本文件、Access 数据库、SQL Server 数据库以及 OLAP 多维数据集等来源的数据。本节以导入文本文件和 Access 数据库为例，介绍在 Excel 中导入其他程序数据的方法，还将介绍使用 Microsoft Query 将外部数据导入 Excel 的方法。

2.2.1　导入文本文件中的数据

文本文件是一种跨平台的通用文件格式，适合在不同的操作系统和程序之间交换数据，用户可以很容易地将文本文件中的数据导入到 Excel 中。如图 2-24 所示，要在 Excel 中导入的文本文件有 5 列数据，各列之间以制表符进行分隔。

将该文本文件中的数据导入 Excel 中的操作步骤如下：

（1）新建或打开要导入数据的 Excel 工作簿，在功能区的"数据"选项卡中单击"从文本 / CSV"按钮，如图 2-25 所示。

图 2-24　以制表符分隔的数据

图 2-25　单击"从文本 /CSV"按钮

提示：如果使用 Excel 2019 之前的 Excel 版本，则需要单击"数据"选项卡中的"自文本"按钮。

（2）打开"导入数据"对话框，双击要导入的文本文件，本例为"商品销售明细 .txt"，如图 2-26 所示。

图 2-26　双击要导入的文本文件

提示：".txt"是文件的扩展名，用于标识文件的类型。图 2-26 中的文件名没有显示扩展名，是因为在操作系统中通过设置将文件的扩展名隐藏了起来。

（3）打开如图 2-27 所示的对话框，由于文本文件中的各列数据之间使用制表符分隔，因此应该在"分隔符"下拉列表中选择"制表符"。实际上在打开该对话框时，Excel 会自动检测文本文件中数据的格式，并设置合适的选项。确认无误后单击"加载"按钮。

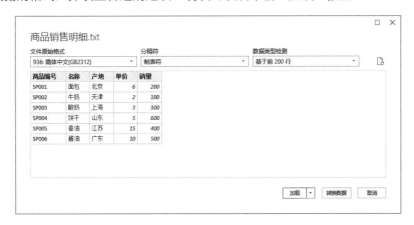

图 2-27　设置与数据格式相匹配的选项

提示：如果使用的是 Excel 2019 之前的 Excel 版本，打开的将是"文本导入向导"对话框，按照向导提示进行操作即可。

（4）Excel 将在当前工作簿中新建一个工作表，并将所选文本文件中的数据以"表格"形式导入到该工作表中，如图 2-28 所示。以后可以右击数据区域中的任意一个单元格，在弹出的菜单中选择"刷新"命令刷新 Excel 中的数据，以便与文本文件中的数据保持同步，如图 2-29 所示。

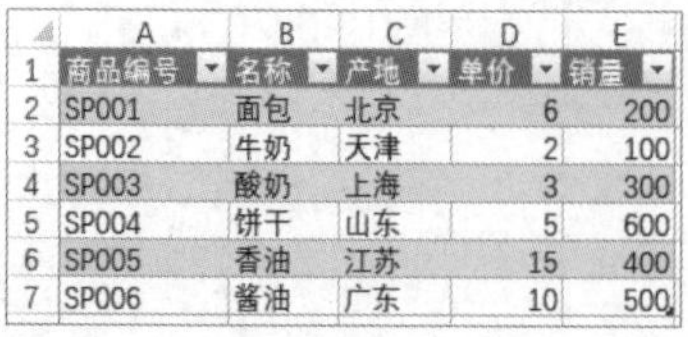

图 2-28　以"表格"形式导入数据 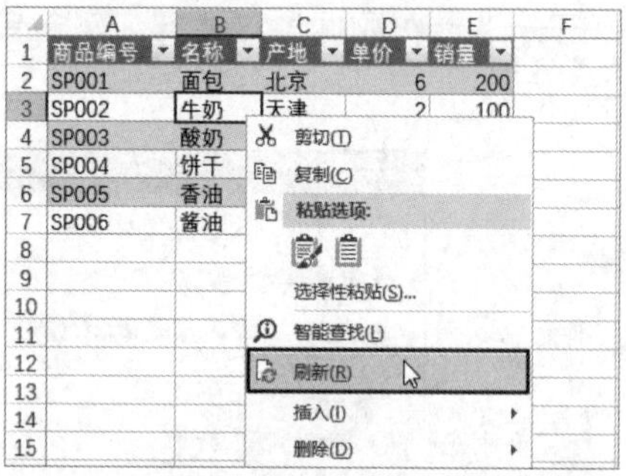　　　　图 2-29　刷新数据以便与数据源保持同步

提示："表格"是 Excel 提供的一种动态管理数据的功能，它可以自动扩展数据区域，还可以在不输入公式的情况下自动完成求和、计算极值和平均值等常规运算。如果需要，可以将表格转换为普通的单元格区域。

2.2.2　导入 Access 数据库中的数据

Access 与 Excel 同为微软公司 Office 组件中的成员，但是 Access 是专为处理大量错综复杂的数据而设计的一个关系数据库程序。在 Access 数据库中，数据存储在一个或多个表中，这些表具有严格定义的结构，在表中可以存储文本、数字、图片、声音和视频等多种类型的内容。为了简化单个表包含庞大数据的复杂程度，通常将相关数据分散存储在多个表中，然后为这些表建立关系，从而为相关数据建立关联，以便可以从多个表中提取所需的信息。

Excel 允许用户导入 Access 数据库中的数据，操作方法与导入文本文件数据类似。如图 2-30 所示为要在 Excel 中导入的 Access 数据库中的数据，将该数据导入 Excel 的操作步骤如下：

图 2-30　要导入的 Access 数据

（1）新建或打开要导入数据的工作簿，在功能区的"数据"选项卡中单击"获取数据"按钮，然后在弹出的菜单中选择"自数据库"|"从 Microsoft Access 数据库"命令，如图 2-31 所示。

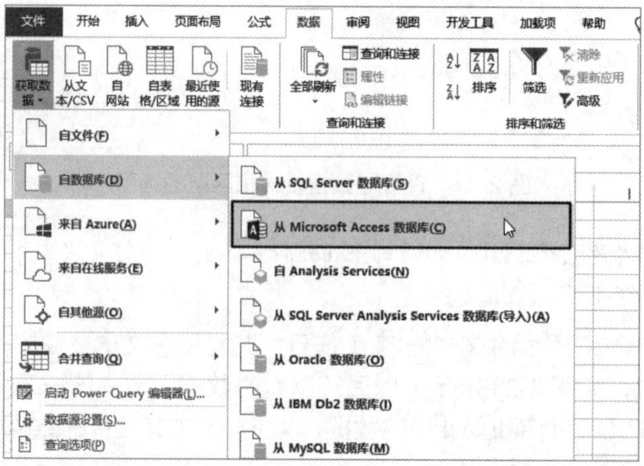

图 2-31　选择"从 Microsoft Access 数据库"命令

提示：如果使用的是 Excel 2019 之前的 Excel 版本，则需要单击"数据"选项卡中的"自 Access"按钮。

（2）打开"导入数据"对话框，双击要导入的 Access 数据库文件，本例为"商品销售管理系统 .accdb"，.accdb 是 Access 文件的扩展名。

（3）打开如图 2-32 所示的对话框，选择要导入的表，本例为"商品销售明细"，然后单击"加载"按钮。

图 2-32　选择要导入的 Access 数据库中的表

提示：用户可以同时导入 Access 文件中的多个表，选中"选择多项"复选框，然后选择要导入的每个表左侧的复选框，即可同时选中这些表。

注意：如果使用的是 Excel 2019 之前的 Excel 版本，打开的将是"选择表格"对话框和"导入数据"对话框，选择要导入的 Access 表和放置表的位置即可。

（4）Excel 将在当前工作簿中新建一个工作表，并将所选 Access 表中的数据以"表格"形式导入该工作表中，如图 2-33 所示。

	A	B	C	D	E
1	商品编号	名称	产地	单价	销量
2	SP001	面包	北京	6	200
3	SP002	牛奶	天津	2	100
4	SP003	酸奶	上海	3	300
5	SP004	饼干	山东	5	600
6	SP005	香油	江苏	15	400
7	SP006	酱油	广东	10	500

图 2-33　以"表格"形式导入数据

2.2.3　使用 Microsoft Query 导入数据

使用 Microsoft Query 可以将外部程序创建的数据导入到 Excel 中，包括文本文件、Excel、Access、FoxPro、dBASE、Oracle、Paradox、SQL Server 和 SQL Server OLAP Services 等。使用 Microsoft Query 导入数据时，需要先创建一个数据源，它包含连接到外部数据的连接配置信息，以后从同一个数据库中导入数据时，可以重复使用这个数据源，而不必重新设置所需的连接信息。

在将数据最终导入 Excel 之前，可以先在 Microsoft Query 中筛选出符合条件的数据，也可以按指定的顺序排列数据，还可以选择只导入所需的列而非所有列。"查询向导"是 Microsoft Query 中的一个功能，使用该向导可以让数据的导入操作变得更简单。

下面使用 Microsoft Query 从 2.2.2 节所用的 Access 数据库，将"商品销售明细"表中销量大于 300 的销售数据导入 Excel 中，操作步骤如下：

（1）新建或打开要导入数据的工作簿，在功能区的"数据"选项卡中单击"获取数据"按钮，然后在弹出的菜单中选择"自其他源"|"自 Microsoft Query"命令，如图 2-34 所示。

（2）打开"选择数据源"对话框，在"数据库"
选项卡中选择"MS Access Database"，然后单击"确
定"按钮，如图 2-35 所示。

（3）打开"选择数据库"对话框，通过"驱动器"
和"目录"两项设置，可以定位到 Access 数据库所
在的文件夹，然后在左侧的列表框中选择位于该文
件夹中要导入的 Access 数据库，最后单击"确定"
按钮，如图 2-36 所示。

提示：如果在"数据库"选项卡中没有"MS
Access Database"，则需要选择"< 新数据源 >"创
建新的数据源。

（4）打开"查询向导 - 选择列"对话框，在左
侧的列表框中显示了 Access 数据库的所有表，选择
要导入的表，然后单击中间的"＞"按钮，将该表添
加到右侧的列表框中，如图 2-37 所示。

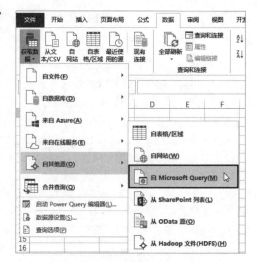

图 2-34　选择"自 Microsoft Query"命令

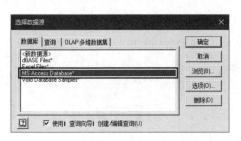

图 2-35　选择用于连接 Access 数据库的数据源

图 2-36　选择包含要导入数据的 Access 数据库

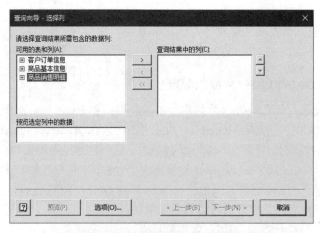

图 2-37　选择要导入的表和列

（5）单击"+"将展开表中包含的列，选择所需的列并单击"＞"按钮，将选中的列表添加
到右侧的列表框中。如图 2-38 所示，商品销售明细表中共有 5 列，当前添加了所有列，可以使
用按钮▲和▼调整它们的排列顺序，设置后单击"下一步"按钮。

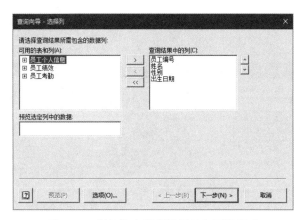

图 2-38　添加指定的列并调整各列的顺序

（6）显示如图 2-39 所示的选项，在此处可以筛选数据。本例要导入的是销量大于 300 的销售数据，因此需要在"待筛选的列"列表框中选择"销量"，然后将右侧的"销量"选项中的两项依次设置为"大于"和"300"，设置后单击"下一步"按钮。

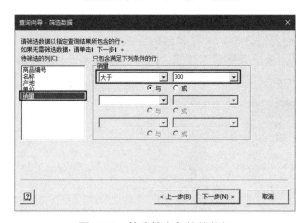

图 2-39　筛选符合条件的数据

（7）显示如图 2-40 所示的选项，在此处可以排序数据，本例将数据按照销量降序排列，设置后单击"下一步"按钮。

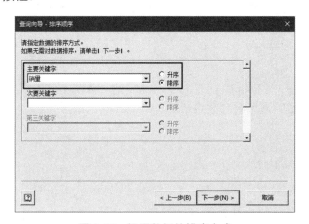

图 2-40　设置数据的排序方式

（8）显示如图 2-41 所示的选项，选中"将数据返回 Microsoft Excel"单选按钮，然后单击"完成"按钮。

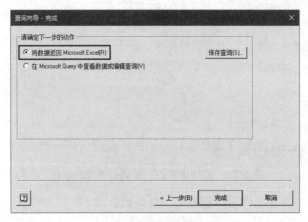

图 2-41　选择数据导入的位置

提示：用户可以单击"保存查询"按钮保存当前正在设置的数据源，便于以后重复使用。

（9）打开"导入数据"对话框，选择将数据导入 Excel 后的显示方式，本例选中"表"单选按钮，如图 2-42 所示。单击"确定"按钮，即可将销量大于 300 的数据导入 Excel 中，并按照销量从大到小进行排列，如图 2-43 所示。

图 2-42　选择导入数据后的显示方式

图 2-43　只导入销量大于 300 的数据

2.3　编辑数据

在 Excel 中输入和导入数据后，可能需要对其中的一些数据进行修改、移动和复制，还可能需要将无用的数据删除，本节将介绍这些编辑数据的方法。

2.3.1　修改数据

修改单元格中的数据有以下方法：
- 双击单元格。
- 单击单元格，然后按 F2 键。
- 单击单元格，然后单击编辑栏。

使用以上任意一种方法都会进入编辑模式,删除原有的部分或全部内容,然后输入新的内容,最后按 Enter 键或单击其他单元格以确认修改。

如果要修改的内容具有一致性或相似性,则可以使用"替换"功能批量完成。在功能区的"开始"选项卡中单击"查找和选择"按钮,然后在弹出的菜单中选择"替换"命令,打开"查找和替换"对话框的"替换"选项卡,如图 2-44 所示。在"查找内容"文本框中输入要修改的内容,在"替换为"文本框中输入修改后的内容,然后单击"替换"或"全部替换"按钮执行单个修改或全部修改。

提示:如果在"替换为"文本框中不输入任何内容,则在单击"替换"或"全部替换"按钮时,删除找到的匹配内容。

图 2-44　"查找和替换"对话框中的
"替换"选项卡

2.3.2　移动和复制数据

移动和复制的数据可以位于单元格或单元格区域中,只能移动连续单元格区域中的数据,复制的单元格区域可以是位于同行或同列的连续或不连续的单元格区域。如图 2-45 所示的两个选区可以执行复制操作,虽然它们的列数不同,但是它们都包含第 1 ～ 3 行。如图 2-46 所示的两个选区不能执行复制操作,因为第一个选区包含第 1 ～ 3 行,第二个选区只包含前两行。

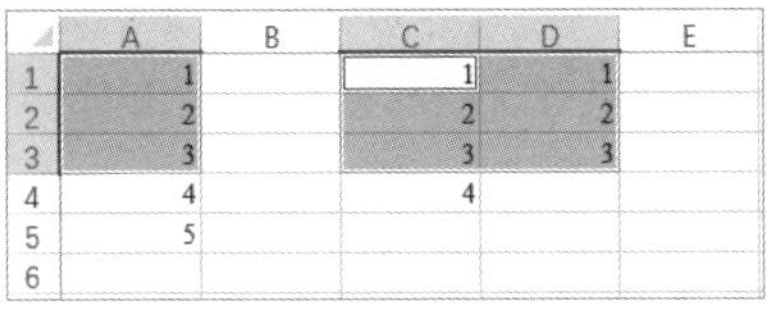

图 2-45　可以同时复制的两个选区 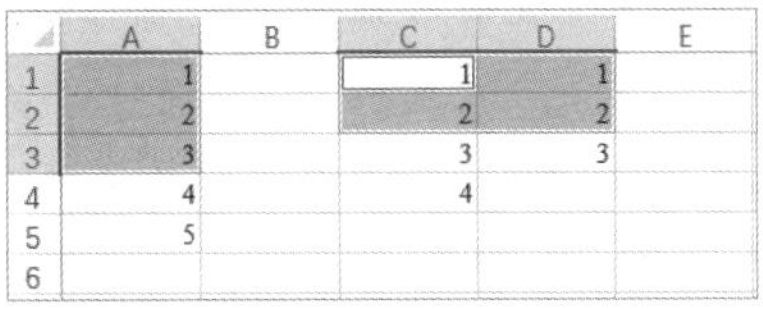　　　图 2-46　不能同时复制的两个选区

下面介绍移动和复制数据的方法。

1．拖动鼠标

移动数据:将鼠标指针指向单元格的边框,当鼠标指针变为十字箭头时,按住鼠标左键并拖动到目标单元格,即可完成数据的移动。

复制数据:复制数据的方法与移动数据类似,只需在拖动鼠标的过程中按住 Ctrl 键,到达目标单元格后,先释放鼠标左键,再释放 Ctrl 键,即可完成数据的复制。

无论移动还是复制数据,如果目标单元格包含数据,都将显示如图 2-47 所示的提示信息,单击"确定"按钮将使用当前正在移动或复制的数据覆盖目标单元格中的数据,否则单击"取消"按钮取消当前的移动或复制操作。

2．功能区命令

移动数据:选择要移动数据的单元格,在功能区的"开始"选项卡中单击"剪切"按钮,然后选择目标单元格,再在功能区的"开始"选项卡中单击"粘贴"按钮,即可完成数据的移动,如图 2-48 所示。

复制数据:复制数据的方法与移动数据类似,只需将移动数据时单击的"剪切"按钮改为单击"复制"按钮,其他操作相同。

图 2-47 确认是否覆盖目标单元格中的数据

图 2-48 使用功能区命令移动数据

3. 右击子快捷菜单命令

移动数据：右击要移动数据的单元格，在弹出的菜单中选择"剪切"命令，然后右击目标单元格，在弹出的菜单中选择"粘贴选项"中的"粘贴"命令，即可完成数据的移动，如图 2-49 所示。

复制数据：复制数据的方法与移动数据类似，只需将移动数据时选择的"剪切"命令改为选择"复制"命令，其他操作相同。

4. 键盘快捷键

移动数据：选择要移动数据的单元格，按 Ctrl+X 快捷键执行剪切操作，然后选择目标单元格，按 Ctrl+V 快捷键或 Enter 键执行粘贴操作，即可完成数据的移动。

复制数据：复制数据的方法与移动数据类似，只需将移动数据时按下的 Ctrl+X 快捷键改为按 Ctrl+C 快捷键，其他操作相同。

提示：无论使用哪一种方法移动和复制数据，在对单元格执行剪切或复制操作后，单元格的边框都将显示为虚线（如图 2-50 所示的 B2 单元格），表示当前正处于剪切复制模式，在该模式下可以执行多次粘贴操作。如果通过按 Enter 键执行粘贴操作，在粘贴后将退出剪切复制模式。如果不想执行粘贴操作而退出剪切复制模式，则可以按 Esc 键。

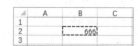

图 2-49 选择"粘贴选项"中的"粘贴"命令　　图 2-50 剪切复制模式下的单元格边框显示为虚线

2.3.3 使用不同的粘贴方式

无论移动或复制数据，最后都需要执行粘贴操作，才能将数据移动或复制到目标位置。默认情况下，Excel 会将单元格中的数据、格式、数据验证规则、批注等所有内容粘贴到目标单元格。有时可能只想选择性地粘贴部分内容，例如只粘贴单元格中的数据或格式。Excel 提供了大量的粘贴选项，用户可以在复制数据后选择所需的粘贴方式。这种可以灵活选择粘贴方式的功能称为"选择性粘贴"。

对数据执行复制操作后，粘贴选项出现在以下 3 个位置：

- 右击目标单元格，在弹出的菜单中将鼠标指针指向"选择性粘贴"右侧的箭头，即可弹出如图 2-51 所示的菜单。
- 在功能区的"开始"选项卡中单击"粘贴"按钮上的下拉按钮，弹出如图 2-52 所示的菜单。
- 对目标单元格执行粘贴命令，然后单击目标单元格右下角的"粘贴选项"按钮，弹出如图 2-53 所示的菜单。

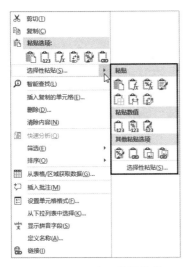

图 2-51　右击子快捷菜单

图 2-52　功能区命令

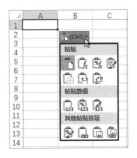

图 2-53　"粘贴选项"按钮

提示：第三种方法如果没有显示"粘贴选项"按钮，则需要单击"文件"按钮并选择"选项"命令，打开"Excel 选项"对话框，在"高级"选项卡中选中"粘贴内容时显示粘贴选项按钮"复选框。

提供粘贴选项的另一个位置是"选择性粘贴"对话框。执行复制操作后，在目标位置右击并在弹出的菜单中选择"选择性粘贴"命令，即可打开"选择性粘贴"对话框，从中选择所需的粘贴方式，如图 2-54 所示。

"选择性粘贴"功能最常见的两种应用是将公式转换为值和转换数据的行列方向。

1．将公式转换为值

"将公式转换为值"是指将公式的计算结果转换为固定不变的值，即删除公式中的所有内容，只保留计算结果，以后无论公式中引用的其他单元格中的值如何变化，公式的计算结果都始终保持不变。

例如，B1 单元格包含以下公式，计算 A1、A2 和 A3 的数

图 2-54　"选择性粘贴"对话框

字之和。如果修改其中任意一个单元格中的数字，B1 单元格中的公式会自动重算并显示最新结果。

```
=A1+A2+A3
```

如果想让 B1 单元格始终显示当前的计算结果，则可以选择 B1 单元格，然后按 Ctrl+C 快捷键执行复制操作，再右击 B1 单元格并在弹出的菜单中选择"粘贴选项"的"值"命令。将公式转换为值后，选择 B1 单元格时，编辑栏中只显示计算结果而不再显示公式，如图 2-55 所示。

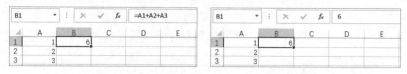

图 2-55　将公式转换为值之前和之后的效果

2. 转换数据的行列方向

使用"选择性粘贴"功能中的"转置"选项，可以将位于一列中纵向排列的数据转换为横向排列。首先选择要转换的数据，例如 A1:A3，然后按 Ctrl+C 快捷键执行复制操作，再右击任意一个空单元格，例如 B1，在弹出的菜单中选择"粘贴选项"中的"转置"命令，即可将数据粘贴到以 B1 单元格为起始单元格的一行中，如图 2-56 所示。

图 2-56　转换数据的行列方向

2.3.4　删除数据

删除单元格中的内容有以下两种方法：
- 选择单元格，然后按 Delete 键。
- 右击单元格，在弹出的菜单中选择"清除内容"命令。

如果为单元格设置了格式，使用以上两种方法只能删除单元格中的内容，无法删除其中的格式。

如果要同时删除单元格中的内容和格式，可以在功能区的"开始"选项卡中单击"清除"按钮，然后在弹出的菜单中选择"全部清除"命令，如图 2-57 所示。使用该菜单中的其他命令可以执行不同需求的删除操作。

图 2-57　使用"全部清除"命令同时删除内容和格式

2.4　保存数据

在 Excel 中输入或导入数据后，为了便于以后编辑和使用，需要将数据以文件的形式保存到计算机中。Excel 支持将数据保存为多种文件格式，用户可以指定保存文件时的默认格式。为了减少由于意外关闭 Excel 程序而导致数据损失，用户还可以设置创建用于恢复工作簿的临时备份文件的时间间隔。

2.4.1　Excel 支持的工作簿类型

"工作簿"是 Excel 文件的特定称呼，每个工作簿就是一个文件，它们存储在计算机磁盘中。Excel 支持的工作簿类型分为普通工作簿、模板、加载宏 3 类。普通工作簿是用户在大多数情况下使用的工作簿，在其中可以输入所需的数据、对数据进行计算和分析、创建图表展示数据等。模板是用于快速创建大量具有相同或相似格式和内容的工作簿。加载宏是一种扩展和增强 Excel 功能的工作簿，其中包含用于实现一个或多个功能的 VBA 代码。

以上 3 类工作簿都有两种不同 Excel 版本的文件格式，Excel 版本以 Excel 2007 作为分界线。以普通工作簿为例，Excel 2007 之前的 Excel 版本工作簿的文件扩展名为 .xls，而从 Excel 2007 开始的 Excel 版本工作簿的文件扩展名都改为 .xlsx。

前两类工作簿还可细分为包含 VBA 代码和不包含 VBA 代码的文件版本。在 Excel 2003 中，无论工作簿是否包含 VBA 代码，都使用同一种文件格式存储数据。在 Excel 2007 及更高版本的 Excel 中，将根据工作簿是否包含 VBA 代码来使用不同的文件格式存储数据。表 2-2 列出了 Excel 支持的工作簿类型。

表 2-2　Excel 支持的工作簿类型

工作簿类型	是否可以存储 VBA 代码	文件扩展名
Excel 工作簿	不可以	.xlsx
Excel 启用宏的工作簿	可以	.xlsm
Excel 97-2003 工作簿	可以	.xls
Excel 模板	不可以	.xltx
Excel 启用宏的模板	可以	.xltm
Excel 97-2003 模板	可以	.xlt
Excel 加载宏	可以	.xlam
Excel 97-2003 加载宏	可以	.xla

2.4.2　将数据保存为 Excel 工作簿

为了以后随时查看和编辑工作簿，需要将工作簿中的内容保存到计算机中，有以下两种方法：

- 单击快速访问工具栏中的"保存"命令，或按 Ctrl+S 快捷键。
- 单击"文件"按钮并选择"保存"命令。

执行以上任意一种方法都将进入"另存为"界面，如图 2-58 所示。选择一个保存位置，将打开"另存为"对话框，如图 2-59 所示，输入工作簿的名称并单击"保存"按钮，即可保存工作簿。

图 2-58　选择保存位置

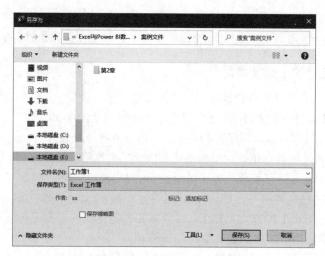

图 2-59   "另存为"对话框

如果已将工作簿保存到计算机中，则在执行保存操作时，会将上次保存后的最新修改直接
保存到当前工作簿中，而不会显示"另存为"界面和"另存为"对话框。

2.4.3   设置保存工作簿的默认格式

在 Excel 2007 及更高版本的 Excel 中，每次保存工作簿时的默认格式为"Excel 工作簿"，
文件扩展名为 .xlsx。如果经常需要将工作簿保存为其他类型的文件格式，一种方法是执行"另
存为"命令，然后在"另存为"对话框中选择所需的文件格式。另一种方法是设置保存工作簿
的默认格式，以后每次保存新建的工作簿或另存工作簿时，都会默认以该格式保存。设置保存
工作簿的默认格式的操作步骤如下：

单击"文件"按钮并选择"选项"命令，打开"Excel 选项"对话框，在"保存"选项卡的"将
文件保存为此格式"下拉列表中选择所需的文件格式，然后单击"确定"按钮，如图 2-60 所示。

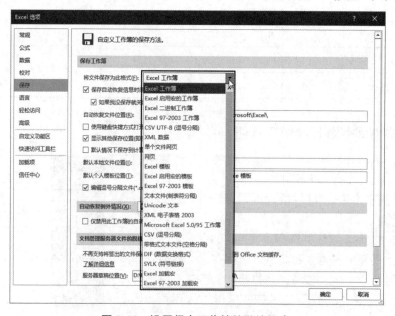

图 2-60   设置保存工作簿的默认格式

2.4.4　设置自动恢复工作簿的保存时间间隔和位置

　　默认情况下，Excel 程序每隔 10 分钟自动保存当前打开工作簿的一个临时备份。当 Excel 程序意外关闭时，可以在下次启动 Excel 程序时，使用临时备份文件恢复在上次意外关闭 Excel 程序时处于打开状态的工作簿。为了减少数据损失，可以将保存临时备份文件的时间间隔缩短，操作步骤如下：

　　单击"文件"按钮并选择"选项"命令，打开"Excel 选项"对话框，在"保存"选项卡中选中"保存自动恢复信息时间间隔"复选框，然后在右侧的文本框中输入以"分钟"为单位的数字，表示保存临时备份文件的时间间隔。还可以在下方的"自动恢复文件位置"文本框中设置临时备份文件的保存位置。设置后单击"确定"按钮，如图 2-61 所示。

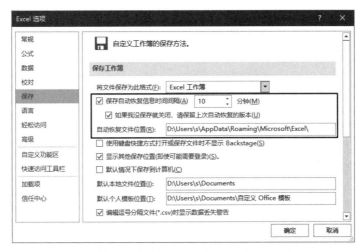

图 2-61　设置自动恢复工作簿的保存时间间隔和位置

第 3 章
规范化数据格式

创建好基础数据后，通常需要对数据进行必要的整理。"整理"主要是指对内容和格式不规范的数据进行修改和调整，使数据的格式符合 Excel 的基本要求，能被 Excel 识别为正确的数据类型。整理数据是数据分析过程中非常重要的一个环节，直接影响数据在后续处理和分析时的效率和准确性。本章将从 3 个方面介绍整理数据的方法，首先介绍使用数据验证功能让输入的数据规范化，然后介绍修复格式不规范的数据，最后介绍通过为数据设置格式改变数据的显示外观。

3.1 使用数据验证功能让数据输入规范化

Excel 为用户提供了灵活的数据输入方式，用户可以在工作表中输入任意内容。灵活输入的同时也会带来一些弊端，格式不规范的数据为以后的数据汇总和分析带来麻烦。使用"数据验证"功能可以设置数据输入的规则，只有符合规则的数据才能被输入单元格中，从而避免输入无效数据。在 Excel 2013 之前的版本中，"数据验证"功能的名称为"数据有效性"。

3.1.1 了解数据验证

使用"数据验证"功能可以根据预先设置好的验证规则，对用户输入的数据进行检查，并将符合规则的数据输入单元格中，而拒绝输入不符合规则的数据。选择要设置数据验证的一个或多个单元格，然后在功能区的"数据"选项卡中单击"数据验证"按钮，如图 3-1 所示。打开如图 3-2 所示的"数据验证"对话框，在"设置""输入信息""出错警告"和"输入法模式"4个选项卡中设置数据验证规则的相关选项，然后单击"确定"按钮，即可为选中的单元格设置数据验证规则。"数据验证"对话框中 4 个选项卡的功能如下：

- "设置"选项卡：在该选项卡中设置数据的验证条件，在"允许"下拉列表中选择一种验证条件，下方显示所选验证条件的相关选项。"允许"下拉列表中包含 8 种数据验证条件功能如表 3-1 所示。如果选中"忽略空值"复选框，则无论为单元格设置哪种验证条件，空单元格都是有效的，否则在空单元格中按 Enter 键将显示出错警告信息。

图 3-1　单击"数据验证"按钮

图 3-2　"数据验证"对话框

表 3-1　8 种数据验证条件的功能说明

验 证 条 件	说　　　明
任何值	在单元格中输入的内容不受限制
整数	只能在单元格中输入指定范围内的整数
小数	只能在单元格中输入指定范围内的小数
序列	为单元格提供一个下拉列表，只能从下拉列表中选择一项，并将其输入单元格
日期	只能在单元格中输入指定范围内的日期
时间	只能在单元格中输入指定范围内的时间
文本长度	只能在单元格中输入指定字符长度的内容
自定义	使用公式和函数设置数据验证条件。如果公式返回逻辑值 TRUE 或非 0 数字，则表示输入的数据符合验证条件；如果公式返回逻辑值 FALSE 或 0，则表示输入的数据不符合验证条件

- "输入信息"选项卡：在该选项卡中设置当选择包含数据验证规则的单元格时显示的提示信息，以帮助用户正确地输入数据。
- "出错警告"选项卡：在该选项卡中设置当输入不符合规则的数据时显示的出错警告信息，以提醒用户输入正确的数据。
- "输入法模式"选项卡：在该选项卡中设置当选择特定的单元格时自动切换到相应的输入法模式。

　　在"数据验证"对话框中的每个选项卡的左下角有一个"全部清除"按钮，单击该按钮将清除所有选项卡中的设置。

3.1.2　只允许用户从列表中选择选项来输入

　　使用"数据验证"功能中的"序列"数据验证条件，将为单元格提供包含指定选项的下拉列表，用户通过选择其中的选项输入数据，从而达到限定输入内容的目的。

　　如图 3-3 所示，需要根据 A 列中的商品名称，在 B 列中输入正确的商品类别（本例为"饮料""果蔬"和"熟食"）。为了避免输入无效的商品类别，可以为 B 列设置数据验证，操作步骤如下：

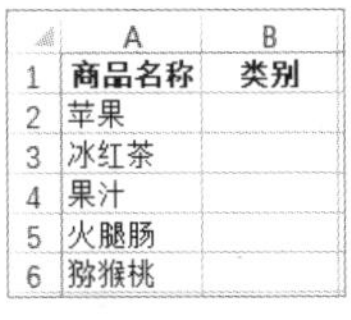

图 3-3　需要在 B 列中输入商品的类别

（1）选择要输入商品类别的单元格区域，本例为 B2:B6，然后在功能区的"数据"选项卡中单击"数据验证"按钮。

（2）打开"数据验证"对话框，在"设置"选项卡中进行以下设置，如图 3-4 所示。

- 在"允许"下拉列表中选择"序列"。
- 在"来源"文本框中输入"饮料,果蔬,熟食"，文字之间的逗号需要在英文半角状态下输入。如果要在文本框中移动插入点的位置，需要按 F2 键进入编辑模式。
- 选中"提供下拉箭头"复选框。

提示：如果已将下拉列表包含的选项输入到单元格区域中，则可以单击"来源"文本框右侧的折叠按钮，在工作表中选择该单元格区域，将其中的内容导入"来源"文本框。

设置完成后单击"确定"按钮。当选择 B2:B6 区域中的任意一个单元格时，将自动在单元格的右侧显示一个下拉按钮，单击该按钮将打开一个下拉列表，其中包含"饮料""果蔬"和"熟食"3 个选项，选择一个选项即可将其输入到单元格中，如图 3-5 所示。

图 3-4　设置数据验证条件

图 3-5　选择下拉列表中的选项以将其输入到单元格中

3.1.3　限制输入的数值和日期范围

在很多情况下，需要将输入的内容限制在一个有效的范围内，例如员工年龄、考试成绩、发货日期等。使用"整数""小数""日期""时间""文本长度"等验证条件可以针对不同类型的数据设置输入的限制范围。

图 3-6　需要在 B 列中输入商品的发货量

如图 3-6 所示，需要在 B 列中输入商品的发货量，发货量限制在 1 ～ 30。为了避免输入无效的数字，可以为 B 列设置数据验证，操作步骤如下：

（1）选择要输入发货量的单元格区域，本例为 B2:B6，然后在功能区的"数据"选项卡中单击"数据验证"按钮。

（2）打开"数据验证"对话框，在"设置"选项卡中进行以下设置，如图 3-7 所示。

- 在"允许"下拉列表中选择"整数"。
- 在"数据"下拉列表中选择"介于"。
- 在"最小值"文本框中输入 1。
- 在"最大值"文本框中输入 30。

（3）切换到"输入信息"选项卡，进行以下设置，如图 3-8 所示。

● 选中"选定单元格时显示输入信息"复选框。

● 在"标题"文本框中输入"输入发货量"。

● 在"输入信息"文本框中输入"请输入 1 ～ 30 的数字"。

图 3-7　设置数据验证条件

图 3-8　设置提示信息

（4）切换到"出错警告"选项卡，进行以下设置，如图 3-9 所示。

● 选中"输入无效数据时显示出错警告"复选框。

● 在"样式"下拉列表中选择"停止"。

● 在"标题"文本框中输入"输入有误"。

● 在"错误信息"文本框中输入"输入的数字超出有效范围"。

（5）单击"确定"按钮，关闭"数据验证"对话框。

选择 B2:B6 区域中的任意一个单元格时，将显示如图 3-10 所示的提示信息。如果输入 1 ～ 30 的数字，该数字会被添加到单元格中。如果输入其他数字，则在按下 Enter 键时将显示预先定制好的出错警告信息，此时只能重新输入或取消输入，如图 3-11 所示。

图 3-9　设置出错警告信息

图 3-10　选择单元格时显示提示信息

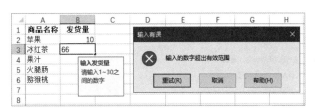

图 3-11　输入无效数字时显示的警告信息

3.1.4　禁止输入重复内容

在实际应用中，可能需要输入一些具有唯一性的内容，例如员工编号或商品编号。为了避免输入重复的内容，可以使用"自定义"数据验证条件，通过设置公式和函数判断输入的数据是否发生重复并加以限制。

如图 3-12 所示，需要在 A 列中输入商品的编号。为了避免输入重复的商品编号，可以为 A 列设置数据验证，操作步骤如下：

（1）选择要输入商品编号的单元格区域，本例为 A2:A6，确保 A2 是活动单元格，然后在功能区的"数据"选项卡中单击"数据验证"按钮。

（2）打开"数据验证"对话框，在"设置"选项卡中进行以下设置，如图 3-13 所示。

图 3-12　需要在 A 列中输入不重复的商品编号　　　图 3-13　设置数据验证条件

- 在"允许"下拉列表中选择"自定义"。
- 在"公式"文本框中输入以下公式，其中的 A2 单元格需要使用相对引用。

```
=COUNTIF($A$2:$A$6,A2)=1
```

提示：关于公式、相对引用和 COUNTIF 函数的更多内容，请参考第 4 章。

（3）切换到"出错警告"选项卡，进行以下设置，然后单击"确定"按钮，如图 3-14 所示。
- 选中"输入无效数据时显示出错警告"复选框。
- 在"样式"下拉列表中选择"停止"。
- 在"标题"文本框中输入"编号有误"。
- 在"错误信息"文本框中输入"输入了重复的商品编号"。

在 A2:A6 区域中输入商品编号时，如果输入了重复的编号，则将显示出错警告信息，此时只能重新输入或取消输入，如图 3-15 所示。

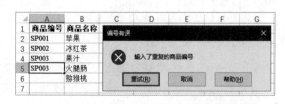

图 3-14　设置出错警告信息　　　　　图 3-15　输入重复编号时显示出错警告信息

3.1.5　检查并圈释无效数据

如果在设置数据验证规则前，已经在单元格中输入了数据，则可以使用数据验证功能圈释不符合规则的数据，以帮助用户快速找到无效数据。圈释数据前，需要先为数据区域设置数据验证规则，然后在功能区的"数据"选项卡中单击"数据验证"按钮上的下拉按钮，在弹出的菜单中选择"圈释无效数据"命令，即可为选区中不符合验证规则的数据添加红色标识圈，如图 3-16 所示。

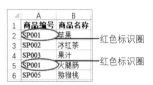

图 3-16　圈释无效数据

清除红色标识圈的一种方法是修改数据以使其符合验证规则，红色标识圈会自动消失；另一种方法是在功能区的"数据"选项卡中单击"数据验证"按钮上的下拉按钮，然后在弹出的菜单中选择"清除验证标识圈"命令。

3.1.6　管理数据验证

如果要修改现有的数据验证规则，需要先选择包含数据验证规则的单元格，然后打开"数据验证"对话框并进行所需的修改。

如果为多个单元格设置了相同的数据验证规则，则可以先修改其中任意一个单元格的数据验证规则，然后在关闭"数据验证"对话框前，在"设置"选项卡中选中"对有同样设置的所有其他单元格应用这些更改"复选框，即可将当前设置结果应用到其他包含相同数据验证规则的单元格中，如图 3-17 所示。

当复制包含数据验证规则的单元格时，将同时复制该单元格中包含的内容和数据验证规则。如果只想复制单元格中的数据验证规则，则可以在执行复制命令后，右击要粘贴的单元格，然后在弹出的菜单中选择"选择性粘贴"命令，在打开的对话框中选中"验证"单选按钮，最后单击"确定"按钮，如图 3-18 所示。

图 3-17　批量修改数据验证规则的方法　　　　图 3-18　只粘贴数据验证规则

注意：如果复制一个不包含数据验证规则的单元格，并将其粘贴到包含数据验证规则的单元格中，则将覆盖目标单元格中的数据验证规则。

如果要删除单元格中的数据验证规则，可以打开"数据验证"对话框，然后在任意一个选项卡中单击"全部清除"按钮。当工作表中包含不止一种数据验证规则时，删除所有数据验证规则的操作步骤如下：

（1）单击位于行号和列标交叉位置处的全选按钮（一个三角形标记），选中工作表中的所有单元格，如图 3-19 所示。

（2）在功能区的"数据"选项卡中单击"数据验证"按钮，将显示如图 3-20 所示的提示信息，单击"确定"按钮。

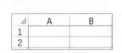

图 3-19　位于左上角的全选按钮

图 3-20　删除所有数据验证规则时的提示信息

（3）打开"数据验证"对话框，不做任何设置，直接单击"确定"按钮，即可删除当前工作表中包含的所有数据验证规则。

3.2　修复格式不规范的数据

无论是用户手动输入的数据，还是从其他程序中导入的数据，都可能存在不规范的格式，导致这些数据无法被 Excel 识别为正确的数据类型，直接影响后期的数据计算和处理。利用 Excel 提供的一些功能，可以快速修复格式不规范的数据。

3.2.1　使用分列功能拆分复杂数据

在将由其他程序导出的数据导入 Excel 后，一些数据的格式可能不符合 Excel 格式规范。如图 3-21 所示，在 B 列中包含了商品名称和类别名称，它们之间以"&"符号分隔，为了便于单独处理商品名称和类别名称，需要将 B 列中的内容拆分为两列，使商品名称和类别名称各占一列。使用 Excel 中的"分列"功能可以轻松完成这项工作。

	A	B	C
1	商品编号	名称	价格
2	SP001	苹果&果蔬	8
3	SP002	猕猴桃&果蔬	15
4	SP003	西蓝花&果蔬	6
5	SP004	西红柿&果蔬	5
6	SP005	果汁&饮料	8
7	SP006	可乐&饮料	3
8	SP007	冰红茶&饮料	5
9	SP008	香肠&熟食	12
10	SP009	火腿肠&熟食	6
11	SP010	鱼肠&熟食	10

图 3-21　商品名称和类别名称
混合在一起

拆分商品名称和类别名称的操作步骤如下：

（1）右击 C 列的列标，在弹出的菜单中选择"插入"命令，在 B、C 两列之间插入一个空列，如图 3-22 所示。执行该操作是因为将 B 列内容分为两列后，其中的一列将会覆盖现有的 C 列，为了避免出现这种情况，需要提前插入一个空列。

（2）选择要拆分的数据区域，本例为 B2:B11，然后在功能区的"数据"选项卡中单击"分列"按钮，如图 3-23 所示。

（3）打开"文本分列向导"对话框，选中"分隔符号"单选按钮，然后单击"下一步"按钮，如图 3-24 所示。

（4）显示如图 3-25 所示的选项，选中"其他"复选框，并在右侧的文本框中输入"&"，然后单击"下一步"按钮。

图 3-22　选择"插入"命令

图 3-23　单击"分列"按钮

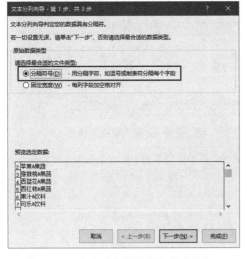

图 3-24　选中"分隔符号"单选按钮

图 3-25　指定分隔符号

（5）显示如图 3-26 所示的选项，在"目标区域"中指定分列后数据区域的左上角位置，然后单击"完成"按钮，即可将 B 列数据拆分为两列。用户可以为拆分后的两列数据设置合适的列标题，如图 3-27 所示。

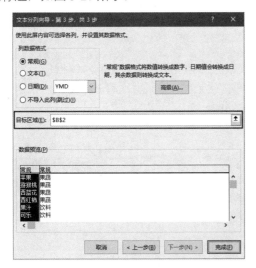

图 3-26　指定分列后数据区域的左上角位置

图 3-27　数据拆分后的效果

3.2.2 更正使用小数点分隔的日期

在输入日期时，有些用户习惯使用小数点分隔日期中的年、月、日，这种格式的日期只是从外表上看上去像日期，实际上并不是真正的日期，而只是普通的文本，因此无法参与日期的相关计算和处理，如图 3-28 所示。

使用"替换"功能可以快速更正不规范的日期格式，操作步骤如下：

（1）选择日期所在的单元格区域，本例为 A2:A11。然后在功能区的"开始"选项卡中单击"查找和选择"按钮，在弹出的菜单中选择"替换"命令。

（2）打开"查找和替换"对话框中的"替换"选项卡，在"查找内容"文本框中输入"."，在"替换为"文本框中输入"/"或"-"，然后单击"全部替换"按钮，如图 3-29 所示。

图 3-28 使用小数点分隔年月日的日期

图 3-29 设置"替换"选项

（3）显示替换成功的提示信息，如图 3-30 所示，单击"确定"按钮，然后单击"关闭"按钮。更正格式后的日期如图 3-31 所示。

图 3-30 替换成功的提示信息

	A	B	C	D
1	进货日期	商品编号	商品名称	价格
2	2020/10/6	SP001	苹果	8
3	2020/10/7	SP002	猕猴桃	15
4	2020/10/7	SP003	西蓝花	6
5	2020/10/8	SP004	西红柿	5
6	2020/10/8	SP005	果汁	8
7	2020/10/8	SP006	可乐	3
8	2020/10/9	SP007	冰红茶	5
9	2020/10/9	SP008	香肠	12
10	2020/10/9	SP009	火腿肠	6
11	2020/10/9	SP010	鱼肠	10

图 3-31 更正格式后的日期

3.2.3 转换不正确的数据类型

有时由于输入有误或从外部导入等原因，导致数据的类型不正确而影响后续操作，例如无法正确对数据进行计算或统计分析。Excel 允许用户在特定的数据类型之间进行转换，最常见的情况是文本型数字与数值之间、逻辑值与数值之间的转换。

1. 文本型数字与数值之间的转换

将文本型数字转换为数值有以下两种方法：

- 如果在单元格中以文本格式输入数字，该单元格的左上角会显示一个绿色三角。单击这个单元格将显示按钮🔽，单击该按钮，在弹出的菜单中选择"转换为数字"命令，如图 3-32 所示。
- 通过四则运算或函数可以将文本型数字转换为数值。

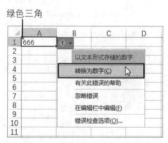

图 3-32 选择"转换为数字"命令

以下任意一个公式都可以将 A1 单元格中的文本型数字转换为数值：

```
=A1*1
=A1/1
=A1+0
=A1-0
=--A1
=VALUE(A1)
```

提示：关于公式和函数的更多内容，请参考第 4 章。

如果要将数值转换为文本型数字，可以使用"&"符号将数值和一个空字符连接起来。下面的公式将 A1 单元格中的数值转换为文本型数字，一对半角双引号中不包含任何内容。

```
=A1&""
```

提示："&"是 Excel 中的一个运算符，用于将两部分内容连接为一个整体。关于该符号和其他运算符的更多内容，请参考第 4 章。

2．逻辑值与数值之间的转换

将逻辑值转换为数值与将文本型数字转换为数值的方法类似，对逻辑值 TRUE 或 FALSE 执行乘 1、除 1、加 0、减 0 的四则运算即可完成数据类型的转换。在条件判断中，任何非 0 的数字等价于逻辑值 TRUE，0 等价于逻辑值 FALSE。

逻辑值与数值或逻辑值之间都可以进行四则运算，此时的逻辑值 TRUE 等价于 1，逻辑值 FALSE 等价于 0。下面说明了逻辑值 TRUE 和 FALSE 在四则运算中的计算方式，"*"在 Excel 公式中表示乘法。

```
TRUE*6=6
FALSE*6=0
TRUE+6=7
FALSE+6=6
TRUE*FALSE=0
```

3.3　设置数据格式

在单元格中输入数据后，为了让数据的含义更清晰，可以为数据设置特定的格式改变数据的显示外观，例如更改数据的字体格式、为表示金额的数据添加货币符号、将数据在单元格中居中对齐。用户还可以使用单元格样式一次性为数据设置多种格式。

3.3.1　设置字体格式

字体格式包括字体、字号、字体颜色、加粗、倾斜等多种格式，可以为单元格中的数据设置一种或多种字体格式。选择要设置字体格式的单元格，或者在单元格的编辑模式下选择单元格中的部分内容，然后使用以下方法设置字体格式：

- 在功能区的"开始"选项卡的"字体"组中设置字体格式，如图 3-33 所示。
- 在功能区的"开始"选项卡中单击"字体"组右下角的对话框启动器，然后在打开的"设置单元格格式"对话框的"字体"选项卡中设置字体格式，如图 3-34 所示。
- 使用浮动工具栏设置字体格式。

图 3-33　使用"字体"组设置字体格式　　图 3-34　使用"设置单元格格式"对话框设置字体格式

　　在单元格中输入内容后，即使不设置字体格式，单元格中的内容也会具有某种字体，将这种由 Excel 自动设置好的字体称为"默认字体"。不同版本的 Excel 具有不同的默认字体，例如 Excel 2019 的默认字体为"等线"，默认字号为 11 号。

　　如果经常需要将单元格中的数据设置为某种特定的字体，可以修改 Excel 的默认字体。单击"文件"按钮并选择"选项"命令，打开"Excel 选项"对话框，在"常规"选项卡中的"使用此字体作为默认字体"和"字号"两项用于设置默认字体，如图 3-35 所示。

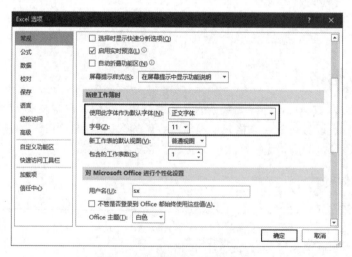

图 3-35　设置 Excel 默认字体

3.3.2　设置数字格式

　　在单元格中输入一个数字后，该数字在不同场合下有不同的含义。例如，在销售分析表中，该数字可能表示商品的总销量；在员工信息表中，该数字可能表示一个员工的月工资；在财务报表中，该数字可能表示一个日期。如果为数字设置特定的数字格式，可以让数据的含义更清晰。如图 3-36 所示是为同一个数字设置 3 种不同数字格式后的效果，设置数字格式后的数字含义显而易见。

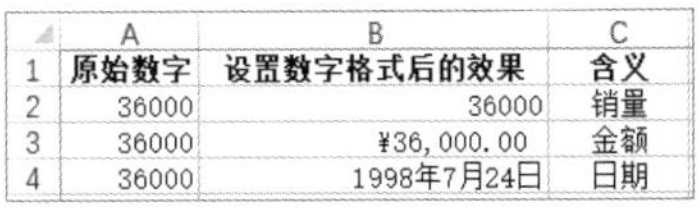

Excel 内置的数字格式主要用于设置数值的格式，如表 3-2 所示。如果要为文本设置数字格式，需要创建自定义格式代码。为数据设置的数字格式只改变数据的显示外观，不会改变数据本身的值和数据类型。Windows 操作系统中的设置会影响数字格式的默认样式。

图 3-36　通过设置数字格式让数据的含义更清晰

表 3-2　Excel 内置的数字格式类型

数字格式类型	说　明
常规	数据的默认格式，如果没有为单元格设置任何数字格式，则默认使用常规格式
数值	用于一般数字的表示，可以为数值设置小数位数、千位分隔符、负数的样式
货币	将数值设置为货币格式，并自动显示千位分隔符，可以设置小数位数、负数的样式
会计专用	与货币格式类似，区别是将货币符号显示在单元格的最左侧
日期	将数值设置为日期格式，可以同时显示日期和时间
时间	将数值设置为时间格式
百分比	将数值设置为百分比格式，可以设置小数位数
分数	将数值设置为分数格式
科学计数	将数值设置为科学计数格式，可以设置小数位数
文本	将数值设置为文本格式，之后输入的数值以文本格式存储
特殊	将数值设置为特殊格式，包括邮政编码、中文小写数字、中文大写数字 3 种
自定义	使用格式代码自定义设置数据的数字格式

选择要设置数字格式的一个或多个单元格，然后使用以下方法为选中的数据设置数字格式：

- 在功能区的"开始"选项卡中打开"数字格式"下拉列表，然后选择所需的数字格式，如图 3-37 所示。
- 使用功能区的"开始"选项卡中的"数字"组中的 5 个格式按钮，从左到右依次为：会计数字格式、百分比样式、千位分隔样式、增加小数位数、减少小数位数，如图 3-38 所示。
- 打开"设置单元格格式"对话框中的"数字"选项卡，在"分类"列表框中选择一种数字格式类型，然后在右侧设置数字格式的相关选项，"示例"区域显示当前设置的数字格式的预览效果，如图 3-39 所示。

提示：无论为单元格设置了哪种数字格式，在编辑栏中始终显示单元格中的内容本身。

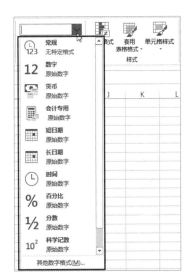

图 3-37　"数字格式"下拉列表

图 3-38　数字格式按钮　　图 3-39　"设置单元格格式"对话框中的"数字"选项卡

3.3.3　设置数据在单元格中的对齐方式

数据在单元格中的对齐方式是指数据在单元格中水平和垂直两个方向上的对齐位置。水平对齐包括常规、靠左、居中、靠右、填充、两端对齐、跨列居中、分散对齐等对齐方式；垂直对齐包括靠上、居中、靠下、两端对齐、分散对齐等对齐方式。

在功能区的"开始"选项卡的"对齐方式"组中只提供了常用的水平对齐和垂直对齐方式，如图 3-40 所示。如果想要访问所有的对齐方式，需要使用"设置单元格格式"对话框中的"对齐"选项卡，在"水平对齐"和"垂直对齐"两个下拉列表中可以找到所有的对齐方式，如图 3-41 所示。

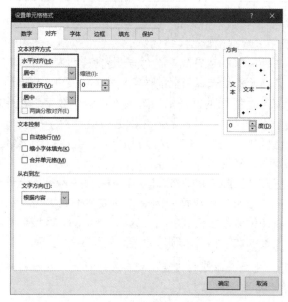

图 3-40　功能区中的对齐命令　　图 3-41　在"对齐"选项卡中可以访问所有的对齐方式

用户在单元格中输入的数据默认使用"常规"水平对齐方式，该对齐方式的效果由输入的数据类型决定：文本型数据自动左对齐，数值型数据自动右对齐，逻辑值和错误值自动居中对齐。所有类型的数据的垂直对齐方式默认为"居中"，增加单元格的高度才能看到垂直居中对齐的效果。

在所有的水平对齐方式中，"填充"和"跨列居中"两种对齐方式的效果比较特殊。

- 填充：如果需要在单元格中输入重复的多组内容，则可以使用"填充"对齐方式，该对齐方式会自动重复单元格中的内容，直到填满单元格或者单元格的剩余空间无法完全显示内容为止，如图 3-42 所示。

- 跨列居中："跨列居中"的效果与使用合并单元格中的"合并后居中"类似，但是前者并未真正合并单元格，而只是在显示方面实现了合并居中的效果。如图 3-43 所示为将 A1:E1 单元格区域设置为"跨列居中"对齐方式后的效果，内容位于 A1 单元格中，然而看起来就像将 A1:E1 这 5 个单元格合并在一起。

图 3-42　"填充"对齐方式

图 3-43　"跨列居中"对齐方式

3.3.4　使用单元格样式快速设置多种格式

如果使用过 Word 中的"样式"功能，则很容易理解 Excel 中的"单元格样式"。使用"单元格样式"功能可以快速为单元格设置多种格式，这些格式就是"设置单元格格式"对话框中包含的 6 个选项卡的格式，即数字、对齐、字体、边框、填充、保护。单元格样式将这 6 种格式组合在一起，利用单元格样式可以为单元格一次性设置这 6 种格式中的一种或多种。

Excel 内置了一些单元格样式，用户可以直接使用这些内置的样式为单元格设置格式。首先选择要设置格式的一个或多个单元格，然后在功能区的"开始"选项卡中单击"单元格样式"按钮，打开单元格样式列表，如图 3-44 所示。将鼠标指针指向某个样式时，选中的单元格会自动显示应用该样式后的预览效果。如果确定要使用某个单元格样式，单击该样式即可。

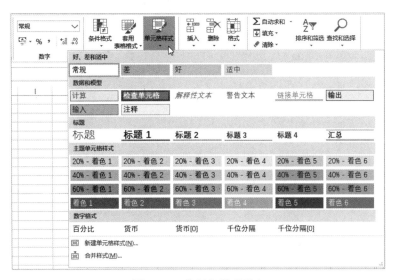

图 3-44　单元格样式列表

如果内置单元格样式无法完全满足格式上的要求，则可以修改内置单元格样式，有以下两种方式：

- 在单元格样式列表中右击要修改的样式，然后在弹出的菜单中选择"修改"命令，打开"样式"对话框，其中显示了单元格样式包含的 6 种格式，复选框处于选中状态的格式表示当前正在使用的格式，如图 3-45 所示。单击"格式"按钮，在打开的"设置单元格格式"对话框中可以修改 6 种格式。
- 在单元格样式列表中右击要修改的样式，然后在弹出的菜单中选择"复制"命令，在打开的"样式"对话框中为复制后的样式设置一个名称，然后单击"格式"按钮修改样式中的格式。

直接修改内置单元格样式时，无法更改样式的名称。如果要为单元格样式指定一个名称，并从头开始设置单元格样式中的格式，那么用户可以创建新的单元格样式。只需在单元格样式列表中选择"新建单元格样式"命令，在打开的"样式"对话框中为单元格样式设置一个名称，并在下方选中相应的复选框来启用所需的格式，然后单击"格式"按钮对每一种格式进行具体设置。创建好的单元格样式显示在单元格样式列表的"自定义"类别中，如图 3-46 所示。

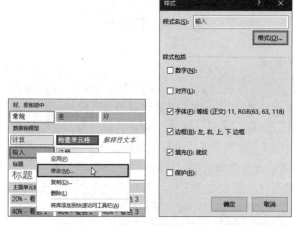

图 3-45　修改单元格样式中的格式

图 3-46　用户创建的单元格样式
显示在"自定义"类别中

第4章
使用公式和函数处理不同类型的数据

公式和函数是 Excel 得以发挥强大计算能力的核心，Excel 提供了种类丰富的函数，用于完成不同类型的计算任务。公式和函数不仅用于数据计算，它们在数据验证、条件格式、动态图表等方面也发挥了重要作用。本章首先介绍公式和函数的基础知识，它们是深入学习公式和函数的基础，然后介绍使用函数处理不同类型数据的方法，最后介绍函数在实际应用中的典型案例。

4.1 公式和函数基础

在开始介绍特定的函数之前，需要先了解公式和函数的一些基本概念和知识，它们是深入学习公式和函数的基础。

4.1.1 公式的组成

Excel 中的公式由等号、常量、运算符、单元格引用、函数、定义的名称等内容组成，在一个公式中可以包含这些内容中的部分或全部。Excel 中的任何公式都必须以等号开头，然后输入公式包含的其他内容。

常量就是字面量，它是一个值，可以是文本、数值或日期，例如 Excel、666、2020 年 10 月 1 日。单元格引用就是单元格地址，可以是单个单元格地址，也可以是单元格区域的地址，例如 A1、A2:B6。函数通常是指 Excel 内置函数，例如 SUM、LEFT、LOOKUP。名称是用户在 Excel 中创建的，可以将名称看作是命名的公式，因此在公式中包含的内容也可以出现在名称中。使用名称可以简化公式的输入量，并使公式易于理解。

运算符用于连接公式中的各个部分，并执行不同类型的计算，例如"+"运算符用于计算两个数字的和，"*"运算符用于计算两个数字的积。不同类型的运算符具有不同的运算次序，将这种次序称为运算符的优先级。

4.1.2 运算符及其优先级

Excel 中的运算符包括算术运算符、文本连接运算符、比较运算符、引用运算符 4 种类型。

表 4-1 列出了按优先级从高到低的顺序排列的运算符，即引用运算符的优先级最高，比较运算符的优先级最低。

表 4-1　Excel 中的运算符及其说明

运算符类型	运 算 符	说 明	示 例
引用运算符	冒号（:）	区域运算符，引用由冒号两侧的单元格组成的整个区域	=SUM(A1:A6)
	逗号（,）	联合运算符，将不相邻的多个区域合并为一个引用	=SUM(A1:B2,C5:D6)
	空格（ ）	交叉运算符，引用空格两侧的两个区域的重叠部分	=SUM(A1:B6 B2:C5)
算术运算符	-	负数	=10*-3
	%	百分比	=2*15%
	^	乘方（幂）	=3^2-6
	* 和 /	乘法和除法	=6*5/2
	+ 和 -	加法和减法	=2+18-10
文本连接运算符	&	将两部分内容连接在一起	="Windows"&" 系统 "
比较运算符	=、<、<=、>、>= 和 <>	比较两部分内容并返回逻辑值	=A1<=A2

如果一个公式中包含多个不同类型的运算符，Excel 将按照这些运算符的优先级对公式中的各个部分进行计算；如果一个公式包含多个具有相同优先级的运算符，Excel 将按照运算符在公式中出现的位置，从左到右对各部分进行计算。

例如，下面公式的计算结果为 11，由于"*"和"/"这两个运算符的优先级高于"+"运算符，因此先计算 10×3，再将得到的结果 30 除以 6，最后将得到的结果 5 加 6，最终结果为 11。

```
=6+10*3/6
```

如果想要先计算低优先级的加法，即 6+10 部分，则可以使用圆括号提升运算符的优先级，使低优先级的运算符先进行计算。下面的公式将 6+10 放到一对圆括号中，使"+"运算符先于"*"和"/"运算符进行计算，因此该公式的计算结果为 8，即 6+10=16，16*3=48，48/6=8。

```
=(6+10)*3/6
```

提示：当公式中包含嵌套的圆括号时，即一对圆括号位于另一对圆括号的内部。在这种情况下，嵌套圆括号的计算顺序是从最内层的圆括号逐级向外层圆括号进行计算。

4.1.3　输入和修改公式

输入公式与输入普通数据的方法类似，可以参考第 2.1.2 节中的内容。输入公式时可以在"输入""编辑"和"点"3 种模式之间随意切换。输入公式中的所有内容后，按 Enter 键结束输入，将得出计算结果。

如果要输入新的公式代替单元格中的现有公式，只需选择包含公式的单元格，然后输入新的公式并按 Enter 键。如果要修改公式中的部分内容，则应先选择包含公式的单元格，然后使用以下方法进入"编辑"模式：

- 按 F2 键。
- 双击单元格。
- 单击编辑栏。

修改公式后，按 Enter 键保存修改结果。如果在修改时按 Esc 键，则会放弃当前做的所有修改并退出"编辑"模式。

4.1.4　移动和复制公式

用户可以将单元格中的公式移动或复制到其他位置，方法类似于移动和复制普通数据。填充数据的方法也同样适用于公式，通过拖动包含公式的单元格右下角的填充柄，可以在一行或一列中复制公式。也可以双击填充柄，将公式快速复制到与相邻的行或列中最后一个连续数据相同的位置上。

如果在复制的公式中包含单元格引用，那么单元格引用的类型将影响复制后的公式。Excel 中的单元格引用类型分为相对引用、绝对引用、混合引用 3 种，通过单元格地址中是否包含"$"符号，可以从外观上区分 3 种单元格引用类型。

如果同时在单元格地址的行号和列标的左侧添加"$"符号，则该单元格的引用类型是绝对引用，例如 $A$1。如果在单元格地址的行号和列标的左侧都没有"$"符号，则该单元格的引用类型是相对引用，例如 A1。如果只在单元格地址的行号的左侧添加"$"符号，则该单元格的引用类型是混合引用，即列相对引用、行绝对引用，例如 A$1。如果只在单元格地址的列标的左侧添加"$"符号，则该单元格的引用类型也是混合引用，即列绝对引用、行相对引用，例如 $A1。

用户可以在单元格地址中通过手动输入"$"符号改变单元格的引用类型。更简单的方法是在单元格或编辑栏中选中单元格地址，通过反复按 F4 键在各个引用类型之间切换。如果 A1 单元格最初为相对引用，使用下面的方法将在不同的引用类型之间切换：

- 按 1 次 F4 键，将相对引用转换为绝对引用，即 A1 → $A$1。
- 按 2 次 F4 键：将相对引用转换为行绝对引用、列相对引用，即 A1 → A$1。
- 按 3 次 F4 键：将相对引用转换为行相对引用、列绝对引用，即 A1 → $A1。
- 按 4 次 F4 键：单元格的引用类型恢复为最初的相对引用。

在将公式从一个单元格复制到另一个单元格时，公式中的绝对引用单元格地址不会改变，而相对引用单元格地址则会根据公式复制到目标单元格与原始单元格之间的相对位置，自动调整复制公式后的单元格地址。

例如，如果 B1 单元格中的公式为"=A1+6"，将公式复制到 C3 单元格后，公式变为"=B3+6"，原来的 A1 自动变为 B3，如图 4-1 所示。这是因为公式由 B1 复制到 C3，相当于从 B1 向下移动 2 行，向右移动 1 列，从而到达 C3。由于公式中的 A1 是相对引用，因此该单元格也要向下移动 2 行，向右移动 1 列，最终到达 B3。

图 4-1　相对引用对复制公式的影响

如果单元格的引用类型是混合引用，则在复制公式时，只改变相对引用的部分，绝对引用的部分保持不变。继续使用上面的示例进行说明，如果 B1 单元格中的公式为"=A$1+6"，将该公式复制到 C3 单元格后，公式将变为"=B$1+6"，如图 4-2 所示。由于原来的 A$1 是行绝对引用、列相对引用，因此复制后只改变列的位置。

图 4-2 混合引用对复制公式的影响

4.1.5 更改公式的计算方式

在修改公式中的内容后，按 Enter 键将得到最新的计算结果。如果工作表中包含使用随机数函数的公式，则在编辑其他单元格并结束编辑后，随机数函数的值会自动更新。这是因为 Excel 的计算方式默认为"自动"。

如果工作表中包含大量的公式，这种自动重算功能将会严重影响 Excel 的整体性能。此时，可以将计算方式改为"手动"，只需在功能区的"公式"选项卡中单击"计算选项"按钮，然后在弹出的菜单中选择"手动"，如图 4-3 所示。

提示：如果将计算方式设置为"除模拟运算表外，自动重算"，则在 Excel 重新计算公式时会自动忽略模拟运算表的相关公式。

将计算方式设置为"手动"后，如果工作表中存在任何未计算的公式，则会在状态栏中显示"计算"，此时可以使用以下方法对公式执行计算：

- 在功能区的"公式"选项卡中单击"开始计算"按钮，或按 F9 键，将重新计算所有打开工作簿中的所有工作表的未计算的公式，如图 4-4 所示。
- 在功能区的"公式"选项卡中单击"计算工作表"按钮，或按 Shift+F9 快捷键，将重新计算当前工作表中的公式。
- 按 Ctrl+Alt+F9 快捷键，将重新计算所有打开工作簿中所有工作表的公式，包括已计算和未计算的所有公式。
- 按 Ctrl+Shift+Alt+F9 快捷键，将重新检查相关的公式，并重新计算所有打开工作簿中所有工作表的公式，无论这些公式是否需要重新计算。

图 4-3 更改公式的计算方式   图 4-4 单击"开始计算"按钮

4.1.6 在公式中输入函数及其参数

Excel 提供了内置函数，用于执行不同类型的计算，表 4-2 列出了 Excel 中的函数类别及其说明。为了使函数的名称可以准确地描述函数的功能，从 Excel 2010 开始微软公司修改了 Excel 早期版本中的一些函数名称，并改进了一些函数的性能和计算精度。后来的 Excel 版本仍然沿用 Excel 2010 的函数命名方式。

表 4-2　Excel 中的函数类别及其说明

函 数 类 别	说　　　明
数学和三角函数	包括四则运算、数字舍入、指数和对数、阶乘、矩阵和三角函数等数学计算
日期和时间函数	对日期和时间进行计算和推算
逻辑函数	通过设置判断条件，使公式可以处理多种情况
文本函数	对文本进行查找、替换、提取和设置格式
查找和引用函数	查找和返回工作表中的匹配数据或特定信息
信息函数	返回单元格格式或数据类型的相关信息
统计函数	对数据进行统计计算和分析
财务函数	对财务数据进行计算和分析
工程函数	对工程数据进行计算和分析
数据库函数	对数据列表和数据库中的数据进行计算和分析
多维数据集函数	对多维数据集中的数据进行计算和分析
Web 函数	Excel 2013 新增的函数类别，用于与网络数据进行交互
加载宏和自动化函数	通过加载宏提供的函数，扩展 Excel 函数的功能
兼容性函数	这些函数已被重命名后的函数代替，保留这些函数主要用于 Excel 早期版本

为了保持与 Excel 早期版本的兼容性，在 Excel 2010 及更高版本的 Excel 中保留了重命名前的函数，可以在功能区的"公式"选项卡中单击"其他函数"按钮，然后在弹出的菜单中选择"兼容性"命令，在打开的下拉列表中可以找到这些函数，如图 4-5 所示。

图 4-5　兼容性函数

重命名后的函数名称通常是在原有函数名称中间的某个位置添加半角句点（.），有的函数会在其原有名称的结尾添加包含半角句点在内的扩展名。例如，NORMSDIST 是 Excel 2003 中的标准正态累积分布函数，在 Excel 2010 及更高版本的 Excel 中将该函数重命名为 NORM.S.DIST。

在关闭一些工作簿时，可能会显示用户是否保存工作簿的提示信息。即使在打开工作簿后未进行任何修改，关闭工作簿时仍然会显示这类提示信息。出现这种情况通常是由于在工作簿中使用了易失性函数。在工作表的任意一个单元格中输入或编辑数据，甚至只是打开工作簿这样的简单操作，工作表中的易失性函数都会自动重新计算。此时关闭工作簿，Excel 会认为工作簿处于未保存状态，因此会显示是否保存的提示信息。常见的易失性函数有 TODAY、NOW、RAND、RANDBETWEEN、OFFSET、INDIRECT、CELL 等。

下面的操作不会触发易失性函数的自动重算:

- 将计算方式设置为 "手动计算"。
- 设置单元格格式或其他显示方面的选项。
- 输入或编辑单元格时,按 Esc 键取消本次输入或编辑操作。
- 使用除鼠标双击外的其他方法调整单元格的行高和列宽。

无论在 Excel 中使用哪个函数,首先都需要掌握在公式中输入函数的基本方法,有以下几种:

- 手动输入函数。
- 使用功能区中的函数命令。
- 使用 "插入函数" 对话框。

1. 手动输入函数

如果知道要使用的函数的完整拼写,则可以直接在公式中输入函数。当用户在公式中输入函数的前几个字母时,Excel 将显示与用户输入相匹配的函数列表。用户可以滚动鼠标滚轮或使用键盘上的方向键选择所需的函数,然后按 Tab 键将该函数添加到公式中,如图 4-6 所示。

将函数添加到公式后,Excel 将自动在函数名的右侧添加一个左圆括号,并在函数名的下方以粗体格式显示当前需要输入的参数信息,方括号包围的参数是可选参数,如图 4-7 所示。输入函数的所有参数后,需要输入一个右圆括号作为函数的结束标志。

图 4-6　输入函数时自动显示匹配的函数列表

图 4-7　将函数输入到公式中

提示: *无论用户在输入函数时使用的是大写字母还是小写字母,只要输入拼写正确的函数名,按下 Enter 键后,函数名会自动转换为大写字母形式。*

2. 使用功能区中的函数命令

在功能区的 "公式" 选项卡的 "函数库" 组中,每一类函数都作为一个按钮显示在该组中。单击这些按钮,可以在弹出的菜单中选择特定类别的函数。如图 4-8 所示为从 "文本" 函数类别中选择的 LEFT 函数,当鼠标指针指向某个函数时,将自动显示关于该函数的功能及其包含的参数的简要说明。

选择一个函数后,将打开 "函数参数" 对话框,其中显示了函数包含的各个参数,用户需要在相应的文本框中输入参数的值,可以单击文本框右侧的按钮 🔼 在工作表中选择单元格或区域,每个参数的值显示在文本框的右侧,下方显示使用当前函数对各个参数计算后的结果,如图 4-9 所示。输入参数值后,单击 "确定" 按钮,即可将包含参数的函数添加到公式中。

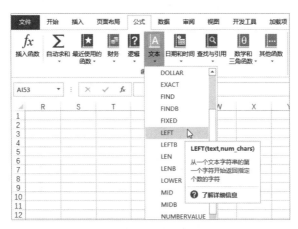

图 4-8　在功能区中选择要使用的函数

图 4-9　设置函数的参数值

3．使用"插入函数"对话框

单击编辑栏左侧的按钮 f_x，打开"插入函数"对话框，在"搜索函数"文本框中输入关于计算目的或函数功能的描述信息，然后单击"转到"按钮，Excel 将显示与输入内容相匹配的函数，如图 4-10 所示。

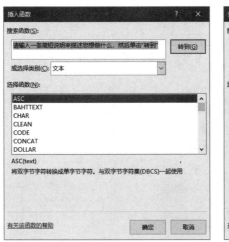

图 4-10　通过输入描述信息找到匹配的函数

在"选择函数"列表框中选择所需的函数，然后单击"确定"按钮，在打开的"函数参数"对话框中输入参数的值即可。

在前面介绍输入函数时，都涉及了函数的参数。每个函数由函数名、一对圆括号以及位于圆括号中的一个或多个参数组成，各个参数之间使用半角逗号分隔，形式如下：

函数名(参数1,参数2,…,参数n)

参数为函数提供要计算的数据，用户需要根据函数语法中的参数位置，依次输入相应类型的数据，才能使函数正确计算并得出结果，否则将返回错误值或根本无法计算。在输入不包含参数的函数时，需要输入函数名和一对圆括号。

参数的值可以有多种形式，包括以常量形式输入的数值或文本、单元格引用、数组、名称或函数。将一个函数作为另一个函数的参数形式称为嵌套函数。

在为某些函数指定参数值时，并非必须提供函数语法中列出的所有参数，这是因为参数分为必选参数和可选参考两种。

- 必选参数：必须指定必选参数的值。
- 可选参数：可以忽略可选参数的值。在单元格输入函数时显示的函数语法中，使用方括号标记的参数就是可选参数，如图 4-11 所示。例如，SUM 函数最多可以包含 255 个参数，只有第一个参数是必选参数，其他参数都是可选参数，因此可以只指定第一个参数的值，而省略其他 254 个参数。

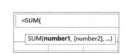

图 4-11 使用方括号标记可选参数

对于包含可选参数的函数，如果在可选参数之后还有参数，则在不指定前一个可选参数而直接指定其后的可选参数时，必须保留前一个可选参数的逗号占位符。例如，OFFSET 函数包含 5 个参数，前 3 个参数是必选参数，后两个参数是可选参数，当不指定该函数的第 4 个参数而指定第 5 个参数时，必须保留第 4 个参数与第 5 个参数之间的半角逗号，此时 Excel 自动为第 4 个参数指定默认值，通常为 0。

4.1.7 在公式中引用其他工作表或工作簿中的数据

公式中引用的数据可以来自于公式所在的工作表，也可以来自于公式所在的工作簿中的其他工作表，甚至是其他工作簿，对于后两种情况，需要使用特定的格式在公式中输入所引用的数据。此外，在公式中还可以引用多个工作表中的相同区域。

1. 在公式中引用其他工作表的数据

如果要在公式中引用同一个工作簿的其他工作表的数据，则需要在单元格地址的左侧添加工作表名称和一个半角感叹号，格式如下：

=工作表名称!单元格地址

例如，在 Sheet2 工作表的 A1 单元格中包含数值 100，如图 4-12 所示。如果要在该工作簿的 Sheet1 工作表的 A1 单元格中输入一个公式，计算 Sheet2 工作表的 A1 单元格中的值与 6 的乘积，则需要在 Sheet1 工作表的 A1 单元格中输入以下公式，如图 4-13 所示。

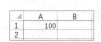

图 4-12 Sheet2 工作表中的数据

图 4-13 Sheet1 工作表中的公式

```
=Sheet2!A1*6
```

注意：如果工作表的名称以数字开头，或其中包含空格、特殊字符（例如 $、%、# 等），则必须使用一对单引号将工作表名称包围起来，例如"='Sheet 2'!A1*6"。以后如果修改工作表的名称，公式中工作表名称会同步更新。

2．在公式中引用其他工作簿的数据

如果要在公式中引用其他工作簿中的数据，则需要在单元格地址的左侧添加使用方括号括起的工作簿名称、工作表名称和一个半角感叹号，格式如下：

```
=[工作簿名称]工作表名称!单元格地址
```

如果工作簿名称或工作表名称以数字开头，或其中包含空格、特殊字符，则需要使用一对单引号同时将工作簿名称和工作表名称包围起来，格式如下：

```
='[工作簿名称]工作表名称'!单元格地址
```

如果公式中引用的数据所在的工作簿已经被打开，则只需按照上面的格式输入工作簿的名称，否则必须在公式中输入工作簿的完整路径。为了简化输入，通常在打开工作簿的情况下创建这类公式，关闭工作簿后，其路径会被自动添加到公式中。

下面的公式引用"销售数据"工作簿 Sheet2 工作表中的 A1 单元格的数据，并计算它与 5 的乘积，如图 4-14 所示。

图 4-14　在公式中引用其他工作簿中的数据

```
=[销售数据.xlsx]Sheet2!A1*5
```

3．在公式中引用多个工作表的相同区域

如果要在公式中引用多个相邻工作表的相同区域的数据，则可以使用工作表的三维引用，以简化对每一个工作表的单独引用，格式如下：

```
起始位置的工作表名称:结束位置的工作表名称!单元格地址
```

下面的公式是计算 Sheet1、Sheet2 和 Sheet3 三个工作表 A1:A6 单元格区域中的数值总和：

```
=SUM(Sheet1:Sheet3!A1:A6)
```

如果不使用三维引用，则需要在公式中重复引用每一个工作表中的单元格区域：

```
=SUM(Sheet1!A1:A6,Sheet2!A1:A6,Sheet3!A1:A6)
```

下面列出的函数支持工作表的三维引用：

SUM、AVERAGE、AVERAGEA、COUNT、COUNTA、MAX、MAXA、MIN、MINA、PRODUCT、STDEV.P、STDEV.S、STDEVA、STDEVPA、VAR.P、VAR.S、VARA 和 VARPA。

如果改变公式中引用的多个工作表的起始工作表或结束工作表，或在引用的多个工作表的范围内添加或删除工作表，Excel 将自动调整公式中引用的多个工作表的范围及其中包含的工作表。

技巧：如果要引用除了当前工作表之外的其他所有工作表，则可以在公式中使用通配符"*"，形式如下：

```
=SUM('*'!A1:A6)
```

4.1.8 创建数组公式

Excel 中的数组是指排列在一行、一列或多行多列中的一组数据的集合。数组中的每一个数据称为数组元素，数组元素的数据类型可以是 Excel 支持的任意数据类型。数组的维数是指数组具有的维度个数，维度是指组的行、列方向。按数组的维数，可以将 Excel 中的数组分为以下两类：

- 一维数组：数组中的元素排列在一行或一列中。数组元素排列在一行的数组是水平数组（或横向数组），数组元素排列在一列的数组是垂直数组（或纵向数组）。
- 二维数组：数组中的元素排列在多行多列中。

数组的尺寸是指数组各行各列的元素个数。一行 N 列的一维水平数组尺寸为 $1×N$，一列 N 行的一维垂直数组尺寸为 $N×1$，M 行 N 列的二维数组尺寸为 $M×N$。

按数组的存在形式，可以将 Excel 中的数组分为以下 3 类：

- 常量数组：常量数组是直接在公式中输入数组元素，并使用一对花括号将这些元素包围起来。如果数组元素是文本型数据，则需要使用半角双引号包围每一个数组元素。
- 区域数组：区域数组是公式中引用的单元格区域，例如 "=SUM(A1:B6)" 公式中的 A1:B6 就是区域数组。
- 内存数组：内存数组是在公式的计算过程中，由中间步骤返回的多个结果临时构成的数组，它存在于内存中，通常作为一个整体继续参与下一步计算。

无论哪种类型的数组，数组中的元素都遵循以下格式：水平数组中的各个元素之间使用半角逗号分隔，垂直数组中的各个元素之间使用半角分号分隔。

如图 4-15 所示，A1:F1 单元格区域中包含一个一维水平的常量数组：

```
={1,2,3,4,5,6}
```

如图 4-16 所示，A1:A6 单元格区域中包含一个一维垂直的常量数组：

```
={"A";"B";"C";"D";"E";"F"}
```

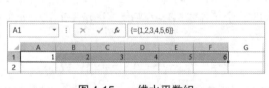

图 4-15　一维水平数组　　　　　　　　图 4-16　一维垂直数组

在输入上面两个常量数组时，需要先选择与数组方向及元素个数完全一致的单元格区域，然后输入数组公式并按 Ctrl+Shift+Enter 快捷键，Excel 会自动添加一对花括号将整个公式包围起来。

根据数组公式占据的单元格数量，可以将数组公式分为单个单元格数组公式和多个单元格数组公式（或称为多单元格数组公式）。如果要修改多单元格数组公式，则需要选择数组公式占据的整个单元格区域，然后按 F2 键，在 "编辑" 模式下修改数组公式，修改完成后按 Ctrl+Shift+Enter 快捷键。删除多单元格数组公式的方法与此类似，需要选择数组公式占据的整个单元格区域，然后按 Delete 键。无法单独修改或删除多单元格数组公式中的部分单元格。

如图 4-17 所示，使用下面的数组公式计算所有商品的销售额。按照常规方法需要两步，首先分别计算每种商品的销售额，然后将各个商品的销售额汇总求和。使用数组公式可以一步完成，简化了计算的中间步骤。

```
{=SUM(B2:B11*C2:C11)}
```

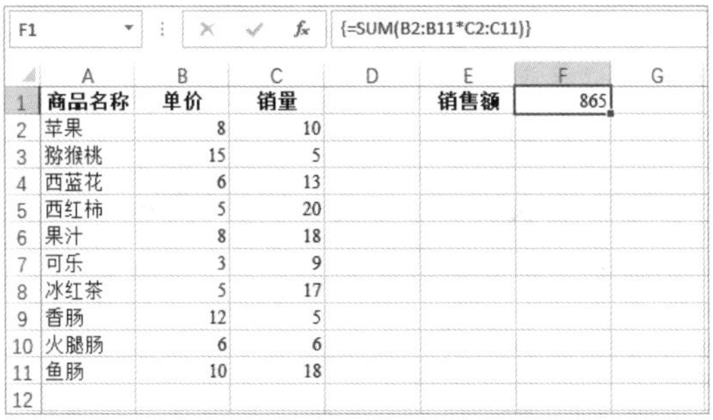

图 4-17　使用数组公式可以简化计算步骤

4.1.9　处理公式错误

当单元格中的公式出现无法被 Excel 识别时，将在单元格中显示错误值，它们以"#"符号开头，每个错误值表示特定类型的错误。表 4-3 列出了 Excel 中的 7 种错误值及其说明。

表 4-3　Excel 中的 7 种错误值及其说明

错　误　值	说　　　　明
#DIV/0!	当数字除以 0 时，公式将返回该错误值
#NUM!	当在公式或函数中使用无效的数值时，公式将返回该错误值
#VALUE!	当在公式或函数中使用的参数或操作数的类型错误时，公式将返回该错误值
#REF!	当单元格引用无效时，公式将返回该错误值
#NAME?	当 Excel 无法识别公式中的文本时，公式将返回该错误值
#N/A	当公式或函数中的数值不可用时，公式将返回该错误值
#NULL!	当使用交叉运算符获取两个不相交的区域的重叠部分时，公式将返回该错误值

除了表 4-3 列出的 7 种错误值外，另一种经常出现的错误是单元格自动被"#"符号填满，出现该错误有以下两个原因：

- 单元格的列宽太小，导致无法完全显示其中的内容。
- 使用 1900 日期系统时在单元格中输入了负的日期或时间。

当 Excel 检测到单元格中的错误时，将在该单元格的左上角显示一个绿色的三角，单击这个单元格将显示按钮，单击该按钮将弹出如图 4-18 所示的菜单，其中包含用于检查和处理错误的相关命令。

菜单顶部的文字说明了错误的类型，例如此处的"数字错误"，菜单中的其他命令的功能如下：

- 关于此错误的帮助：打开"帮助"窗口并显示相关错误的帮助主题。
- 显示计算步骤：通过分步计算检查发生错误的位置。
- 忽略错误：保留单元格中的当前值并忽略错误。
- 在编辑栏中编辑：进入单元格的"编辑"模式，在编辑栏中可以修改单元格中的内容。
- 错误检查选项：打开"Excel 选项"对话框中的"公式"选项卡，在该选项卡中设置错误的检查规则，只有选中"允许后台错误检查"复选框，才会启用 Excel 错误检查功能，如图 4-19 所示。

图 4-18　包含用于检查和处理
　　　　　错误的相关命令

图 4-19　设置错误检查选项

如果公式比较复杂，则在查找出错原因时可能比较费时。使用 Excel 中的分步计算功能，可以将复杂的计算过程分解为单步计算，提高错误排查的效率。选择公式所在的单元格，然后在功能区的"公式"选项卡中单击"公式求值"按钮，打开"公式求值"对话框，如图 4-20 所示。单击"求值"按钮将得出下画线部分的计算结果，如图 4-21 所示。继续单击"求值"按钮，依次计算公式中的其他部分，直到得出整个公式的最终结果。完成整个公式的计算后，可以单击"重新启动"按钮重新对公式执行分步计算。

图 4-20　"公式求值"对话框

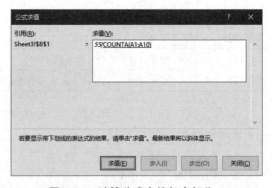

图 4-21　计算公式中的每个部分

在"公式求值"对话框中还有"步入"和"步出"两个按钮。当公式中包含多个计算项且其中含有单元格引用时，"步入"按钮将变为可用状态，单击该按钮会显示分步计算中当前下画线部分的值。如果下画线部分包含公式，则会显示具体的公式。单击"步出"按钮将从步入的下画线部分返回到整个公式中。

4.2　处理文本

使用 Excel 中的文本函数可以对文本或数值进行以"字符"为单位的处理，例如提取指定数量的字符、计算文本的长度、查找和替换文本等。本节将介绍常用的文本函数：LEFT、RIGHT、MID、LEN、LENB、FIND、SEARCH、SUBSTITUTE 和 REPLACE。

4.2.1　提取指定数量的字符

LEFT 函数用于从文本左侧的起始位置开始，提取指定数量的字符，语法如下：

```
LEFT(text,[num_chars])
```

RIGHT 函数用于从文本右侧的结尾位置开始，提取指定数量的字符，语法如下：

```
RIGHT(text,[num_chars])
```

LEFT 函数和 RIGHT 函数都包含以下两个参数：

- text（必选）：要从中提取字符的内容。
- num_chars（可选）：提取的字符数量，如果省略该参数，其值默认为 1。

MID 函数用于从文本中的指定位置开始，提取指定数量的字符，语法如下：

```
MID(text,start_num,num_chars)
```

MID 函数包含 3 个参数，第一个和第三个参数与 LEFT 和 RIGHT 函数的两个参数的含义相同，MID 函数的第二个参数表示提取字符的起始位置。

下面的公式提取"Excel 与 Power BI"中的前 5 个字符，返回"Excel"。

```
=LEFT("Excel与Power BI",5)
```

下面的公式提取"Excel 与 Power BI"中的后两个字符，返回"BI"。

```
=RIGHT("Excel与Power BI",2)
```

下面的公式提取"Excel 与 Power BI"中第 7 ～ 11 个字符，返回"Power"。

```
=MID("Excel与Power BI",7,5)
```

以上 3 个公式在 Excel 中的效果如图 4-22 所示。

图 4-22　LEFT、RIGHT 和 MID 函数

4.2.2　计算文本长度

LEN 函数用于计算文本的字符数，语法如下：

```
LEN(text)
```

LEN 函数只有一个必选参数 text，表示要计算其字符数的内容。下面的公式返回 14，因为"Excel 与 Power BI"包含 14 个字符，每个英文字母和每个汉字都按 1 个字符计算，空格也按 1 个字符计算。

```
=LEN("Excel与Power BI")
```

LENB 函数的功能与 LEN 函数相同，但是以"字节"为单位计算字符长度，对于双字节字符（汉字和全角字符），LENB 函数计数为 2，LEN 函数计数为 1。对于单字节字符（英文字母、数字和半角字符），LENB 和 LEN 函数都计数为 1。

下面的公式返回 15，因为"与"字的长度为 2，其他字符的长度为 1。

```
=LENB("Excel与Power BI")
```

以上两个公式在 Excel 中的效果如图 4-23 所示。

图 4-23　LEN 和 LENB 函数

4.2.3　查找文本

FIND 函数用于查找指定字符在文本中第一次出现的位置，语法如下：

```
FIND(find_text,within_text,[start_num])
```

SEARCH 函数的功能与 FIND 函数类似，但是在查找时不区分英文大小写，而 FIND 函数在查找时区分英文大小写，语法如下：

```
SEARCH(find_text,within_text,[start_num])
```

FIND 和 SEARCH 函数都包含以下 3 个参数：

- find_text（必选）：要查找的内容。
- within_text（必选）：在其中进行查找的内容。
- start_num（可选）：开始查找的起始位置。如果省略该参数，其值默认为 1。

如果找不到特定的字符，FIND 和 SEARCH 函数都会返回 #VALUE! 错误值。

下面的公式返回 4，由于 FIND 函数区分英文大小写，因此查找的小写字母 e 在"Excel 与 Power BI"中第一次出现的位置位于第 4 个字符。

```
=FIND("e","Excel与Power BI")
```

如果将公式中的 FIND 改为 SEARCH，则公式返回 1，由于 SEARCH 函数不区分英文大小写，因此"Excel 与 Power BI"中的第一个大写字母"E"与查找的小写字母"e"匹配。

```
=SEARCH("e","Excel与Power BI")
```

以上两个公式在 Excel 中的效果如图 4-24 所示。

图 4-24　FIND 和 SEARCH 函数

4.2.4　替换文本

SUBSTITUTE 函数使用指定的文本替换原有文本，适用于知道替换前、后的内容，但是不知道替换的具体位置的情况，语法如下：

```
SUBSTITUTE(text,old_text,new_text,[instance_num])
```

- text（必选）：要在其中替换字符的内容。
- old_text（必选）：要替换掉的内容。
- new_text（必选）：用于替换的内容。如果省略该参数的值，则将删除由 old_text 参数指定的内容。
- instance_num（可选）：要替换掉第几次出现的 old_text。如果省略该参数，则替换所有符合条件的内容。

下面的公式将"Excel 数据分析与 Power BI 数据分析"中的第二个"数据分析"替换为"报表设计"，返回"Excel 数据分析与 Power BI 报表设计"。如果省略最后一个参数，则将替换文本中所有的"数据分析"，如图 4-25 所示。

```
=SUBSTITUTE("Excel数据分析与Power BI数据分析","数据分析","报表设计",2)
```

图 4-25　SUBSTITUTE 函数

REPLACE 函数使用指定字符替换指定位置上的内容，适用于知道要替换文本的位置和字符数，但不知道要替换哪些内容的情况，语法如下：

```
REPLACE(old_text,start_num,num_chars,new_text)
```

- old_text（必选）：要在其中替换字符的内容。
- start_num（必选）：替换的起始位置。
- num_chars（必选）：替换的字符数。如果省略该参数的值，则在由 start_num 参数表示的位置上插入指定的内容，该位置上的原有内容向右移动。
- new_text（必选）：替换的内容。

下面的公式将"Excel 与 Power BI"中的第 7 ～ 11 个字符（即 Power）替换为"Excel"，返回"Excel 与 Excel BI"。

```
=REPLACE("Excel与Power BI",7,5,"Excel")
```

下面的公式在 BI 的左侧插入一个空格，返回"Excel 与 Power BI"。

```
=REPLACE("Excel与PowerBI",12,," ")
```

以上两个公式在 Excel 中的效果如图 4-26 所示。

图 4-26　REPLACE 函数

4.3　处理数值

在实际应用中经常需要对数据进行汇总求和与统计，例如求和、统计数量、求最大值或最小值、对数据排名等。Excel 中的数学函数和统计函数可以满足常见的计算需求。本节将介绍常用的数学函数和统计函数：SUM、SUMIF、SUMIFS、COUNT、COUNTA、COUNTIF、COUNTIFS、MAX、MIN、SUBTOTAL 和 RANK。

4.3.1 数据求和

SUM 函数用于计算数字的总和，语法如下：

```
SUM(number1,[number2],…)
```

- number1（必选）：要进行求和的第 1 项，可以是直接输入的数字、单元格引用或数组。
- number2,…（可选）：要进行求和的第 2 ～ 255 项，可以是直接输入的数字、单元格引用或数组。

注意：如果 SUM 函数的参数是单元格引用或数组，则只计算其中的数值，而忽略文本、逻辑值、空单元格等内容，但是不会忽略错误值。如果 SUM 函数的参数是常量，则参数必须为数值类型或可转换为数值的数据（例如文本型数字和逻辑值），否则 SUM 函数将返回 #VALUE! 错误值。

下面的公式计算 C2:C10 单元格区域中的总销量，如图 4-27 所示。由于使用单元格引用作为 SUM 函数的参数，因此会忽略 C2 单元格中的文本型数字，只计算 C3:C10 单元格区域中的数值。

```
=SUM(C2:C10)
```

下面的公式使用 SUM 函数对用户输入的销量进行求和，如图 4-28 所示。由于使用输入的数据作为 SUM 函数的参数，因此，带有双引号的文本型数字会自动转换为数值并参与计算。

```
=SUM("10",7,29,5,16,17,26,6,17)
```

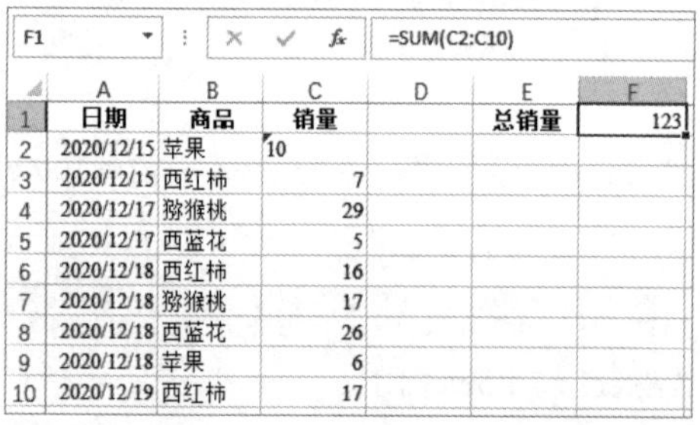

F1 =SUM(C2:C10)

	A	B	C	D	E	F
1	日期	商品	销量		总销量	123
2	2020/12/15	苹果	10			
3	2020/12/15	西红柿	7			
4	2020/12/17	猕猴桃	29			
5	2020/12/17	西蓝花	5			
6	2020/12/18	西红柿	16			
7	2020/12/18	猕猴桃	17			
8	2020/12/18	西蓝花	26			
9	2020/12/18	苹果	6			
10	2020/12/19	西红柿	17			

图 4-27　使用单元格引用作为 SUM 函数的参数

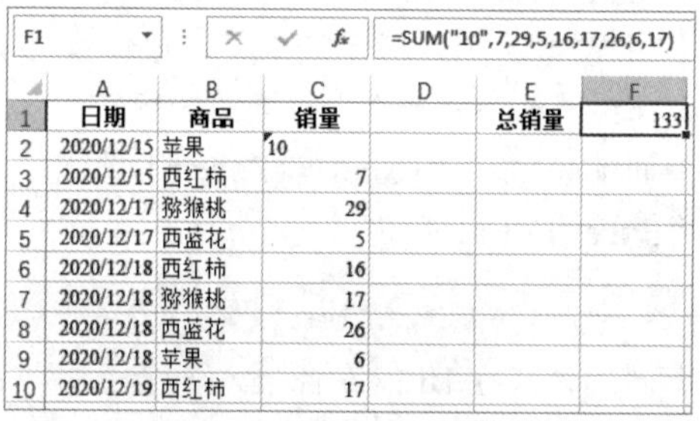

F1 =SUM("10",7,29,5,16,17,26,6,17)

	A	B	C	D	E	F
1	日期	商品	销量		总销量	133
2	2020/12/15	苹果	10			
3	2020/12/15	西红柿	7			
4	2020/12/17	猕猴桃	29			
5	2020/12/17	西蓝花	5			
6	2020/12/18	西红柿	16			
7	2020/12/18	猕猴桃	17			
8	2020/12/18	西蓝花	26			
9	2020/12/18	苹果	6			
10	2020/12/19	西红柿	17			

图 4-28　使用输入的数据作为 SUM 函数的参数

4.3.2 对满足条件的数据求和

SUMIF 和 SUMIFS 函数都用于对区域中满足条件的单元格求和，它们之间的主要区别在于可设置的条件数量不同，SUMIF 函数只支持单个条件，而 SUMIFS 函数支持 1 ～ 127 个条件。

SUMIF 函数的语法如下：

```
SUMIF(range,criteria,[sum_range])
```

- range（必选）：要进行条件判断的区域，判断该区域中的数据是否满足 criteria 参数指定的条件。
- criteria（必选）：要进行判断的条件，可以是数字、文本、单元格引用或表达式，例如

16、"16"、">16"、" 技术部 " 或 ">"&A1。在该参数中可以使用通配符，问号（?）匹配任意单个字符，星号（*）匹配任意零个或多个字符。如果要查找问号或星号本身，需要在这两个字符前添加 "～" 符号。

- sum_range（可选）：根据条件判断的结果进行求和的区域。如果省略该参数，则对 range 参数中符合条件的单元格求和。如果 sum_range 参数与 range 参数的大小和形状不同，则将在 sum_range 参数中指定的区域左上角的单元格作为起始单元格，然后从该单元格扩展到与 range 参数中的区域具有相同大小和形状的区域。

下面的公式计算西红柿的总销量，如图 4-29 所示。

```
=SUMIF(B1:B10,"西红柿",C1:C10)
```

根据前面 sum_range 参数的说明，只要该公式中的 sum_range 参数所指定的区域以 C1 单元格为起点，都可以得到正确的结果，如下面的公式：

```
=SUMIF(B1:B10,"西红柿",C1:F1)
```

还可以将上面的公式简化为下面的形式：

```
=SUMIF(B1:B10,"西红柿",C1)
```

可以在条件中使用单元格引用。下面的公式返回相同的结果，但它们是使用单元格引用作为 SUMIF 函数的第二个参数，如图 4-30 所示。由于 B3 单元格包含"西红柿"，因此在公式中可以使用 B3 代替"西红柿"。

```
=SUMIF(B1:B10,B3,C1:C10)
```

图 4-29　使用文本作为 SUMIF 函数的条件 　　　图 4-30　使用单元格引用作为 SUMIF 函数的条件

也可以将使用比较运算符构建的表达式作为 SUMIF 函数的条件。下面的公式计算除了西红柿之外的其他商品的总销量，如图 4-31 所示。

```
=SUMIF(B1:B10,"<>西红柿",C1:C10)
```

如果在条件中使用单元格引用，则需要使用 "&" 符号连接比较运算符和单元格引用，公式如下：

```
=SUMIF(B1:B10,"<>"&B3,C1:C10)
```

SUMIFS 函数的语法格式与 SUMIF 函数类似，语法如下：

```
SUMIFS(sum_range,criteria_range1,criteria1,[criteria_range2],[criteria2],…)
```

- sum_range（必选）：根据条件判断的结果进行求和的区域。
- criteria_range1（必选）：要进行条件判断的第 1 个区域，判断该区域中的数据是否满足 criteria1 参数指定的条件。
- criteria1（必选）：要进行判断的第 1 个条件，可以是数字、文本、单元格引用或表达式，在该参数中可以使用通配符。

- criteria_range2,…（可选）：要进行条件判断的第 2 个区域，最多可以有 127 个区域。
- criteria2,…（可选）：要进行判断的第 2 个条件，最多可以有 127 个条件。条件和条件区域的顺序和数量必须一一对应。

注意：SUMIFS 函数中的每个条件区域（criteria_range）的大小和形状必须与求和区域（sum_range）相同。

下面的公式计算 12 月 18 日的西红柿销量，如图 4-32 所示。

```
=SUMIFS(C1:C10,A1:A10,"2020/12/18",B1:B10,"西红柿")
```

图 4-31 使用表达式作为 SUMIF 函数的条件	图 4-32 使用 SUMIFS 函数进行多条件求和

公式说明：SUMIFS 函数的第一个条件判断 A 列中包含日期"2020/12/18"的单元格为 A6、A7、A8、A9 和 A10，然后判断 B 列中与该日期对应的"西红柿"所在的单元格为 B6 和 B10，最后在 C 列中查找与这两个单元格对应的销量，即 C6 单元格中的 16 和 C10 单元格中的 17，求和结果为 16+17=33。

使用 SUM 和 IF 函数也可以实现 SUMIF 函数的功能。IF 函数用于在公式中设置判断条件，根据判断条件返回的逻辑值 TRUE 或 FALSE 得到不同的值，语法如下：

```
IF(logical_test,[value_if_true],[value_if_false])
```

- logical_test（必选）：要测试的值或表达式，计算结果为 TRUE 或 FALSE。例如，A1>10 是一个表达式，如果单元格 A1 中的值为 6，那么该表达式的结果为 FALSE（因为 6 不大于 10），只有当 A1 中的值大于 10 才返回 TRUE。如果 logical_test 参数是一个数字，那么非 0 等价于 TRUE，0 等价于 FALSE。
- value_if_true（可选）：当 logical_test 参数的结果为 TRUE 时函数返回的值。如果 logical_test 参数的结果为 TRUE 而 value_if_true 参数为空，IF 函数将返回 0。例如，IF(A1>10,," 小于 10")，当 A1>10 为 TRUE 时，该公式将返回 0，这是因为在省略 value_if_true 参数的值时，Excel 默认将该参数的值设置为 0。
- value_if_false（可选）：当 logical_test 参数的结果为 FALSE 时函数返回的值。如果 logical_test 参数的结果为 FALSE 且省略 value_if_false 参数，那么 IF 函数将返回 FALSE 而不是 0。如果在 value_if_true 参数之后输入一个逗号，但是不提供 value_if_false 参数的值，IF 函数将返回 0 而不是 FALSE，例如 IF(A1>10," 大于 10",)。

通过 IF 函数的语法，可以了解到"省略参数"和"省略参数的值"是两个不同的概念。"省略参数"是针对可选参数来说的，当一个函数包含多个可选参数时，需要从右向左依次省略参数，即从最后一个可选参数开始进行省略，省略时需要同时除去参数的值及其左侧的逗号。

"省略参数的值"对必选参数和可选参数同时有效。与省略参数不同的是，在省略参数的值时，虽然不输入参数的值，但是需要保留该参数左侧的逗号以作为参数的占位符。省略参数的值主要用于代替逻辑值 FALSE、0 和空文本，以简化输入。

下面的公式判断 A1 单元格中的值是否大于 0，如果大于 0，IF 函数将返回该值与 100 的乘积，否则返回"不是正数"，如图 4-33 所示。

```
=IF(A1>0,A1*100,"不是正数")
```

下面的公式使用 SUM 和 IF 函数的数组公式对本节开始部分的西红柿总销量进行求和，如图 4-34 所示。输入公式时需要按 Ctrl+Shift+Enter 快捷键结束。

```
{=SUM(IF(B1:B10="西红柿",C1:C10))}
```

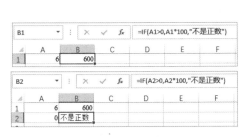

图 4-33　IF 函数

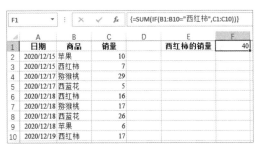

图 4-34　使用 SUM 和 IF 函数进行条件求和

4.3.3　统计数量

COUNT 函数用于计算区域中包含数字的单元格数量，语法如下：

```
COUNT(value1,[value2],…)
```

- value1（必选）：计算数字个数的第 1 项，可以是直接输入的数字、单元格引用或数组。
- value2,…（可选）：计算数字个数的第 2 ~ 255 项，可以是直接输入的数字、单元格引用或数组。

注意：如果 COUNT 函数的参数是单元格引用或数组，则只计算其中的数值，忽略文本、逻辑值、空单元格等内容，还可以忽略错误值，而 SUM 函数在遇到错误值时会返回该错误值。如果 COUNT 函数的参数是常量，则计算其中的数值或可转换为数值的数据（例如文本型数字和逻辑值），其他内容将被忽略。

下面的公式计算 A1:A6 单元格区域中包含数值的单元格数量，如图 4-35 所示。

```
=COUNT(A1:A6)
```

公式说明：虽然要计算的区域中包含 6 个单元格，但是只有 A1 和 A2 单元格被计算在内，这是因为 A3 单元格是文本型数字，A4 单元格是逻辑值，A5 单元格是文本，A6 单元格是错误值，由于公式中 COUNT 函数的参数是单元格引用的形式，因此 A3:A6 中的非数值数据不会被计算。

如果将公式改为下面的形式，则只有"Excel"和 #N/A 错误值不会被计算，因为这两项不能被转换为数值，而文本型数字"3"可以转换为数值类型的 3，逻辑值 TRUE 可以转换为 1。

```
=COUNT(1,2,"3",TRUE,"Excel",#N/A)
```

COUNTA 函数用于计算区域中不为空的单元格数量，其语法格式与 COUNT 函数相同。下面的公式计算 A1:A6 单元格区域中不为空的单元格数量，如图 4-36 所示。

```
=COUNTA(A1:A6)
```

图 4-35　计算包含数值的单元格数量　　　图 4-36　计算不为空的单元格数量

提示：在使用函数处理数据时，经常会遇到"空单元格""空文本"和"空格"。"空单元格"是指未输入任何内容的单元格，使用 ISBLANK 函数检查空单元格会返回逻辑值 TRUE。"空文本"由不包含任何内容的一对双引号""组成，其字符长度为 0，使用 ISBLANK 函数检测包含空文本的单元格时会返回逻辑值 FALSE。"空格"可以使用空格键或 CHAR(32) 产生，空格的长度由空格数量决定，使用 ISBLANK 函数检查包含空格的单元格时也返回逻辑值 FALSE。

4.3.4　对满足条件的数据统计数量

COUNTIF 和 COUNTIFS 函数都用于计算区域中满足条件的单元格数量，它们之间的主要区别在于可设置的条件数量不同，COUNTIF 函数只支持单个条件，而 COUNTIFS 函数支持 1 ～ 127 个条件。

COUNTIF 函数的语法如下：

```
COUNTIF(range,criteria)
```

- range（必选）：根据条件判断的结果进行计数的区域。
- criteria（必选）：要进行判断的条件，可以是数字、文本、单元格引用或表达式，例如 16、"16"、">16"、"技术部" 或 ">"&A1，英文不区分大小写。在该参数中可以使用通配符，问号（?）匹配任意单个字符，星号（*）匹配任意零个或多个字符。如果要查找问号或星号本身，需要在这两个字符前添加"～"符号。

下面的公式统计西红柿的销售记录数，如图 4-37 所示。

```
=COUNTIF(B2:B10,"西红柿")
```

	A	B	C	D	E	F
1	日期	商品	销量		西红柿的销售记录数	3
2	2020/12/15	苹果	10			
3	2020/12/15	西红柿	7			
4	2020/12/17	猕猴桃	29			
5	2020/12/17	西蓝花	5			
6	2020/12/18	西红柿	16			
7	2020/12/18	猕猴桃	17			
8	2020/12/18	西蓝花	26			
9	2020/12/18	苹果	6			
10	2020/12/19	西红柿	17			

图 4-37　计算符合条件的单元格数量

下面的公式计算包含 3 个字的商品销售记录数，如图 4-38 所示。公式中使用通配符作为条件，每个问号表示一个字符，3 个问号就表示 3 个字符。

```
=COUNTIF(B2:B10,"???")
```

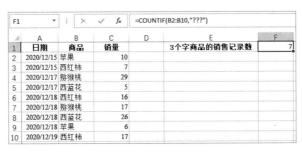

图 4-38　在条件中使用通配符

COUNTIFS 函数的语法格式与 COUNTIF 函数类似，语法如下：

```
COUNTIFS(criteria_range1,criteria1,[criteria_range2,criteria2],…)
```

- criteria_range1（必选）：进行条件判断的第 1 个区域，判断该区域中的数据是否满足 criteria1 参数指定的条件。
- criteria1（必选）：进行判断的第 1 个条件，可以是数字、文本、单元格引用或表达式，在该参数中可以使用通配符。
- criteria_range2,…（可选）：进行条件判断的第 2 个区域，最多可以有 127 个区域。
- criteria2,…（可选）：进行判断的第 2 个条件，最多可以有 127 个条件。条件和条件区域的顺序和数量必须一一对应。

下面的公式计算西红柿销量大于 10 的销售记录数，如图 4-39 所示。

```
=COUNTIFS(B2:B10,"西红柿",C2:C10,">10")
```

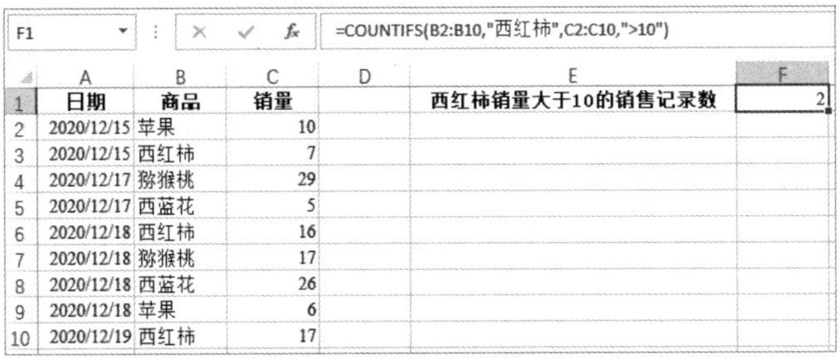

图 4-39　使用 SUMIFS 函数进行多条件计数

4.3.5　求最大值和最小值

MAX 函数返回一组数字中的最大值，语法如下：

```
MAX(number1,[number2],…)
```

MIN 函数返回一组数字中的最小值，语法如下：

```
MIN(number1,[number2],…)
```

MAX 和 MIN 函数都包含以下两个参数：

- number1（必选）：返回最大值或最小值的第 1 项，可以是直接输入的数字、单元格引用或数组。

- number2,…（可选）：返回最大值或最小值的第 2 ～ 255 项，可以是直接输入的数字、单元格引用或数组。

注意：如果参数是单元格引用或数组，则只计算其中的数值，而忽略文本、逻辑值、空单元格等内容，但不会忽略错误值。如果参数是常量（即直接输入的实际值），则参数必须为数值类型或可转换为数值的数据（如文本型数字和逻辑值），否则 MAX 和 MIN 函数将返回 #VALUE! 错误值。

下面两个公式分别返回 C2:C10 单元格区域中的最大销量和最小销量，如图 4-40 所示。

```
=MAX(C2:C10)
=MIN(C2:C10)
```

图 4-40　返回区域中的最大值和最小值

4.3.6　求第 *k* 个最大值和最小值

LARGE 函数返回数据集中的第 *k* 个最大值，语法如下：

```
LARGE(array,k)
```

SMALL 函数返回数据集中的第 *k* 个最小值，语法如下：

```
SMALL(array,k)
```

LARGE 和 SMALL 函数都包含以下两个参数：

- array（必选）：要返回第 *k* 个最大值或最小值的单元格区域或数组。
- *k*（必选）：要返回的数据在单元格区域或数组中的位置。如果数据区域包含 n 个数据，则 k 为 1 时返回最大值，*k* 为 2 时返回第 2 大的值，*k* 为 n 时返回最小值，*k* 为 n-1 时返回第 2 小的值，以此类推。当使用 LARGE 和 SMALL 函数返回最大值和最小值时，效果等同于 MAX 和 MIN 函数。

下面两个公式分别返回 A1:A6 单元格区域中的第 3 大的值和第 3 小的值，如图 4-41 所示。

```
=LARGE(A1:A6,3)
=SMALL(A1:A6,3)
```

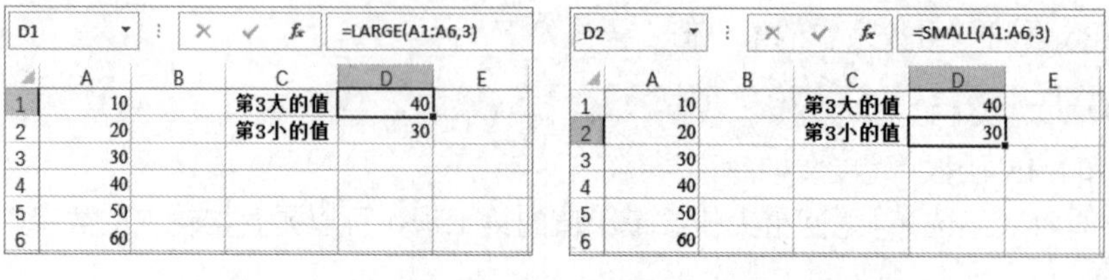

图 4-41　返回区域中第 3 大的值和第 3 小的值

4.3.7　对数据进行多种类型的汇总统计

SUBTOTAL 函数用于以指定的方式对列表或数据库中的数据进行汇总，包括求和、计数、平均值、最大值、最小值、标准差等，语法如下：

```
SUBTOTAL(function_num,ref1,[ref2],…)
```

- function_num（必选）：对数据进行汇总的方式，表 4-4 列出了该参数的取值范围为 1 ～ 11（包含隐藏值）和 101 ～ 111（忽略隐藏值）。当 function_num 参数的值为 1 ～ 11 时，SUBTOTAL 函数在计算时将包括通过"隐藏行"命令所隐藏的行中的值；当 function_num 参数的值为 101 ～ 111 时，SUBTOTAL 函数在计算时将忽略通过"隐藏行"命令所隐藏的行中的值。无论将 function_num 参数设置为哪个值，SUBTOTAL 函数都会忽略通过筛选操作所隐藏的行。
- ref1（必选）：进行汇总的第 1 个区域。
- ref2,…（可选）：进行汇总的第 2 ～ 254 个区域。

表 4-4　function_num 参数的取值范围

function_num 包含隐藏值	function_num 忽略隐藏值	对 应 函 数	功　　能
1	101	AVERAGE	计算平均值
2	102	COUNT	计算数值单元格的数量
3	103	COUNTA	计算非空单元格的数量
4	104	MAX	计算最大值
5	105	MIN	计算最小值
6	106	PRODUCT	计算乘积
7	107	STDEV	计算标准偏差
8	108	STDEVP	计算总体标准偏差
9	109	SUM	计算总和
10	110	VAR	计算方差
11	111	VARP	计算总体方差

注意：SUBTOTAL 函数只适用于垂直区域中的数据，无法用于水平区域中的数据。

下面两个公式返回相同的结果，将 SUBTOTAL 函数的第一个参数设置为 9 或 109，都能计算 C2:C10 单元格区域的销量总和，如图 4-42 所示。

```
=SUBTOTAL(9,C2:C10)
=SUBTOTAL(109,C2:C10)
```

如果要计算的区域包含手动隐藏的行，则 SUBTOTAL 函数第一个参数的值将会影响最后的计算结果。如图 4-43 所示，使用功能区命令或右击子快捷菜单命令将 C2:C10 单元格区域中的第 3 ～ 5 行隐藏起来，然后使用上面两个公式对该区域进行求和计算，将返回不同的结果：

- 将第二个参数设置为 9 时不会忽略隐藏行，计算 C2:C10 区域中的所有数据，无论是否处于隐藏状态。

- 将第二个参数设置为 109 时会忽略隐藏行，只计算 C2:C10 区域中当前显示的数据。

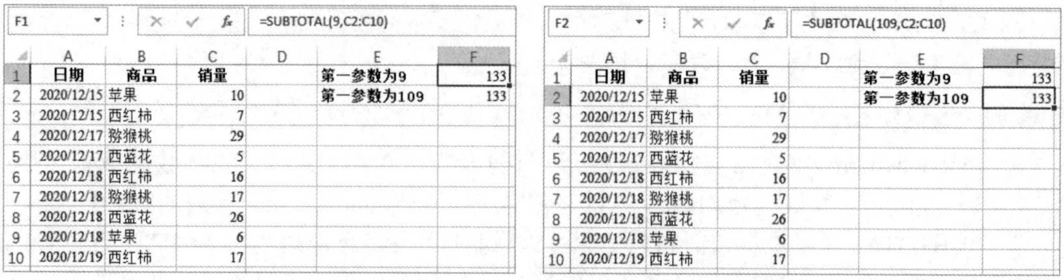

图 4-42　使用 SUBTOTAL 函数实现 SUM 函数的求和功能

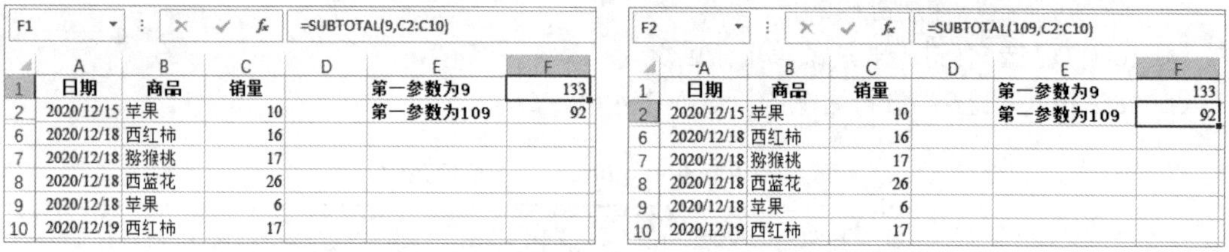

图 4-43　SUBTOTAL 函数第二个参数的值会影响计算结果

4.3.8　数据排名

RANK.EQ 函数用于返回某个数字在其所在的数字列表中大小的排名，以数字表示。如果多个值具有相同的排名，则返回该组数值的最高排名，语法如下：

```
RANK.EQ(number,ref,[order])
```

- number（必选）：要进行排名的数字。
- ref（必选）：要在其中进行排名的数字列表，可以是单元格区域或数组。
- order（可选）：排名方式。如果为 0 或省略该参数，则按降序计算排名，数字越大，排名越高，表示排名的数字越小；如果不为 0，则按升序计算排名，数字越大，排名越低，表示排名的数字越大。

注意：RANK.EQ 函数对重复值的排名结果相同，但是会影响后续数值的排名。例如，在一列按升序排列的数字列表中，如果数字 6 出现 3 次，其排名为 2，则数字 7 的排名为 5，因为出现 3 次的数字 6 分别占用了第 2、第 3、第 4 这 3 个名次。

下面的公式返回 C2:C10 单元格区域中的销量在该区域中的排名，如图 4-44 所示。由于省略了第三个参数，因此按降序进行排名。例如，C2 单元格中的销量为 10，该数字在 9 个销量中位于第 6 大，因此其排名为 6，而 C4 单元格中的销量 29 是 9 个销量中最大的一个，因此其排名为 1。

```
=RANK.EQ(C2,$C$2:$C$10)
```

如果将第三个参数设置为一个非 0 值，则按升序排名，如图 4-45 所示。在这种情况下通常将第三个参数设置为 1，公式如下：

```
=RANK.EQ(C2,$C$2:$C$10,1)
```

| D2 | ▼ | : | × | ✓ | fx | =RANK.EQ(C2,$C$2:$C$10) |

	A	B	C	D	E
1	日期	商品	销量	销量降序排名	销量升序排名
2	2020/12/15	苹果	10	6	
3	2020/12/15	西红柿	7	7	
4	2020/12/17	猕猴桃	29	1	
5	2020/12/17	西蓝花	5	9	
6	2020/12/18	西红柿	16	5	
7	2020/12/18	猕猴桃	17	3	
8	2020/12/18	西蓝花	26	2	
9	2020/12/18	苹果	6	8	
10	2020/12/19	西红柿	17	3	

图 4-44　降序排名

| E2 | ▼ | : | × | ✓ | fx | =RANK.EQ(C2,$C$2:$C$10,1) |

	A	B	C	D	E
1	日期	商品	销量	销量降序排名	销量升序排名
2	2020/12/15	苹果	10	6	4
3	2020/12/15	西红柿	7	7	3
4	2020/12/17	猕猴桃	29	1	9
5	2020/12/17	西蓝花	5	9	1
6	2020/12/18	西红柿	16	5	5
7	2020/12/18	猕猴桃	17	3	7
8	2020/12/18	西蓝花	26	2	8
9	2020/12/18	苹果	6	8	2
10	2020/12/19	西红柿	17	3	6

图 4-45　升序排名

4.4　处理日期和时间

使用 Excel 中的日期和时间函数可以对日期进行计算和推算，例如获取当前系统日期，从日期中提取年、月、日，计算两个日期之间的时间间隔，计算基于特定日期的过去或未来的日期等。本节将介绍常用的日期和时间函数：TODAY、NOW、DATE、YEAR、MONTH、DAY、DATEDIF、EDATE、EOMONTH、WORKDAY 和 NETWORKDAYS。

4.4.1　返回当前系统日期和时间

TODAY 函数返回当前系统日期，NOW 函数返回当前系统日期和时间。这两个函数没有参数，输入它们时需要在函数名的右侧保留一对圆括号如下：

```
=TODAY()
=NOW()
```

TODAY 和 NOW 函数返回的日期和时间会随着操作系统中的日期和时间而变化。每次打开包含这两个函数的工作簿或在工作表中按 F9 键时，会自动将这两个函数返回的日期和时间同步更新到当前系统的日期和时间。

4.4.2　创建日期

DATE 函数用于创建由用户指定年、月、日的日期，语法如下：

```
DATE(year,month,day)
```

- year（必选）：指定日期中的年。
- month（必选）：指定日期中的月。
- day（必选）：指定日期中的日。

下面的公式返回"2020/12/1"，表示 2020 年 12 月 1 日。

```
=DATE(2020,12,1)
```

如果将 day 参数设置为 0，则返回由 month 参数指定的月份的上一个月最后一天的日期。下面的公式返回"2020/12/31"。

```
=DATE(2021,1,0)
```

如果将 month 参数设置为 0，则返回由 year 参数指定的年份的上一年最后一个月的日期。下面的公式返回"2020/12/15"。

```
=DATE(2021,0,15)
```

可以将 month 和 day 参数设置为负数，表示往回倒退特定的月数和天数。下面的公式返回
"2020/11/27"。

```
=DATE(2020,12,-3)
```

以上 4 个公式在 Excel 中的效果如图 4-46 所示。

图 4-46   DATE 函数

4.4.3   返回日期中的年、月、日

YEAR 函数返回日期中的年份，返回值为 1900 ～ 9999，语法如下：

```
YEAR(serial_number)
```

MONTH 函数返回日期中的月份，返回值为 1 ～ 12，语法如下：

```
MONTH(serial_number)
```

DAY 函数返回日期中的天数，返回值为 1 ～ 31，语法如下：

```
DAY(serial_number)
```

3 个函数都只包含一个必选参数 serial_number，表示要提取年、月、日的日期。

如果 A2 单元格包含日期 "2020/12/1"，则下面 3 个公式分别返回 2020、12、1，如图 4-47 所示。

```
=YEAR(A2)
=MONTH(A2)
=DAY(A2)
```

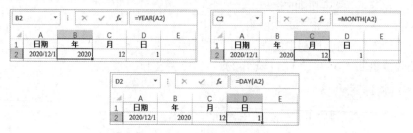

图 4-47   YEAR、MONTH 和 DAY 函数

下面 3 个公式同样返回 2020、12、1，此处将日期常量作为 YEAR、MONTH 和 DAY 函数
的参数。

```
=YEAR("2020/12/1")
=MONTH("2020/12/1")
```

```
=DAY("2020/12/1")
```

4.4.4 计算两个日期之间的时间间隔

DATEDIF 函数用于计算两个日期之间相差的年、月、天数,语法如下:

```
DATEDIF(start_date,end_date,unit)
```

- start_date（必选）:指定开始日期。
- end_date（必选）:指定结束日期。
- unit（必选）:指定计算时的时间单位,该参数的取值范围如表 4-5 所示。

表 4-5 unit 参数的取值范围

unit 参数值	说　　明
y	开始日期和结束日期之间的整年数
m	开始日期和结束日期之间的整月数
d	开始日期和结束日期之间的天数
ym	开始日期和结束日期之间的月数（日期中的年和日都被忽略）
yd	开始日期和结束日期之间的天数（日期中的年被忽略）
md	开始日期和结束日期之间的天数（日期中的年和月都被忽略）

注意:DATEDIF 函数是一个隐藏的工作表函数,在"插入函数"对话框中不会显示该函数,用户只能在公式中手动输入该函数。

下面的公式计算日期"2020/10/25"和"2020/12/1"之间相差的月数,返回 1。

```
=DATEDIF("2020/10/25","2020/12/1","m")
```

下面的公式返回 0,因为两个日期之间相差不足一个月。

```
=DATEDIF("2020/11/25","2020/12/1","m")
```

下面的公式计算两个日期之间相差的天数,返回 37。

```
=DATEDIF("2020/10/25","2020/12/1","d")
```

以上 3 个公式在 Excel 中的效果如图 4-48 所示。

图 4-48 DATEDIF 函数

4.4.5 计算相隔几个月位于同一天或最后一天的日期

EDATE 函数用于计算与指定日期相隔几个月之前或之后的月份中位于同一天的日期,语法如下:

71

```
EDATE(start_date,months)
```

EOMONTH 函数用于计算与指定日期相隔几个月之前或之后的月份中最后一天的日期，语法如下：

```
EOMONTH(start_date,months)
```

EDATE 和 EOMONTH 函数都包含以下两个参数：

- start_date（必选）：指定开始日期。
- months（必选）：指定开始日期之前或之后的月数，正数表示未来几个月，负数表示过去几个月，0 表示与开始日期位于同一个月。

如果 A1 单元格包含日期"2020/6/1"，由于将 months 参数设置为 6，因此下面的公式返回的是 5 个月以后同一天的日期"2020/11/1"。

```
=EDATE(A1,3)
```

如果 A1 单元格包含日期"2020/11/1"，则下面的公式返回"2021/5/1"，从 2020 年 11 月 1 日开始，6 个月以后的日期，日期中的年份会自动调整，并返回第二年指定的月份。

```
=EDATE(A1,6)
```

如果 A1 单元格包含日期"2020/5/31"，则下面的公式返回"2020/6/30"，因为 6 月没有 31 天，因此返回第 30 天的日期。

```
=EDATE(A1,1)
```

如果将 months 参数设置为负数，则表示过去的几个月。如果 A1 单元格包含日期"2020/6/30"，则下面的公式返回"2020/1/30"，因为将 months 参数设置为 -5，表示距离指定日期的 5 个月前。

```
=EDATE(A1,-5)
```

以上 4 个公式在 Excel 中的效果如图 4-49 所示。

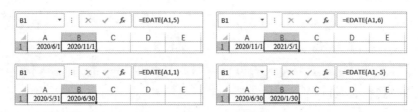

图 4-49　EDATE 函数

如果 A1 单元格包含日期"2020/3/1"，则下面的公式返回"2020/6/30"，即 3 个月后的那个月最后一天的日期，如图 4-50 所示。

```
=EOMONTH(A1,3)
```

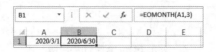

图 4-50　EOMONTH 函数

4.4.6　计算相隔数个工作日的日期

WORKDAY.INTL 函数用于计算与指定日期相隔数个工作日之前或之后的日期，语法如下：

```
WORKDAY.INTL(start_date,days,[weekend],[holidays])
```

- start_date（必选）：指定开始日期。
- days（必选）：指定工作日的天数，不包括每周的周末日以及其他指定的节假日，正数表示未来数个工作日，负数表示过去数个工作日。
- weekend（可选）：指定一周中的哪几天是周末日，以数值或字符串表示。数值型的 weekend 参数的取值范围如表 4-6 所示。weekend 参数也可以使用长度为 7 个字符的字符串，每个字符从左到右依次表示星期一、星期二、星期三、星期四、星期五、星期六、星期日。使用数字 0 和 1 表示是否将一周中的每一天指定为工作日，0 表示指定为工作日，1 表示不指定为工作日。例如，0000111 表示将星期一到星期四指定为工作日。
- holidays（可选）：指定不作为工作日计算在内的节假日。

表 4-6　weekend 参数的取值范围

weekend 参数值	周　末　日
1 或省略	星期六、星期日
2	星期日、星期一
3	星期一、星期二
4	星期二、星期三
5	星期三、星期四
6	星期四、星期五
7	星期五、星期六
11	仅星期日
12	仅星期一
13	仅星期二
14	仅星期三
15	仅星期四
16	仅星期五
17	仅星期六

如果 A2 单元格包含日期"2020/10/1"，则下面的公式返回从该日期算起，30 个工作日之后的日期，并将国庆 7 天假期以及每周末的双休日（周六和周日）排除在外，国庆 7 天假期输入到 D2:D8 单元格区域中，如图 4-51 所示。

```
=WORKDAY.INTL(A2,30,1,D2:D8)
```

使用字符串形式的 weekend 参数也可以返回相同的结果：

```
=WORKDAY.INTL(A2,30,"0000011",D2:D8)
```

NETWORKDAYS.INTL 函数用于计算两个日期之间包含的工作日数，语法如下：

```
NETWORKDAYS.INTL(start_date,end_date,[weekend],[holidays])
```

该函数的第二个参数 end_date 是必选参数，用于指定结束日期，除了该参数外，其他 3 个参数与 WORKDAY.INTL 函数完全相同。

如果 A2 和 B2 单元格分别包含日期“2020/10/1”和“2020/11/16”，则下面的公式返回这两个日期之间包含的工作日数，并将每周末的双休日（周六和周日），以及国庆 7 天假期排除在外，如图 4-52 所示。

```
=NETWORKDAYS.INTL(A2,B2,1,E2:E8)
```

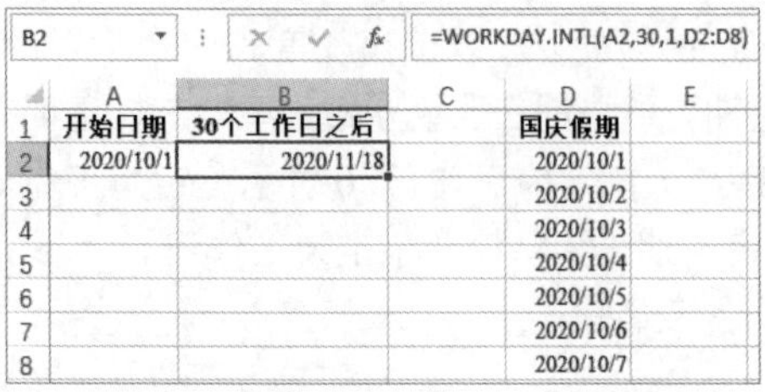

B2　=WORKDAY.INTL(A2,30,1,D2:D8)

	A	B	C	D	E
1	开始日期	30个工作日之后		国庆假期	
2	2020/10/1	2020/11/18		2020/10/1	
3				2020/10/2	
4				2020/10/3	
5				2020/10/4	
6				2020/10/5	
7				2020/10/6	
8				2020/10/7	

图 4-51　WORKDAY.INTL 函数

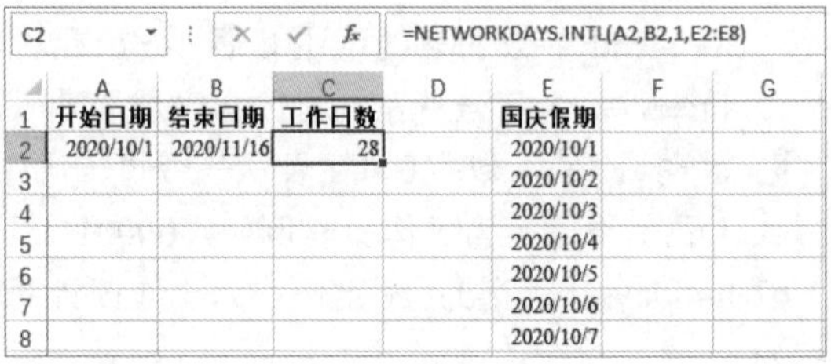

C2　=NETWORKDAYS.INTL(A2,B2,1,E2:E8)

	A	B	C	D	E	F	G
1	开始日期	结束日期	工作日数		国庆假期		
2	2020/10/1	2020/11/16	28		2020/10/1		
3					2020/10/2		
4					2020/10/3		
5					2020/10/4		
6					2020/10/5		
7					2020/10/6		
8					2020/10/7		

图 4-52　NETWORKDAYS.INTL 函数

4.5　处理财务数据

Excel 中的财务函数专门用于处理财务数据，本节将介绍使用财务函数进行以下两类常见的计算：借贷和投资、计算本金和利息。

4.5.1　财务基础知识

在开始介绍财务函数之前，应该先了解几个与财务相关的基本概念：货币的时间价值、现金的流入和流出、单利和复利。

1．货币的时间价值

货币的时间价值是指一定数量的金额在一段时间后其数量上发生的变化，这个变化可能是金额的增加，也可能是金额的减少。例如，2020 年将 50000 元存入银行，到 2021 年将获得超过 50000 元的金额。也有些投资是有风险的，在经过一段时间后可能会亏损，最后获得的金额少于最初的投资额。

2．现金的流入和流出

在财务计算中，所有的金额都分为现金流入和现金流出两种类型，即现金流。无论哪一种交易行为，都同时存在现金流入和现金流出两种情况。例如，对于购买者来说，在花钱购入一件商品时发生了现金流出，而对于这件商品的销售者来说，则发生了现金流入。在财务公式中，正数代表现金流入，负数代表现金流出。

3．单利和复利

在利息的计算中包括单利和复利两种方式。单利是指按照固定的本金计算利息，即本金固定，到期后一次性结算利息，而本金所产生的利息不再计算利息。复利是指在每经过一个计息期后，都将所产生的利息加入本金，以计算下期的利息，例如银行定期存款到期后转存就是复利。

4.5.2　借贷和投资

在借贷和投资、本金和利息的计算中，经常会遇到以下概念：

- 现值：也称为本金，是指当前拥有的金额，现值可以是正数也可以是负数。
- 未来值：现值和利息的总和，未来值可以是正数也可以是负数。
- 付款：现值或现值加利息。
- 利率：在现值基础上增加的百分比，通常以年为单位。
- 期数：生成利息的时间总量。
- 周期：获得或支付利息的时间段。

Excel 中有 5 个基本的借贷和投资函数，它们是 FV、PV、PMT、RATE 和 NPER。FV 函数用于计算在固定利率及等额分期付款方式下投资的未来值，语法如下：

```
FV(rate,nper,pmt,[pv],[type])
```

PV 函数用于计算投资的现值，语法如下：

```
PV(rate,nper,pmt,[fv],[type])
```

PMT 函数用于计算在固定利率及等额分期付款方式下贷款的每期付款额，语法如下：

```
PMT(rate,nper,pv,fv,[type])
```

RATE 函数用于计算年金的各期利率，语法如下：

```
RATE(nper,pmt,pv,[fv],[type],[guess])
```

NPER 函数用于计算在固定利率及等额分期付款方式下投资的总期数，语法如下：

```
NPER(rate,pmt,pv,[fv],[type])
```

这几个函数都包含以下 6 个参数，这些参数的含义与本节开始介绍的几个概念相对应。各个参数的含义如下：

- fv（必选或可选）：未来值，省略该参数时默认其值为 0。该参数在不同的函数中可能是必选参数，也可能是可选参数。
- pv（必选或可选）：现值。该参数在不同的函数中可能是必选参数，也可能是可选参数。
- pmt（必选）：在整个投资期间，每个周期的投资额。
- rate（必选）：贷款期间的固定利率。
- nper（必选）：付款期的总数。
- type（可选）：付款类型。如果在每个周期的期初付款则以 1 表示，如果在每个周期的期末付款则以 0 表示，省略该参数时默认其值为 0。

注意：必须确保 rate 和 nper 参数的单位相同。例如，对于 10 年期、年利率为 6% 的贷款，如果按月支付，rate 参数应该使用 6% 除以 12，即月利率为 0.5%，而 nper 参数应该使用 10 乘以 12，即 120 个月。

1．使用FV函数计算投资的未来值

如图 4-53 所示，将 6 万元存入银行，年利率为 5%，每月再存入 1500 元，使用下面的公式可以计算出 5 年后的本利合计。由于初期存款额和每月存款额都属于现金流出，因此在公式中应将它们转换为负数。

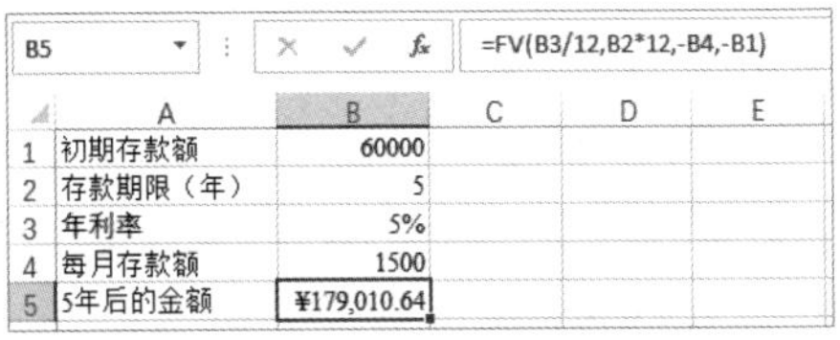

图 4-53　使用 FV 函数计算投资的未来值

```
=FV(B3/12,B2*12,-B4,-B1)
```

2．使用PV函数计算投资的现值

如图 4-54 所示，银行存款的年利率为 5%，如果希望在 10 年后存款额可以达到 20 万元，则可以使用下面的公式计算出最开始应该一次性存入的金额。

```
=PV(B2,B1,0,B3)
```

3．使用PMT函数计算贷款的每期付款额

如图 4-55 所示，从银行贷款 30 万元，年利率为 5%，共贷款 15 年，使用下面的公式可以计算出在采用等额还款方式的情况下，每月需要向银行支付的还款额。

```
=PMT(B3/12,B2*12,B1)
```

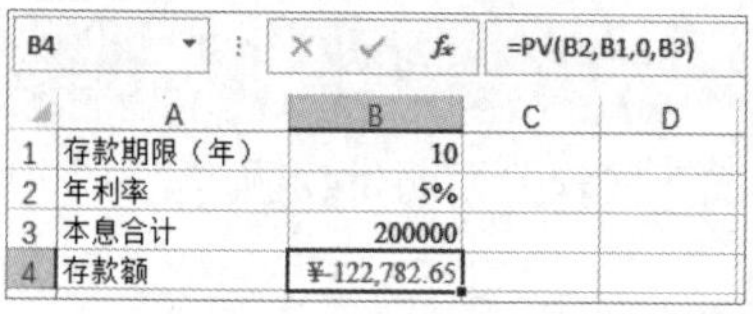

B4 =PV(B2,B1,0,B3)

	A	B	C	D
1	存款期限（年）	10		
2	年利率	5%		
3	本息合计	200000		
4	存款额	¥-122,782.65		

图 4-54　使用 PV 函数计算投资的现值

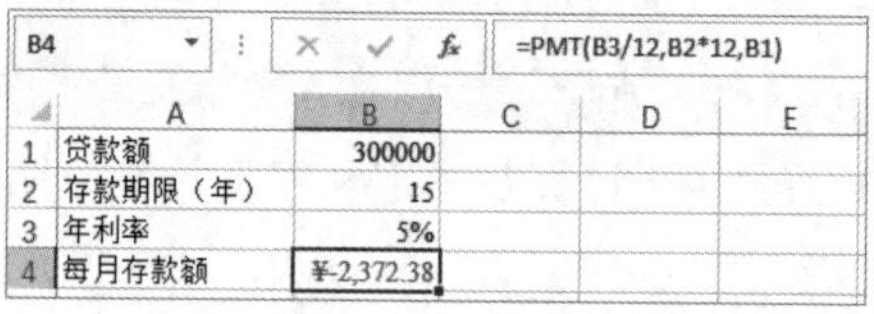

B4 =PMT(B3/12,B2*12,B1)

	A	B	C	D	E
1	贷款额	300000			
2	存款期限（年）	15			
3	年利率	5%			
4	每月存款额	¥-2,372.38			

图 4-55　使用 PMT 函数计算贷款的每期付款额

4．使用RATE函数计算贷款的年利率

如图 4-56 所示，从银行贷款 50 万元，每月还款 5000 元，15 年还清，使用下面的公式可以计算出该项贷款的年利率。

```
=RATE(B2*12,-B3,B1)*12
```

5．使用NPER函数计算投资的总期数

如图 4-57 所示，现有存款 6 万元，每月向银行存款 5000 元，年利率为 5%，如果希望存款总额达到 30 万元，则可以使用下面的公式计算出所需的存款月数。

```
=ROUND(NPER(B4/12,-B3,-B2,B1),0)
```

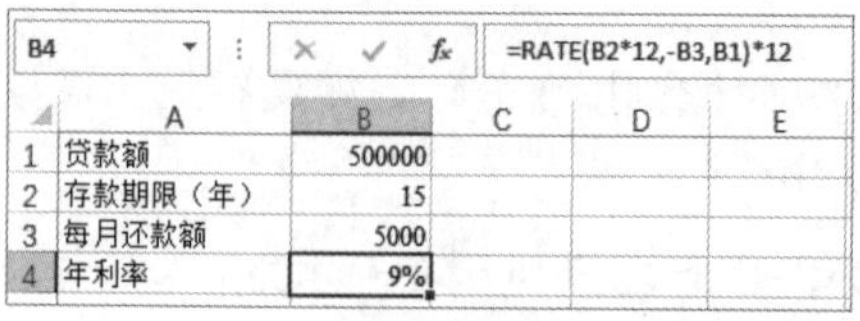

B4 =RATE(B2*12,-B3,B1)*12

	A	B	C	D	E
1	贷款额	500000			
2	存款期限（年）	15			
3	每月还款额	5000			
4	年利率	9%			

图 4-56　使用 RATE 函数计算贷款的年利率

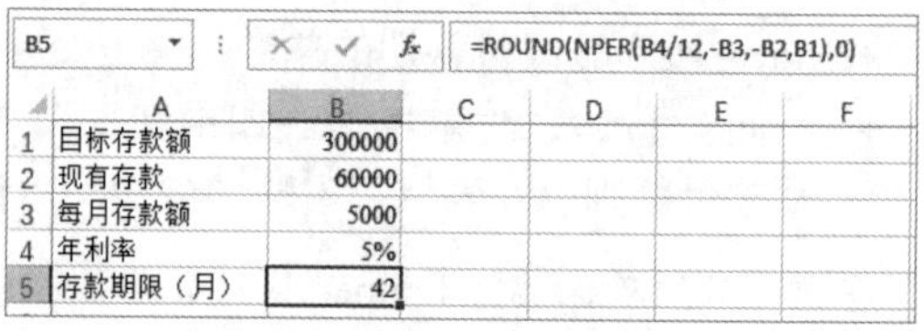

B5 =ROUND(NPER(B4/12,-B3,-B2,B1),0)

	A	B	C	D	E	F
1	目标存款额	300000				
2	现有存款	60000				
3	每月存款额	5000				
4	年利率	5%				
5	存款期限（月）	42				

图 4-57　计算投资的总期数

4.5.3　计算本金和利息

财务函数类别中的一些函数可以计算在借贷和投资过程中某个时间点的本金和利息，或两个特定时间段之间本金和利息的累计值。本小节将介绍 4 个计算本金和利息的函数：PPMT、IPMT、CUMPRINC 和 CUMIPMT。

PPMT 函数用于计算在固定利率及等额分期付款方式下的投资在某一给定期间内的本金偿还额，语法如下：

```
PPMT(rate,per,nper,pv,[fv],[type])
```

IPMT 函数用于计算在固定利率及等额分期付款方式下给定期数内对投资的利息偿还额，语法如下：

```
IPMT(rate,per,nper,pv,[fv],[type])
```

CUMPRINC 函数用于计算一笔贷款在给定的 start_period 到 end_period 期间累计偿还的本金数额，语法如下：

```
CUMPRINC(rate,nper,pv,start_period,end_period,type)
```

CUMIPMT 函数用于计算一笔贷款在给定的 start_period 到 end_period 期间累计偿还的利息数额，语法如下：

```
CUMIPMT(rate,nper,pv,start_period,end_period,type)
```

PPMT 和 IPMT 函数的参数与 4.5.2 节介绍的借贷和投资函数的参数相同。CUMPRINC 和 CUMIPMT 函数的部分参数与借贷和投资函数的参数相同，此外，这两个函数还包含两个特别的参数 start_period 和 end_period，start_period 表示计算中的第一个周期，end_period 表示计算中的最后一个周期，这两个参数都是必选参数。

1. 使用PPMT和IPMT函数计算贷款每期还款本金和利息

如图 4-58 所示，从银行贷款 30 万元，年利率为 5%，共贷款 20 年，使用下面的公式可以计算出在等额还款方式下，第 30 个月需要向银行支付的还款本金和利息。

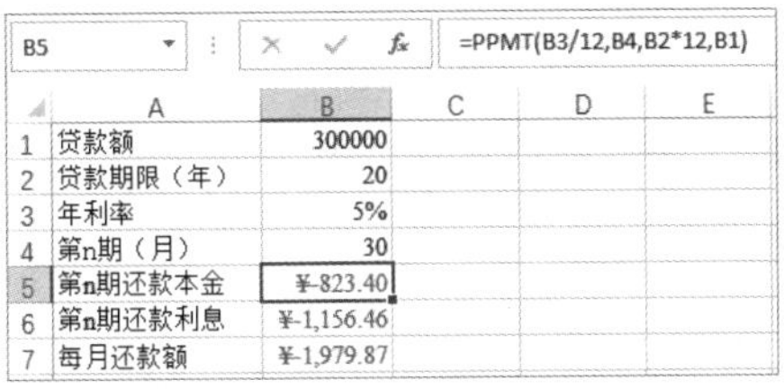

	A	B	C	D	E
1	贷款额	300000			
2	贷款期限（年）	20			
3	年利率	5%			
4	第n期（月）	30			
5	第n期还款本金	¥-823.40			
6	第n期还款利息	¥-1,156.46			
7	每月还款额	¥-1,979.87			

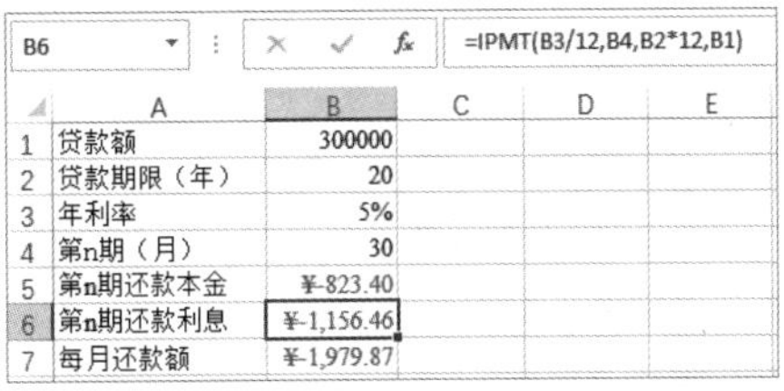

	A	B	C	D	E
1	贷款额	300000			
2	贷款期限（年）	20			
3	年利率	5%			
4	第n期（月）	30			
5	第n期还款本金	¥-823.40			
6	第n期还款利息	¥-1,156.46			
7	每月还款额	¥-1,979.87			

图 4-58　使用 PPMT 和 IPMT 函数计算贷款每期还款本金和利息

在 B5 单元格中输入下面的公式：

```
=PPMT(B3/12,B4,B2*12,B1)
```

在 B6 单元格中输入下面的公式：

```
=IPMT(B3/12,B4,B2*12,B1)
```

在 B7 单元格中使用 PMT 函数计算每月还款额，计算结果等于 B5 和 B6 两个单元格之和。

2. 使用CUMPRINC和CUMIPMT函数计算贷款累计还款本金和利息

如图 4-59 所示，从银行贷款 30 万元，年利率为 5%，共贷款 20 年，使用下面的公式可以计算出在等额还款方式下，第 6 年需要向银行支付的还款本金总和与利息总和。第 6 年的时间范围是第 61 个月～第 72 个月。

在 B6 单元格中输入下面的公式：

```
=CUMPRINC(B3/12,B2*12,B1,B4,B5,0)
```

在 B7 单元格中输入下面的公式：

```
=CUMIPMT(B3/12,B2*12,B1,B4,B5,0)
```

图 4-59 使用 CUMPRINC 和 CUMIPMT 函数计算贷款累计还款本金和利息

在 B8 单元格中输入下面的公式，使用 PMT 函数计算第 6 年的还款总和，计算结果等于 B6 和 B7 两个单元格之和。

```
=PMT(B3/12,B2*12,B1)*(B5-B4+1)
```

注意：CUMPRINC 和 CUMIPMT 函数的最后一个参数 type 是必选参数。

如果在工作表中只给出第 6 年的数字 6，而没有直接给出第一个周期 61 和最后一个周期 72，则可以使用下面的公式计算这两个周期的值，假设表示第 6 年的数字 6 位于 B4 单元格：

```
第一个周期：=(B4-1)*12+1
最后一个周期：=B4*12
```

4.6 查询和引用数据

在处理不同类型的数据时，所需处理的数据通常需要由用户从一行、一列或多行多列中提取出来，然后才能进行后续处理。使用 Excel 中的查找和引用函数可以在工作表中查找特定的单元格或区域，从中获取所需的数据。本节将介绍常用的查找和引用函数：MATCH、INDEX、LOOKUP 和 VLOOKUP。

4.6.1 查找特定值的位置

MATCH 函数用于在精确或模糊的查找方式下，在区域或数组中查找特定值的位置，该位置是查找的区域或数组中的相对位置，而不是工作表中的绝对位置，语法如下：

```
MATCH(lookup_value,lookup_array,[match_type])
```

- lookup_value（必选）：要在区域或数组中查找的值。
- lookup_array（必选）：要查找的值所在的区域或数组。
- match_type（可选）：指定精确查找或模糊查找，该参数的取值为 -1、0 或 1。表 4-7 列出了在 match_type 参数取不同值时，MATCH 函数的查找方式。

表 4-7 match_type 参数与 MATCH 函数的返回值

match_type 参数值	MATCH 函数的返回值
1 或省略	模糊查找，返回小于或等于 lookup_value 参数最大值的位置，由 lookup_array 参数指定的查找区域必须按升序排列
0	精确查找，返回查找区域中第一个与 lookup_value 参数匹配的值的位置，由 lookup_array 参数指定的查找区域无须排序
−1	模糊查找，返回大于或等于 lookup_value 参数的最小值的位置，由 lookup_array 参数指定的查找区域必须按降序排列

注意： 当使用模糊查找方式时，如果查找区域或数组未按顺序排序，MATCH 函数可能会返回错误的结果。如果在查找文本时将 MATCH 函数的第三个参数设置为 0，则可以在第一个参数中使用通配符，查找文本时不区分文本的大小写。如果没有找到符合条件的值，MATCH 函数将返回 #N/A 错误值。

下面的公式返回 5，表示数字 5 在 A2:A7 单元格区域中的位置，即位于该区域中的第 5 行，在工作表中是第 6 行，如图 4-60 所示。

```
=MATCH(5,A2:A7,0)
```

提示： 如果将公式中的 A2:A7 改为 A1:A7，则公式将返回 6，这样查找结果的行位置就与该值在工作表中的行位置相同了。

下面的公式返回 3，如图 4-61 所示。公式中将 MATCH 函数的第三个参数设置为 1 进行模糊查找，由于区域中的数字呈升序排列，并且找不到 3.5，因此将在该区域中查找小于等于 3.5 的最大值的位置，最终找到的是 3，该数字位于 A2:A7 单元格区域中的第 3 行，因此公式返回 3。

```
=MATCH(3.5,A2:A7,1)
```

图 4-60　MATCH 函数精确查找　　　图 4-61　MATCH 函数模糊查找

4.6.2　返回位于特定行、列位置上的值

INDEX 函数用于返回区域或数组中位于特定行、列位置上的值，该函数具有数组形式和引用形式两种语法格式，数组形式的 INDEX 函数比较常用，语法如下：

```
INDEX(array,row_num,[column_num])
```

- array（必选）：要返回值的区域或数组。
- row_num（必选）：要返回的值所在区域或数组中的行号。如果将该参数设置为 0，INDEX 函数将返回区域或数组中指定列的所有值。
- column_num（可选）：要返回的值所在区域或数组中的列号。如果将该参数设置为 0，INDEX 函数将返回区域或数组中指定行的所有值。

注意： 如果 array 参数只有一行或一列，则可以省略 column_num 参数，此时 row_num 参数表示一行中的特定列，或一列中的特定行。如果 row_num 或 column_num 参数超出 array 参数中的区域或数组的范围，INDEX 函数将返回 #REF! 错误值。

下面的公式返回 A1:A6 单元格区域中位于第 3 行上的内容，即 A3 单元格中的内容，如图 4-62 所示。

```
=INDEX(A1:A6,3)
```

下面的公式返回 A1:F1 单元格区域中位于第 3 列上的内容，即 C1 单元格中的内容，如图 4-63 所示。

```
=INDEX(A1:F1,3)
```

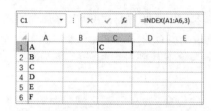

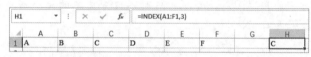

图 4-62　从一列区域中返回指定的值　　　图 4-63　从一行区域中返回指定的值

下面的公式返回 A1:C6 单元格区域中位于第 2 行第 3 列上的内容，如图 4-64 所示。

```
=INDEX(A1:C6,2,3)
```

下面的公式计算 A1:C6 单元格区域中第 1 列的总和，如图 4-65 所示。此处将第二个参数设置为 0，将第三个参数设置为 1，表示引用区域第 1 列中的所有内容。

```
=SUM(INDEX(A1:C6,0,1))
```

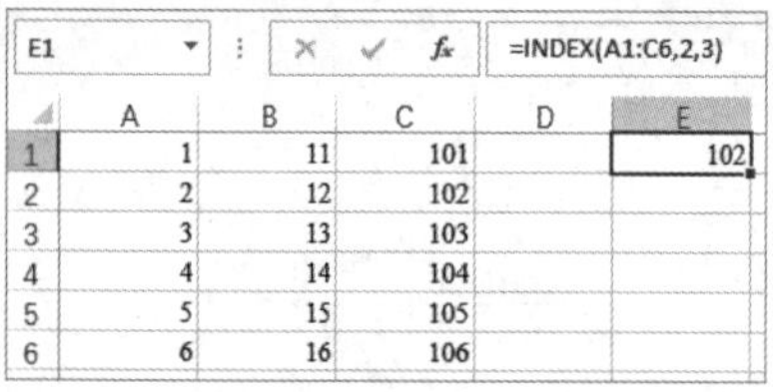

图 4-64　从多行多列区域中返回指定的值 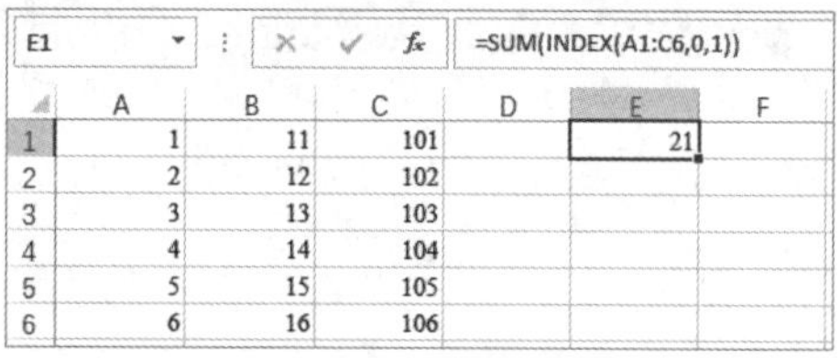　　　图 4-65　引用区域中指定的整列

在实际应用中，经常将 INDEX 函数与 MATCH 函数组合使用。如图 4-66 所示，在 G2 单元格中输入下面的公式，将根据 G1 单元格中的商品编号找到对应的商品。

```
=INDEX(A1:D11,MATCH(G1,A1:A11,0),MATCH(F2,A1:D1,0))
```

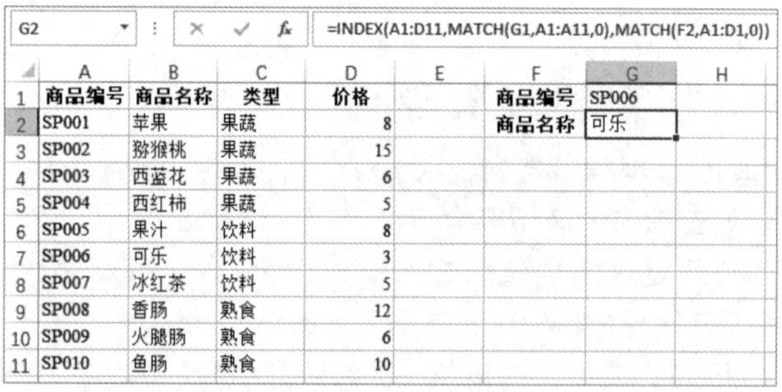

图 4-66　INDEX 和 MATCH 函数的组合应用

公式说明： INDEX 函数的第二个参数和第三个参数的值分别由两个 MATCH 函数的计算结果指定。第一个 MATCH 函数查找 G1 单元格中的商品编号在 A 列中的行号，以此作为 INDEX 函数的第二个参数的值。第二个 MATCH 函数查找 F2 单元格中的内容在第一行的列号，以确定要返回的商品名称位于区域中的哪一列，以此作为 INDEX 函数的第三个参数的值。最后使用 INDEX 函数在 A1:D11 单元格区域中找到与商品编号对应的商品名称。

4.6.3　使用 LOOKUP 函数查找数据

LOOKUP 函数具有向量和数组两种形式，向量形式的 LOOKUP 函数用于在单行或单列中查找指定的值，并返回另一行或另一列中对应位置上的值，语法如下：

```
LOOKUP(lookup_value,lookup_vector,[result_vector])
```

- lookup_value（必选）：要查找的值。如果在查找区域中找不到该值，则返回区域中所有小于查找值中的最大值。如果要查找的值小于区域中的最小值，LOOKUP 函数将返回 #N/A 错误值。
- lookup_vector（必选）：要在其中进行查找的单行或单列，可以是只有一行或一列的单元格区域，也可以是一维数组。
- result_vector（可选）：要返回结果的单行或单列，可以是只有一行或一列的单元格区域，也可以是一维数组，其大小必须与查找区域相同。当查找区域和返回数据的结果区域是同一个区域时，可以省略该参数。

注意：如果要查找精确的值，则查找区域中的数据必须按升序排列，否则可能会返回错误的结果。即使未对查找区域进行升序排列，Excel 仍会认为查找区域已经处于升序排列状态。如果查找区域中包含多个符合条件的值，则 LOOKUP 函数只返回最后一个匹配值。

下面的公式在 A1:A6 单元格区域中查找数字 3，并返回 B1:B6 单元格区域中对应位置上的值。由于 A1:A6 中的数字按升序排列且 A3 单元格包含 3，因此返回 B3 单元格中的值，如图 4-67 所示。

```
=LOOKUP(3,A1:A6,B1:B6)
```

下面的公式仍然在 A1:A6 单元格区域中查找数字 3，虽然该区域中的多个单元格都包含 3，但是只有最后一个 3 被 LOOKUP 函数认定为匹配的值，因此返回与 A 列最后一个包含 3 的单元格对应的 B 列中的 B5 单元格的值，如图 4-68 所示。

```
=LOOKUP(3,A1:A6,B1:B6)
```

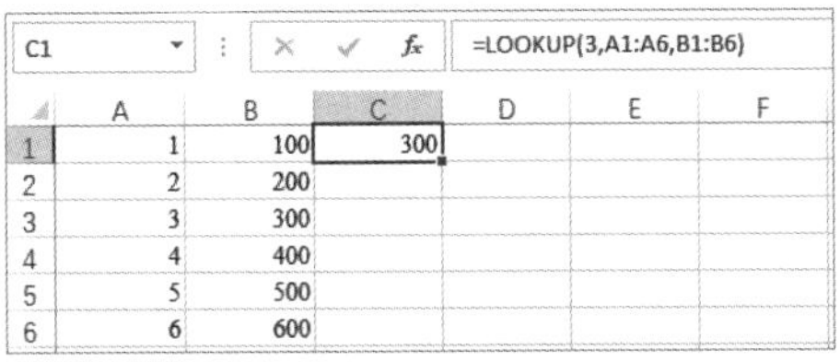

图 4-67　查找精确的值 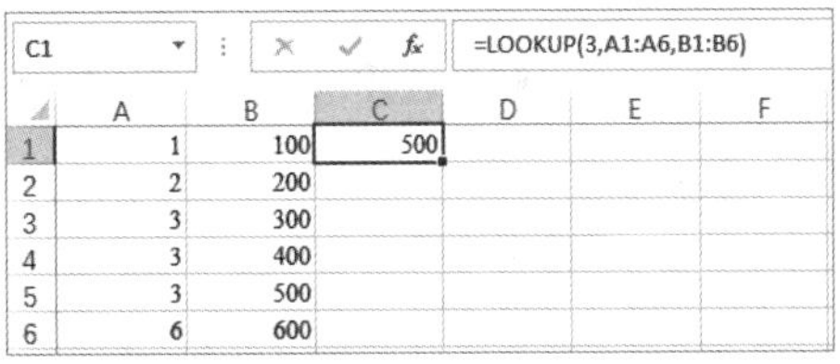　　　　　　图 4-68　查找有多个符合条件的值的情况

下面的公式查找 5.5，由于 A 列中没有该数字，但是小于该数字的有 5 个：1、2、3、4、5，LOOKUP 函数将使用所有小于该数字中的最大值进行匹配，即 A5 单元格中的数字 5 与查找值 5.5 匹配，因此返回 B5 单元格中的值，如图 4-69 所示。

```
=LOOKUP(5.5,A1:A6,B1:B6)
```

下面的公式返回 A 列中的最后一个数字，无论这个数字是否是 A 列中的最大值，都返回位于最后位置上的数字，如图 4-70 所示。公式中的 9E+307 是接近于 Excel 允许用户输入的最大值，由于找不到该值，将返回区域中小于该值的最大值。由于无论是否对区域中的数据升序排列，Excel 都会将区域看作已经升序排列后的状态，因此认为最大值位于区域的最后，公式最终返回区域中的最后一个数字。

```
=LOOKUP(9E+307,A1:A6)
```

数组形式的 LOOKUP 函数用于在区域或数组的第一行或第一列中查找指定的值，并返回该区域或数组最后一行或最后一列中对应位置上的值，语法如下：

```
LOOKUP(lookup_value,array)
```

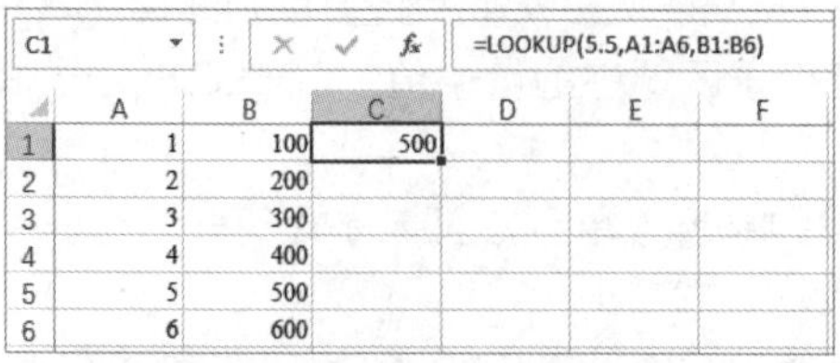

图 4-69   返回小于查找值的最大值 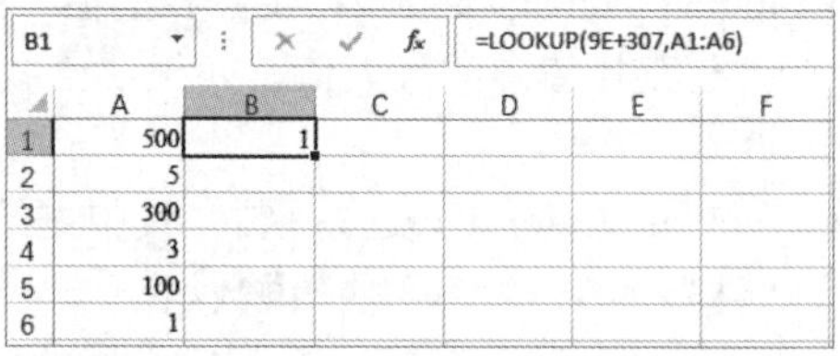 图 4-70   返回区域中的最后一个数字

- lookup_value（必选）：要查找的值。如果在查找区域中找不到该值，则返回区域中所有小于查找值中的最大值。如果要查找的值小于区域中的最小值，LOOKUP 函数将返回 #N/A 错误值。
- array（必选）：要在其中进行查找的区域或数组。

注意：如果要查找精确的值，查找区域中的数据必须升序排列，否则可能会返回错误的结果。如果查找区域中包含多个符合条件的值，则 LOOKUP 函数只返回最后一个匹配值。

下面的公式使用数组形式的 LOOKUP 函数，在 A1:A6 单元格区域的第一列中查找数字 3，并返回该区域最后一列（B 列）对应位置上的值（300），如图 4-71 所示。

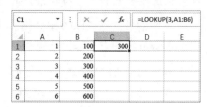

图 4-71   使用数组形式的 LOOKUP 函数查找数据

```
=LOOKUP(3,A1:B6)
```

4.6.4   使用 VLOOKUP 函数查找数据

VLOOKUP 函数用于在区域或数组中的第一列查找指定的值，并返回该区域或数组特定列中与查找值位于同一行的值，语法如下：

```
VLOOKUP(lookup_value,table_array,col_index_num,[range_lookup])
```

- lookup_value（必选）：要在区域或数组的第一列中查找的值。
- table_array（必选）：要进行查找的区域或数组。
- col_index_num（必选）：要返回的值在区域或数组中的列号。该参数不是工作表的实际列号，而是 table_array 参数指定的区域或数组中的相对列号。例如，如果将该参数设置为 3，则对于 B1:D6 单元格区域来说，将返回 D 列中的数据，即 B1:D6 区域中的第 3 列，而不是工作表中的第 3 列。
- range_lookup（可选）：指定精确查找或模糊查找，该参数的取值范围如表 4-8 所示。

表 4-8   range_lookup 参数的取值范围

range_lookup 参数值	说　　明
TRUE 或省略	模糊查找，返回查找区域第一列中小于等于查找值的最大值，查找区域必须按升序排列，否则可能会返回错误的结果
FALSE 或 0	精确查找，返回查找区域第一列中与查找值匹配的第一个值，查找区域无须排序。在该方式下查找文本时，可以使用通配符 ？和 *

注意： 精确查找时，如果区域或数组中包含多个符合条件的值，则 VLOOKUP 函数只返回第一个匹配的值。如果找不到匹配值，VLOOKUP 函数将返回 #N/A 错误值。

4.6.2 节中查找商品编号和商品名称的例子，也可以使用 VLOOKUP 函数完成。下面的公式在 A1:D11 单元格区域的第 1 列查找 G1 单元格中的商品编号，然后返回该区域中第 2 列同行上的商品名称，如图 4-72 所示。将 VLOOKUP 函数的第四个参数设置为 0，表示精确查找。

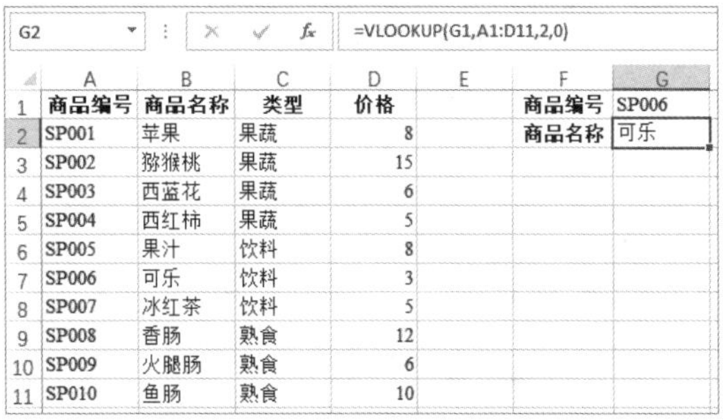

	A	B	C	D	E	F	G
1	商品编号	商品名称	类型	价格		商品编号	SP006
2	SP001	苹果	果蔬	8		商品名称	可乐
3	SP002	猕猴桃	果蔬	15			
4	SP003	西蓝花	果蔬	6			
5	SP004	西红柿	果蔬	5			
6	SP005	果汁	饮料	8			
7	SP006	可乐	饮料	3			
8	SP007	冰红茶	饮料	5			
9	SP008	香肠	熟食	12			
10	SP009	火腿肠	熟食	6			
11	SP010	鱼肠	熟食	10			

图 4-72　VLOOKUP 函数

```
=VLOOKUP(G1,A1:D11,2,0)
```

如果找不到匹配的值，VLOOKUP 函数将返回 #N/A 错误值。如果想要在出错时返回指定的内容，则可以使用 IFERROR 函数。下面的公式在找不到指定的商品编号时，返回文字“编号不存在”。

```
=IFERROR(VLOOKUP(G1,A1:D11,2,0),"编号不存在")
```

4.7　函数应用综合案例

本节将介绍函数在实际中的一些典型应用，每个案例都不止使用一个函数，这也体现出在实际应用中需要掌握多个函数的综合运用。

4.7.1　从身份证号码中提取出生日期和性别

如果工作表中已经包含身份证号码的信息，则可以通过公式和函数快速从身份证号码中提取出生日期和性别。18 位身份证号码中的第 7 ～ 14 位数字标识一个人的出生日期。在这 8 位数字中，前 4 位表示出生年份，后 4 位表示出生的月和日。18 位身份证号码中的第 17 位数字标识一个人的性别，如果该数字为奇数，则为男性，否则为女性。

如图 4-73 所示，从 B 列的身份证号码中提取员工的出生日期和性别。在 C2 单元格中输入下面的公式并按 Enter 键，然后将公式向下复制到其他单元格，得到每个员工的出生日期。

```
=TEXT(MID(B2,7,8),"0000年00月00日")
```

公式说明： 使用 MID 函数从身份证号码的第 7 位开始，连续提取 8 位数字。然后使用 TEXT 函数将提取出的数字格式设置为“年月日”的形式。TEXT 函数的第二个参数中的 0 是数字占位符，其数量决定要设置的数字位数。在本例中，“0000 年 00 月 00 日”表示将 8 位数字中的前 4 位表示为年份，第 5 ～ 6 位表示为月份，最后两位表示为具体的日。

在 D2 单元格中输入下面的公式并按 Enter 键，然后将公式向下复制到其他单元格，得到每个员工的性别，如图 4-74 所示。

```
=IF(MOD(MID(B2,17,1),2),"男","女")
```

公式说明： 使用 MID 函数提取身份证号码中的第 17 位数字，然后使用 MOD 函数判断该数字是否能被 2 整除，如果不能被 2 整除，说明该数字是奇数，MOD 函数的返回值是 1，由于非 0 数字等价于逻辑值 TRUE，所以此时 IF 条件的判断结果为 TRUE，这样就会返回 IF 函数条件为真时的部分，即为本例中的“男”。如果数字能被 2 整除，说明该数字是偶数，MOD 函数的返回值是 0，想等于逻辑值 FALSE，此时将返回 IF 函数条件为假时的部分，即本例中的“女”。

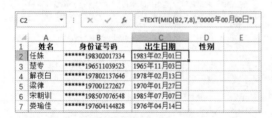

C2 =TEXT(MID(B2,7,8),"0000年00月00日")

	A	B	C	D	E
1	姓名	身份证号码	出生日期	性别	
2	任姝	******198302017334	1983年02月01日		
3	楚专	******196511039523	1965年11月03日		
4	解夜白	******197802137646	1978年02月13日		
5	梁律	******197001272627	1970年01月27日		
6	宋朝训	******198507076548	1985年07月07日		
7	娄瑜佳	******197604144828	1976年04月14日		

图 4-73　提取出生日期

D2 =IF(MOD(MID(B2,17,1),2),"男","女")

	A	B	C	D	E
1	姓名	身份证号码	出生日期	性别	
2	任姝	******198302017334	1983年02月01日	男	
3	楚专	******196511039523	1965年11月03日	女	
4	解夜白	******197802137646	1978年02月13日	女	
5	梁律	******197001272627	1970年01月27日	女	
6	宋朝训	******198507076548	1985年07月07日	女	
7	娄瑜佳	******197604144828	1976年04月14日	女	

图 4-74　提取性别

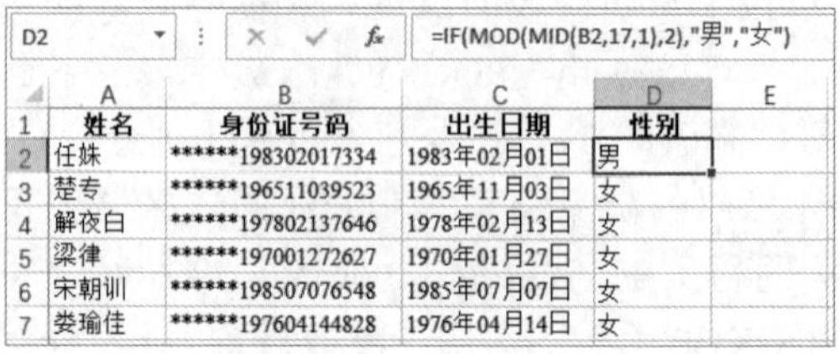

4.7.2　判断闰年

A2 单元格中包含由用户输入的任意一个日期，在 B2 单元格中输入下面的公式，将判断该日期所属的年份是否是闰年，如图 4-75 所示。

```
=IF(MONTH(DATE(YEAR(A2),2,29))=2,"是","不是")
```

B2 =IF(MONTH(DATE(YEAR(A2),2,29))=2,"是","不是")

	A	B	C	D	E	F	G
1	日期	是否是闰年					
2	2020/12/1	是					

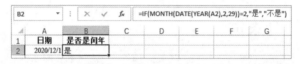

图 4-75　判断闰年

公式说明：首先使用 YEAR 函数提取日期的年份，然后使用 DATE 函数将该年份与 2、29 组合为一个日期，即当前年份的 2 月 29 日。因为闰年 2 月有 29 天，如果不是闰年则 2 月只有 28 天，则多出的一天就会自动计入下个月，即 3 月 1 日。因此可以使用 MONTH 函数提取 DATE 函数产生的日期中的月份。如果月份为 2，说明 2 月有 29 天，即是闰年；如果月份为 3，则提取出的月份不等于 2，说明 2 月只有 28 天，即不是闰年。最后使用 IF 函数根据判断条件返回不同的结果。

4.7.3　统计不重复人数

A 列为员工姓名，但是存在重复。在 F1 单元格中输入下面的数组公式并按 Ctrl+Shift+Enter 快捷键，统计出非重复员工的人数，如图 4-76 所示。

```
{=SUM(1/COUNTIF(A2:A10,A2:A10))}
```

F1 {=SUM(1/COUNTIF(A2:A10,A2:A10))}

	A	B	C	D	E	F
1	姓名	性别	年龄		不重复人数	6
2	高嘉	男	50			
3	高嘉	男	50			
4	廖晨惠	男	35			
5	喻信	女	26			
6	喻信	女	26			
7	范孤容	女	20			
8	温语寒	女	29			
9	温语寒	女	29			
10	储先	男	40			

图 4-76　统计不重复人数

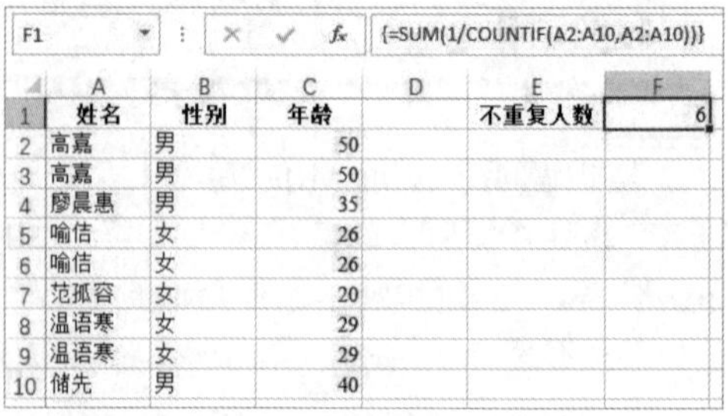

公式说明：首先使用 COUNTIF 函数统计 A2:A10 单元格区域中的每个单元格在该区域中出现的次数，得到数组 {2;2;2;1;2;2;1;1;2}。使用 1 除以该数组中的每一个元素，数组中的 1 仍为 1，而数组中的其他数字都会转换为分数。当对这些分数求和时，都会转换为 1。例如，某个数字出现 3 次，在被 1 除后，每次出现的位置上都会变为 1/3，对 3 次出现的 3 个位置上的 1/3 进行求和，结果为 1，从而将多次出现的同一个姓名按 1 次计算，最后统计出不重复的人数。

4.7.4　同时从多列数据中查找信息

A 列为部门名称，B 列为员工姓名，C 列为员工月薪。在 G2 单元格中输入下面的数组公式并按 Ctrl+Shift+Enter 快捷键，将根据 E2 和 F2 单元格中的部门和姓名提取出相应员工的月薪，如图 4-77 所示。

```
{=INDEX(C2:C10,MATCH(E2&F2,A2:A10&B2:B10,0))}
```

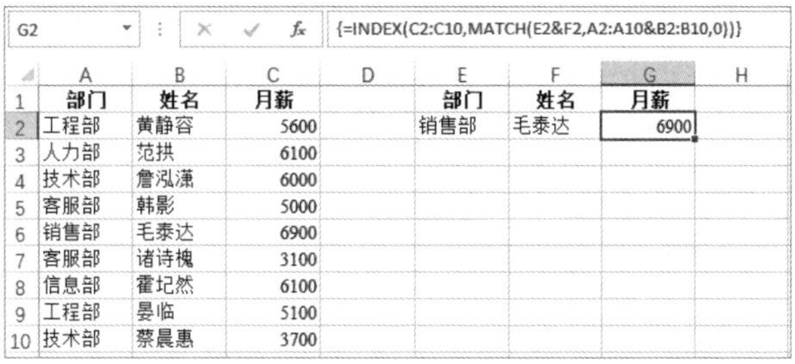

G2　{=INDEX(C2:C10,MATCH(E2&F2,A2:A10&B2:B10,0))}

	A	B	C	D	E	F	G	H
1	部门	姓名	月薪		部门	姓名	月薪	
2	工程部	黄静容	5600		销售部	毛泰达	6900	
3	人力部	范拱	6100					
4	技术部	詹泓潇	6000					
5	客服部	韩影	5000					
6	销售部	毛泰达	6900					
7	客服部	诸诗槐	3100					
8	信息部	霍圯然	6100					
9	工程部	晏临	5100					
10	技术部	蔡晨惠	3700					

图 4-77　同时从多列数据中查找信息

公式说明：本例用作 MATCH 函数的查找数据和查找区域比较特殊。对于 MATCH 函数的第一个参数，使用了 E2&F2 的形式，返回文本字符串"'销售部毛泰达'"。对于 MATCH 函数的第二个参数，使用两个区域的联合引用，返回数组 {"工程部黄静容";"人力部范拱";"技术部詹泓潇";"客服部韩影";"销售部毛泰达";"客服部诸诗槐";"信息部霍圯然";"工程部晏临";"技术部蔡晨惠"}，然后通过 MATCH 函数返回 E2&F2 在联合区域引用数组中的位置，最后使用 INDEX 函数提取指定位置上的值。

4.7.5　反向查找数据

A 列为商品名称，B 列为商品编号，在 E2 单元格中输入下面的公式，将根据 D2 单元格中的商品编号查找对应的商品名称，如图 4-78 所示。

```
=VLOOKUP(D2,IF({1,0},B1:B11,A1:A11),2,0)
```

公式说明：VLOOKUP 函数只能在区域或数组的第一列中进行查找，然后返回该区域或数组右侧列中的数据。本例要查找的值位于区域的第 2 列，而要获取的值在它的左侧列中，因此 VLOOKUP 函数默认无法实现。为了解决这个问题，使用一个包含 1 和 0 的常量数组作为 IF 函数的条件，数字 1 相当于逻辑值 TRUE，数字 0 相当于逻辑值 FALSE，当条件为 TRUE 时返回 B1:B11 单元格区域，条件为 FALSE 时返回 A1:A11 单元格区域，这样就可以通过 IF 函数互换 A、B 两列的位置并重新构建一个区域，然后可以使用 VLOOKUP 函数在新构建的区域中查找所需的数据。

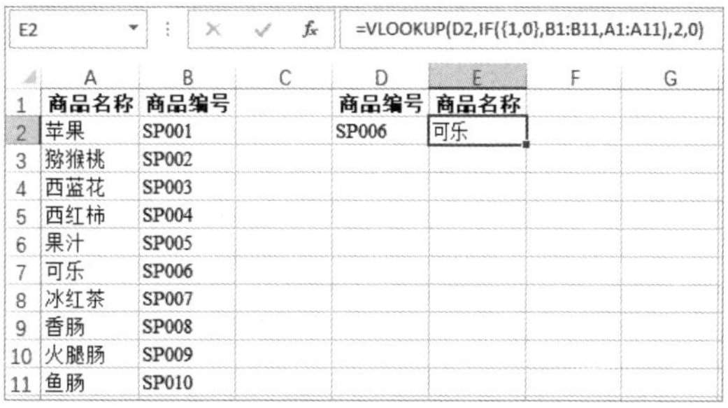

E2　=VLOOKUP(D2,IF({1,0},B1:B11,A1:A11),2,0)

	A	B	C	D	E	F	G
1	商品名称	商品编号		商品编号	商品名称		
2	苹果	SP001		SP006	可乐		
3	猕猴桃	SP002					
4	西蓝花	SP003					
5	西红柿	SP004					
6	果汁	SP005					
7	可乐	SP006					
8	冰红茶	SP007					
9	香肠	SP008					
10	火腿肠	SP009					
11	鱼肠	SP010					

图 4-78　反向查找数据

第 5 章
使用多种工具分析数据

Excel 提供了多种分析工具，使用这些工具可以对数据进行不同方面的分析，包括排序数据、筛选数据、分类汇总数据、多角度透视数据、模拟分析、单变量求解、规划求解、使用分析工具库进行统计分析和工程计算等。本章将介绍使用这些工具分析数据的方法。

5.1 排序数据

数值有大小之分，文本也有拼音首字母不同的区别，使用 Excel 中的"排序"功能，可以快速对数值和文本进行升序或降序排列，升序或降序是指数据排序时的分布规律。例如，数值的升序排列是指将数值从小到大依次排列，数值的降序排列是指将数值从大到小依次排列。逻辑顺序是除了数值大小顺序和文本首字母顺序之外的另一种顺序，这种顺序由逻辑概念或用户主观决定，在 Excel 中也可以按照逻辑顺序排列数据。本节将介绍排序数据的 3 种方法：单条件排序、多条件排序和自定义排序。

5.1.1 单条件排序

单条件排序是指使用一个条件对数据进行排序，执行单条件排序有以下方法：
- 在功能区的"数据"选项卡中单击"升序"或"降序"按钮，如图 5-1 所示。
- 在功能区的"开始"选项卡中单击"排序和筛选"按钮，然后在弹出的菜单中选择"升序"或"降序"命令。
- 右击作为排序条件的列中的任意一个包含数据的单元格，在弹出的菜单中选择"排序"命令，然后在子菜单中选择"升序"或"降序"命令，如图 5-2 所示。

如图 5-3 所示为商品的销售记录，如果要按照销量从高到低的顺序对销售记录进行排序，则需要先选择 D 列中的任意一个包含数据的单元格，然后使用上面介绍的任意一种方法执行"降序"命令。排序后的效果如图 5-4 所示。

图 5-1　功能区中的排序命令　　　　图 5-2　右击子快捷菜单中的排序命令

	A	B	C	D
1	销售日期	商品名称	类别	销量
2	2020/7/6	蓝莓	果蔬	19
3	2020/7/6	果汁	饮料	25
4	2020/7/7	蓝莓	果蔬	9
5	2020/7/8	苹果	果蔬	11
6	2020/7/8	猕猴桃	果蔬	25
7	2020/7/6	可乐	饮料	10
8	2020/7/7	猕猴桃	果蔬	28
9	2020/7/6	冰红茶	饮料	15
10	2020/7/8	果汁	饮料	11
11	2020/7/6	猕猴桃	果蔬	17

	A	B	C	D
1	销售日期	商品名称	类别	销量
2	2020/7/7	猕猴桃	果蔬	28
3	2020/7/6	果汁	饮料	25
4	2020/7/8	猕猴桃	果蔬	25
5	2020/7/6	蓝莓	果蔬	19
6	2020/7/6	猕猴桃	果蔬	17
7	2020/7/6	冰红茶	饮料	15
8	2020/7/8	苹果	果蔬	11
9	2020/7/8	果汁	饮料	11
10	2020/7/6	可乐	饮料	10
11	2020/7/7	蓝莓	果蔬	9

图 5-3　未排序的数据　　　　图 5-4　按照销量从高到低进行排序

5.1.2　多条件排序

复杂数据的排序可能需要使用多个条件，Excel 支持最多 64 个排序条件，使用"排序"对话框可以设置多个排序条件。仍以 5.1.1 节中的数据为例，如果要同时按照销售日期和销量对销售记录进行排序，即先按日期的先后排序，在日期相同的情况下，再按销量的高低排序。实现这种排序方式的操作步骤如下：

（1）选择数据区域中的任意一个单元格，然后在功能区的"数据"选项卡中单击"排序"按钮，如图 5-5 所示。

（2）打开"排序"对话框，在"主要关键字"下拉列表中选择"销售日期"，然后将"排序依据"设置为"单元格值"，将"次序"设置为"升序"，如图 5-6 所示。

图 5-5　单击"排序"按钮　　　　图 5-6　设置第一个排序条件

（3）单击"添加条件"按钮添加第 2 个条件，在"次要关键字"下拉列表中选择"销量"，然后将"排序依据"设置为"单元格值"，将"次序"设置为"降序"，如图 5-7 所示。设置完成后单击"确定"按钮，关闭"排序"对话框。

数据将先按照销售日期从早到晚的顺序排列，在日期相同的情况下，再按照销量从高到低的顺序排列，如图 5-8 所示。

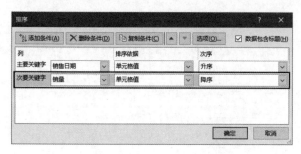

图 5-7　设置第二个排序条件　　　　图 5-8　按照销售日期和销量排序数据

提示：如果在"排序"对话框中添加了错误的条件，则可以选择该条件，然后单击"删除条件"按钮将其删除。如果要调整条件的主次，则可以在选择条件后单击"上移"按钮▲或"下移"按钮▼。

无论是单条件排序还是多条件排序，排序结果默认作用于整个数据区域。如果想让排序结果作用于特定的列，则需要在排序前先选中要排序的列，然后再对其执行排序命令，此时将打开如图 5-9 所示的对话框，选中"以当前选定区域排序"单选按钮，最后单击"排序"按钮。

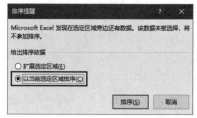

5.1.3　自定义排序

图 5-9　只对选中的列排序

如果想要按照特定的逻辑顺序对数据排序，则需要先创建包含这些数据的自定义序列，然后在设置排序选项时将这个序列指定为排序的次序。如图 5-10 所示，如果要按照学历从高到低的顺序排列数据，则需要先创建包含学历的自定义序列，然后再执行排序操作，操作步骤如下：

（1）选择数据区域中的任意一个单元格，然后在功能区的"数据"选项卡中单击"排序"按钮。

（2）打开"排序"对话框，将"主要关键字"设置为"学历"，然后在"次序"下拉列表中选择"自定义序列"，如图 5-11 所示。

图 5-10　未排序数据　　　　　　图 5-11　将"次序"设置为"自定义序列"

（3）打开"自定义序列"对话框，在"输入序列"文本框中按照学历从高到低的顺序，依次输入每一个学历，每输入一个学历需要按一次 Enter 键，让所有学历纵向排列在一列中，如图 5-12 所示。

（4）单击"添加"按钮，将输入好的序列添加到左侧的列表框中，并自动选中该序列，然后单击"确定"按钮，如图 5-13 所示。

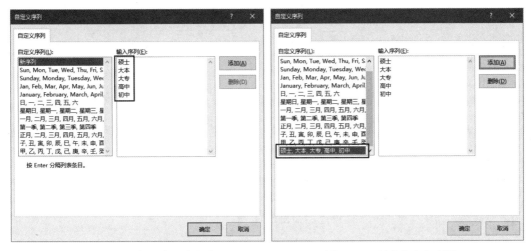

图 5-12　输入自定义序列的内容　　　　图 5-13　创建自定义序列

（5）返回"排序"对话框，"次序"被设置为第（4）步创建的文本序列，如图 5-14 所示。单击"确定"按钮，将按照用户创建的学历序列对数据进行排序，如图 5-15 所示。

图 5-14　"次序"被设置为用户创建的学历序列　　　　图 5-15　按照学历从高到低排列数据

5.2　筛选数据

如果要在数据区域中只显示符合条件的数据，则可以使用 Excel 中的"筛选"功能。Excel 提供了两种筛选方式：

- 普通筛选：进入筛选模式，从字段标题的下拉列表中选择特定项，或者根据数据类型选择特定的筛选命令，即可完成筛选。
- 高级筛选：在数据区域外的一个特定区域中输入筛选条件，在筛选时将该区域指定为筛选条件，即可完成高级筛选。与自动筛选相比，高级筛选还有很多优点，例如可以将筛选结果自动提取到工作表的指定位置、删除重复记录等。

5.2.1　进入和退出筛选模式

在使用自动筛选的方式筛选数据时，需要先进入筛选模式，然后才能对各列数据执行筛选操作，而高级筛选则不需要进入筛选模式。要进入筛选模式，首先选择数据区域中的任意一个单元格，然后在功能区的"数据"选项卡中单击"筛选"按钮，如图 5-16 所示。

进入筛选模式后，在数据区域顶部的每个标题右侧会显示一个下拉按钮，单击该按钮后所打开的下拉列表中包含筛选相关的命令和选项，如图 5-17 所示。

图 5-16　单击"筛选"按钮将进入筛选模式　　图 5-17　进入筛选模式后的数据区域

注意：一个工作表中只能有一个数据区域进入筛选模式，如果一个数据区域已经进入筛选模式，则同一个工作表中的另一个数据区域将不能进入筛选模式。

提示：右击数据区域中的某个单元格，在弹出的菜单中选择"筛选"命令，在显示的子菜单中包含几个基于当前活动单元格中的值或格式进行筛选的命令，使用这些命令可以直接筛选当前数据区域，而不需要进入筛选模式，如图 5-18 所示。

如果想要恢复数据的原始显示状态，则可以使用以下方法：

- 使某列数据全部显示：打开正处于筛选状态的列的下拉列表，然后选中"全选"复选框，或者选择"从……中清除筛选"命令，省略号表示列标题的名称，如图 5-19 所示。
- 使所有列数据全部显示：在功能区的"数据"选项卡中单击"清除"按钮。
- 退出筛选模式：在功能区的"数据"选项卡中单击"筛选"按钮，使该按钮弹起。

图 5-18　右击子快捷菜单中的"筛选"命令　　图 5-19　在列数据的下拉列表中清除筛选

5.2.2　筛选数据

无论要筛选的是文本、数值还是日期，Excel 都提供了一种通用的数据筛选方法。进入筛选模式后，单击要筛选的列标题右侧的下拉按钮，在打开的列表中包含很多复选框，它们是该列中的不重复数据，选中哪个复选框，就表示筛选出哪个数据。

如图 5-20 所示，由于选中了“蓝莓”“猕猴桃”和“苹果”3 个复选框，在单击“确定”按钮后，将只显示与它们有关的数据，而隐藏其他数据，如图 5-21 所示。

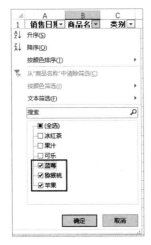

图 5-20　选择要筛选出的项

	A	B	C	D
1	销售日期	商品名	类别	销量
2	2020/7/6	蓝莓	果蔬	19
4	2020/7/7	蓝莓	果蔬	9
5	2020/7/8	苹果	果蔬	11
6	2020/7/8	猕猴桃	果蔬	25
8	2020/7/7	猕猴桃	果蔬	28
11	2020/7/6	猕猴桃	果蔬	17

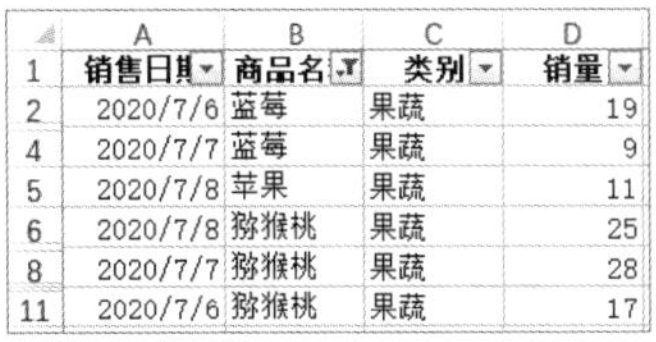

图 5-21　筛选结果

技巧：当列表中包含很多项时，如果只想选择其中的一项或很少的几项，则可以先取消选中“全选”复选框，然后再选中所需的项。

提示：复制筛选后的数据时，只会复制当前显示的数据，而不会复制处于隐藏状态的数据。

除了前面介绍的筛选数据的通用方法外，Excel 还为不同类型的数据提供了特定的筛选命令。单击列标题右侧的下拉按钮，在打开的列表中将显示“文本筛选”“数字筛选”或“日期筛选”三者之一，显示哪个取决于列中数据的类型，例如列中包含的是数字，则显示“数字筛选”命令，选择该命令后将在子菜单中显示适用于数字筛选的相关命令，如图 5-22 所示。

在子菜单中选择一个命令后，将打开“自定义自动筛选方式”对话框，在该对话框中设置筛选条件，如图 5-23 所示。在对话框中提供了 4 个下拉列表，每一行的两个下拉列表作为一个筛选条件，在左侧的下拉列表中选择条件类型，例如“大于”，然后在其右侧的下拉列表中选择一个值或直接输入一个值。如果还要设置第二个条件，则需要在第二行的两个下拉列表中进行类似的操作。

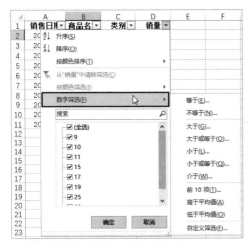

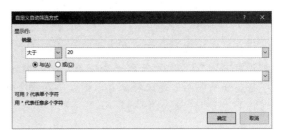

图 5-22　与特定数据类型相关的筛选命令

图 5-23　“自定义自动筛选方式”对话框

如果设置了两个条件，则需要选择"与"和"或"中的一项，以此来决定两个条件的关系是同时满足还是满足其一，"与"表示必须同时满足两个条件，"或"表示只需满足其中一个条件即可。

此处为"销量"列设置筛选条件，将第一个条件的类型设置为"大于"，将该条件的值设置为 20，单击"确定"按钮后，将筛选出销量大于 20 的所有数据，如图 5-24 所示。

图 5-24　筛选出符合条件的数据

5.2.3　高级筛选

如果在筛选数据时想以更灵活的方式设置条件，则可以使用高级筛选。用作高级筛选的条件必须位于工作表的一个特定区域中，并且要与数据区域通过空行或空列分隔开。条件区域至少包含两行，第一行是标题，标题必须与数据区域中的列标题一致，但是不需要提供所有列的标题，只提供要筛选的列标题即可。第二行是条件值，需要将其输入标题下方的单元格中，位于同一行的条件值表示"与"关系，位于不同行的条件值表示"或"关系，可以同时使用"与"和"或"关系来设置复杂的条件。

下面使用"高级筛选"功能筛选出果蔬类商品销量大于 15 的销售记录，操作步骤如下：

（1）在与数据区域不相邻的位置设置筛选条件，本例将条件设置在 A14:B15 单元格区域中，如图 5-25 所示。

（2）选择数据区域中的任意一个单元格，然后在功能区的"数据"选项卡中单击"高级"按钮，如图 5-26 所示。

（3）打开"高级筛选"对话框，在"列表区域"文本框中自动填入数据区域的单元格地址。在"条件区域"文本框中输入条件区域的单元格地址 A14:B15，或者可以直接在工作表中选择该区域，如图 5-27 所示。

图 5-25　设置筛选条件

图 5-26　单击"高级"按钮

图 5-27　设置条件区域的
单元格地址

（4）设置完成后单击"确定"按钮，将筛选出果蔬类商品销量大于 15 的销售记录，如图 5-28 所示。

提示：筛选文本时可以在设置的筛选条件中使用"?"和"*"两种通配符，"?"代表任意一个字符，"*"代表零个或任意多个字符。如果要筛选通配符本身，则需要在每个通配符左侧添加波形符号"～"，例如"～?"和"～*"。

图 5-28　筛选结果

5.3　分类汇总数据

分类汇总是按照数据的类别进行划分，并对同类数据进行求和或其他计算，例如计数、求平均值、求最大值和最小值等。使用"分类汇总"功能可以汇总一类或多类数据。

5.3.1　汇总一类数据

最简单的分类汇总只针对一类数据进行分类统计。在分类汇总数据前，需要先对要作为分类依据的数据排序。如图 5-29 所示，如果要统计每天所有商品的总销量，则需要按销售日期进行分类，操作步骤如下：

（1）选择"销售日期"列中的任意一个包含数据的单元格，然后在功能区的"数据"选项卡中单击"升序"按钮，对日期进行升序排列，如图 5-30 所示。

	A	B	C	D
1	销售日期	商品名称	类别	销量
2	2020/7/6	蓝莓	果蔬	19
3	2020/7/6	果汁	饮料	25
4	2020/7/7	蓝莓	果蔬	9
5	2020/7/8	苹果	果蔬	11
6	2020/7/6	猕猴桃	果蔬	25
7	2020/7/6	可乐	饮料	10
8	2020/7/7	猕猴桃	果蔬	28
9	2020/7/6	冰红茶	饮料	15
10	2020/7/8	果汁	饮料	11
11	2020/7/6	猕猴桃	果蔬	17

图 5-29　原始数据

	A	B	C	D
1	销售日期	商品名称	类别	销量
2	2020/7/6	蓝莓	果蔬	19
3	2020/7/6	果汁	饮料	25
4	2020/7/6	可乐	饮料	10
5	2020/7/6	冰红茶	饮料	15
6	2020/7/6	猕猴桃	果蔬	17
7	2020/7/7	蓝莓	果蔬	9
8	2020/7/7	猕猴桃	果蔬	28
9	2020/7/8	苹果	果蔬	11
10	2020/7/8	猕猴桃	果蔬	25
11	2020/7/8	果汁	饮料	11

图 5-30　将销售日期升序排列

（2）在功能区的"数据"选项卡中单击"分类汇总"按钮，如图 5-31 所示。

（3）打开"分类汇总"对话框，进行以下设置，如图 5-32 所示。

- 将"分类字段"设置为"销售日期"。
- 将"汇总方式"设置为"求和"。
- 在"选定汇总项"列表框中选中"销量"复选框。
- 选中"替换当前分类汇总"和"汇总结果显示在数据下方"两个复选框。

图 5-31　单击"分类汇总"按钮

图 5-32　设置分类汇总选项

（4）设置完成后单击"确定"按钮，将按销售日期对数据分类，并对相同日期下的所有商品销量进行求和，如图 5-33 所示。单击数据区域左侧的按钮，可以隐藏明细数据，而只显示汇总数据，如图 5-34 所示。

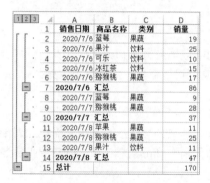

图 5-33　分类汇总结果　　　　图 5-34　显示汇总数据而隐藏明细数据

5.3.2　汇总多类数据

如果要统计的数据类别较多，则可以创建多级分类汇总。在汇总多类数据前，需要先对作为汇总类别的数据进行多条件排序。此处仍然使用 5.3.1 节中的原始数据，如果要统计每天所有商品的总销量，还要统计每一天当中各商品类别的销量，则需要按销售日期和类别进行分类，操作步骤如下：

（1）选择数据区域中的任意一个单元格，然后在功能区的"数据"选项卡中单击"排序"按钮，打开"排序"对话框，进行以下设置，如图 5-35 所示。

- 将"主要关键字"设置为"销售日期"，将"排序依据"设置为"单元格值"，将"次序"设置为"升序"。
- 单击"添加条件"按钮添加第二个条件，将"次要关键字"设置为"类别"，将"排序依据"设置为"单元格值"，将"次序"设置为"升序"。

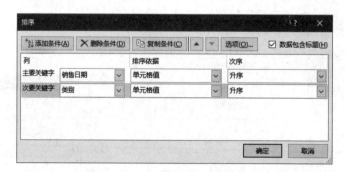

图 5-35　设置多条件排序

（2）设置完成后单击"确定"按钮，将同时按"销售日期"和"类别"对数据排序，如图 5-36 所示。

（3）在功能区的"数据"选项卡中单击"分类汇总"按钮，打开"分类汇总"对话框，进行以下设置，然后单击"确定"按钮，对数据执行第一次分类汇总，如图 5-37 所示。

- 将"分类字段"设置为"销售日期"。
- 将"汇总方式"设置为"求和"。
- 在"选定汇总项"列表框中选中"销量"复选框。
- 分别选中"替换当前分类汇总"复选框和"汇总结果显示在数据下方"复选框。

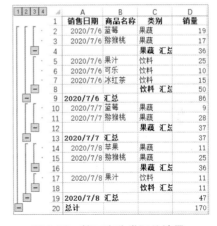

	A	B	C	D
1	销售日期	商品名称	类别	销量
2	2020/7/6	蓝莓	果蔬	19
3	2020/7/6	猕猴桃	果蔬	17
4	2020/7/6	果汁	饮料	25
5	2020/7/6	可乐	饮料	10
6	2020/7/6	冰红茶	饮料	15
7	2020/7/7	蓝莓	果蔬	9
8	2020/7/7	猕猴桃	果蔬	28
9	2020/7/8	苹果	果蔬	11
10	2020/7/8	猕猴桃	果蔬	25
11	2020/7/8	果汁	饮料	11

图 5-36　按“销售日期”和“类别”对数据排序

	A	B	C	D
1	销售日期	商品名称	类别	销量
2	2020/7/6	蓝莓	果蔬	19
3	2020/7/6	猕猴桃	果蔬	17
4	2020/7/6	果汁	饮料	25
5	2020/7/6	可乐	饮料	10
6	2020/7/6	冰红茶	饮料	15
7	2020/7/6 汇总			86
8	2020/7/7	蓝莓	果蔬	9
9	2020/7/7	猕猴桃	果蔬	28
10	2020/7/7 汇总			37
11	2020/7/8	苹果	果蔬	11
12	2020/7/8	猕猴桃	果蔬	25
13	2020/7/8	果汁	饮料	11
14	2020/7/8 汇总			47
15	总计			170

图 5-37　第一次分类汇总结果

（4）再次打开“分类汇总”对话框，进行以下设置，如图 5-38 所示。

- 将“分类字段”设置为“类别”。
- 将“汇总方式”设置为“求和”。
- 在“选定汇总项”列表框中选中“销量”复选框。
- 取消选中“替换当前分类汇总”复选框。

（5）设置完成后单击“确定”按钮，将对每一天当中的商品按照类别进行划分，不但统计出每一天所有商品的总销量，还统计出同一天中各个商品类别的销量，如图 5-39 所示。

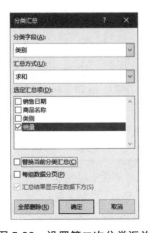

图 5-38　设置第二次分类汇总

	A	B	C	D
1	销售日期	商品名称	类别	销量
2	2020/7/6	蓝莓	果蔬	19
3	2020/7/6	猕猴桃	果蔬	17
4			果蔬 汇总	36
5	2020/7/6	果汁	饮料	25
6	2020/7/6	可乐	饮料	10
7	2020/7/6	冰红茶	饮料	15
8			饮料 汇总	50
9	2020/7/6 汇总			86
10	2020/7/7	蓝莓	果蔬	9
11	2020/7/7	猕猴桃	果蔬	28
12			果蔬 汇总	37
13	2020/7/7 汇总			37
14	2020/7/8	苹果	果蔬	11
15	2020/7/8	猕猴桃	果蔬	25
16			果蔬 汇总	36
17	2020/7/8	果汁	饮料	11
18			饮料 汇总	11
19	2020/7/8 汇总			47
20	总计			170

图 5-39　第二次分类汇总结果

5.3.3　删除分类汇总

如果要删除分类汇总数据和分级显示符号，则需要选择包含分类汇总的数据区域中的任意一个单元格，然后在功能区的“数据”选项卡中单击“分类汇总”按钮，打开“分类汇总”对话框，单击“全部删除”按钮。

如果只想删除分级显示符号，则可以在功能区的“数据”选项卡中单击“取消组合”按钮上的下拉按钮，然后在弹出的菜单中选择“清除分级显示”命令，如图 5-40 所示。

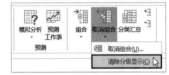

图 5-40　选择“清除分级显示”命令

5.4　使用数据透视表多角度透视分析

在处理数据量庞大的表格时，使用公式和函数虽然可以完成数据的分类汇总和统计工作，但需要用户掌握多个函数的用法和综合应用能力，这对于很多用户来说并非易事，而且还很容易出错。使用“数据透视表”功能可以在不使用任何公式和函数的情况下，快速完成大量数据的汇总统计工作，通过单击和拖动等操作，即可对数据进行多角度透视分析，从繁杂的数据和烦琐的公式函数中解脱出来。本节将介绍使用数据透视表对数据进行多角度透视分析的方法。

5.4.1 数据透视表的结构和常用术语

数据透视表由行区域、列区域、值区域和报表筛选区域 4 个部分组成，各部分的说明如下。

- 行区域：如图 5-41 所示，由黑色方框包围的区域是数据透视表的行区域，它位于数据透视表的左侧。在行区域中通常放置一些可用于进行分类或分组的内容，例如地区、部门、日期等。

	A	B	C	D	E	F	G	H
1	类别	(全部)						
2								
3	求和项:日销量	商品名称						
4	销售地区	饼干	果汁	面包	牛奶	啤酒	酸奶	总计
5	北京		10		86	42	78	216
6	广东		75		116	130	42	363
7	河北		26		26	87	98	237
8	江苏	74	157	58		160	105	554
9	山西	29	27		73	52	40	221
10	上海	45	49		82		67	243
11	天津	122				49	67	238
12	浙江	71	96	12	168	99	145	591
13	总计	341	440	70	551	619	642	2663

图 5-41 行区域

- 列区域：如图 5-42 所示，由黑色方框包围的区域是数据透视表的列区域，它位于数据透视表的顶部。列区域的作用与行区域类似，很多用户习惯于将包含较少项目的内容放置到列区域，而将项目较多的内容放置到行区域。

	A	B	C	D	E	F	G	H
1	类别	(全部)						
2								
3	求和项:日销量	商品名称						
4	销售地区	饼干	果汁	面包	牛奶	啤酒	酸奶	总计
5	北京		10		86	42	78	216
6	广东		75		116	130	42	363
7	河北		26		26	87	98	237
8	江苏	74	157	58		160	105	554
9	山西	29	27		73	52	40	221
10	上海	45	49		82		67	243
11	天津	122				49	67	238
12	浙江	71	96	12	168	99	145	591
13	总计	341	440	70	551	619	642	2663

图 5-42 列区域

- 值区域：如图 5-43 所示，由黑色方框包围的区域是数据透视表的值区域，它是以行区域和列区域为边界，包围起来的面积最大的区域。值区域中的数据是对行区域和列区域中字段的数据进行汇总和统计后的计算结果，可以是求和、计数、求平均值、求最大值或最小值等计算方式。
- 报表筛选区域：如图 5-44 所示，由黑色方框包围的区域是数据透视表的报表筛选区域，它位于数据透视表的最上方。报表筛选区域由一个或多个下拉列表组成，在下拉列表中选择所需的选项后，将对整个数据透视表中的数据进行筛选。

为了更好地描述和使用数据透视表，需要了解数据透视表的常用术语，包括数据源、字段、项和透视。

	A	B	C	D	E	F	G	H
1	类别	(全部) ▾						
2								
3	求和项:日销量	商品名称 ▾						
4	销售地区 ▾	饼干	果汁	面包	牛奶	啤酒	酸奶	总计
5	北京		10		86	42	78	216
6	广东		75		116	130	42	363
7	河北		26		26	87	98	237
8	江苏	74	157	58		160	105	554
9	山西	29	27		73	52	40	221
10	上海	45	49		82		67	243
11	天津	122				49	67	238
12	浙江	71	96	12	168	99	145	591
13	总计	341	440	70	551	619	642	2663

图 5-43　值区域

	A	B	C	D	E	F	G	H
1	类别	(全部) ▾						
2								
3	求和项:日销量	商品名称 ▾						
4	销售地区 ▾	饼干	果汁	面包	牛奶	啤酒	酸奶	总计
5	北京		10		86	42	78	216
6	广东		75		116	130	42	363
7	河北		26		26	87	98	237
8	江苏	74	157	58		160	105	554
9	山西	29	27		73	52	40	221
10	上海	45	49		82		67	243
11	天津	122				49	67	238
12	浙江	71	96	12	168	99	145	591
13	总计	341	440	70	551	619	642	2663

图 5-44　报表筛选区域

1．数据源

数据源是创建数据透视表时所使用的原始数据。数据源可以是多种形式的，例如 Excel 中的单个单元格区域、多个单元格区域、定义的名称、另一个数据透视表等。数据源还可以是其他程序中的数据，例如文本文件、Access 数据库、SQL Server 数据库等。Excel 对于创建数据透视表的数据源格式有一定的要求，如果数据源的格式有问题，则创建的数据透视表可能会丢失部分数据或出现错误。

2．字段

如图 5-45 所示，由黑色方框包围的部分是数据透视表中的字段。如果使用过微软公司 Office 中的 Access，则对于“字段”的概念可能会比较熟悉。数据透视表中的字段对应于数据源中的每一列，每个字段代表一列数据。字段标题是字段的名称，与数据源中每列数据顶部的标题相对应，例如“商品名称”“类别”和“销售地区”。默认情况下，Excel 会自动为值区域中的字段标题添加“求和项”或“计数项”文字，例如“求和项 : 日销量”。

	A	B	C	D	E	F	G	H
1	类别	(全部) ▾						
2								
3	求和项:日销量	商品名称 ▾						
4	销售地区 ▾	饼干	果汁	面包	牛奶	啤酒	酸奶	总计
5	北京		10		86	42	78	216
6	广东		75		116	130	42	363
7	河北		26		26	87	98	237
8	江苏	74	157	58		160	105	554
9	山西	29	27		73	52	40	221
10	上海	45	49		82		67	243
11	天津	122				49	67	238
12	浙江	71	96	12	168	99	145	591
13	总计	341	440	70	551	619	642	2663

图 5-45　字段

按照字段所在的不同区域，可以将字段分为行字段、列字段、值字段、报表筛选字段，它们的说明如下：

- 行字段：位于行区域中的字段。如果数据透视表包含多个行字段，那么它们默认以树状结构排列，类似于文件夹和文件的排列方式，用户可以通过改变数据透视表的报表布局，以表格的形式让多个行字段从左到右横向排列。调整行字段在行区域中的排列顺序，可以得到不同嵌套形式的汇总结果。
- 列字段：位于列区域中的字段，功能和用法与行字段类似。
- 值字段：位于行字段与列字段交叉处的字段。值字段中的数据是通过汇总函数计算得到的。Excel 默认对数值型数据进行求和，对文本型数据统计个数。
- 报表筛选字段：位于报表筛选区域中的字段，该类字段用于对整个数据透视表中的数据进行分页筛选。

3．项

如图 5-46 所示，由黑色方框包围的区域是数据透视表中的项。项是组成字段的成员，是字段中包含的数据，因此也可以将“项”称为“字段项”。例如，“北京”“天津”和“上海”是“销售地区”字段中的项，“饼干”“果汁”和“面包”是“商品名称”字段中的项。

4．透视

透视是指通过改变字段在数据透视表中的位置，从而改变数据透视表的布局，得到具有不同意义和汇总结果的报表，以便从不同的角度浏览和分析数据。如图 5-47 所示，将“类别”和“商品名称”字段放置到行区域，将“销售地区”字段放置到报表筛选区域，得到一个统计各类商品的总销量，以及每个类别下具体商品销量的报表。如果对报表筛选区域中的“销售地区”字段进行筛选，则可以得到特定地区的商品销量情况。

	A	B	C	D	E	F	G	H
1	类别	(全部)						
2								
3	求和项:日销量	商品名称						
4	销售地区	饼干	果汁	面包	牛奶	啤酒	酸奶	总计
5	北京		10		86	42	78	216
6	广东		75		116	130	42	363
7	河北		26		26	87	98	237
8	江苏	74	157	58		160	105	554
9	山西	29	27		73	52	40	221
10	上海	45	49		82		67	243
11	天津	122				49	67	238
12	浙江	71	96	12	168	99	145	591
13	总计	341	440	70	551	619	642	2663

图 5-46　项

	A	B	C
1	销售地区	(全部)	
2			
3	类别	商品名称	求和项:日销量
4	⊟酒水饮料	果汁	440
5		啤酒	619
6	酒水饮料 汇总		1059
7	⊟面包饼干	饼干	341
8		面包	70
9	面包饼干 汇总		411
10	⊟乳制品	牛奶	551
11		酸奶	642
12	乳制品 汇总		1193
13	总计		2663

图 5-47　对数据进行透视

5.4.2　创建数据透视表

在创建数据透视表之前，需要先检查数据源的格式，并确保符合以下要求：

- 数据源中的每一列都有标题。
- 数据源中的每个单元格都有数据。
- 数据源中的数据是连续的，没有空行和空列。
- 数据源是一维表，同类信息位于同一列中。

如果数据源符合以上要求，那么就可以基于该数据源来创建数据透视表了。如图 5-48 所示为要创建数据透视表的数据源，使用该数据源创建数据透视表的操作步骤如下：

	A	B	C	D	E
1	姓名	性别	年龄	部门	工资
2	盖佳太	男	39	人力部	5300
3	溥素涵	女	43	人力部	4100
4	娄填	男	34	技术部	3900
5	元侧	女	26	技术部	7200
6	秦峤	男	21	销售部	5500
7	谷余	男	23	人力部	6500
8	霍人	男	41	财务部	7300
9	程凡晴	女	46	销售部	6800
10	丰停	女	47	技术部	6900

图 5-48　数据源

（1）单击数据源区域中的任意一个单元格，然后在功能区的"插入"选项卡中单击"数据透视表"按钮，如图 5-49 所示。

（2）打开"创建数据透视表"对话框，在"表/区域"文本框中默认自动填入本例的数据区域 A1:E61，如图 5-50 所示。

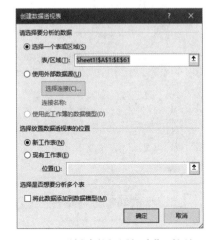

图 5-49 单击"数据透视表"按钮   图 5-50 "创建数据透视表"对话框

（3）不做任何修改，直接单击"确定"按钮，Excel 将在一个新建的工作表中创建一个空白的数据透视表，并自动打开"数据透视表字段"窗格，如图 5-51 所示。

图 5-51 创建的空白数据透视表

（4）从"数据透视表字段"窗格中，将"部门"字段拖动到"行"区域，将"性别"字段拖动到"列"区域，将"工资"字段拖动到"值"区域，完成后的数据透视表对各部门男、女员工的工资进行了汇总，如图 5-52 所示。

图 5-52　布局字段以构建报表

5.4.3　布局字段

布局字段是指将各个字段放置到数据透视表的不同区域中，从而构建出具有不同观察角度和含义的报表。"数据透视表字段"窗格是字段布局的主要工具，创建数据透视表后，将在 Excel 窗口右侧自动显示"数据透视表字段"窗格。窗格默认显示为上、下两个部分，上半部分包含一个或多个带有复选框的字段，将该部分称为"字段节"；下半部分包含 4 个列表框，将该部分称为"区域节"，如图 5-53 所示。

在字段节的列表框中显示了所有可用的字段，这些字段对应于数据源中的各列。如果字段左侧的复选框显示勾选标记，说明该字段已被添加到数据透视表的某个区域中。区域节中的 4 个列表框对应于数据透视表的 4 个区域。字段节中的某个字段处于选中状态时，该字段会同时出现在区域节中的 4 个列表框之一。

提示： 默认情况下，当单击数据透视表中的任意一个单元格时，将自动显示"数据透视表字段"窗格。如果未显示该窗格，可以在功能区的"数据透视表工具 | 分析"选项卡中单击"字段列表"按钮，手动打开"数据透视表字段"窗格。

布局字段有 3 种方法：复选框法、鼠标拖动法和菜单命令法。

1．复选框法

复选框法是通过在字段节中选中字段左侧的复选框，由 Excel 自动决定将字段放置到哪个区域中。一个普遍的规则是：如果字段中的项是文本型数据，则该字段将被自动放置到行区域；如果字段中的项是数值型数据，则该字段将被自动放置到值区域。

复选框法虽然使用方便，但是缺乏灵活性，因为有时 Excel 自动将字段放置到的位置并非是用户的本意。

2．拖动法

拖动法是使用鼠标将字段从字段节拖动到区域节的 4 个列表框中，拖动过程中会显示一条粗线，当列表框中包含多个字段时，这条线指示当前移动到的位置，如图 5-54 所示。使用这种方法，用户可以根据需求灵活安排字段在数据透视表中的位置。

当在一个区域中放置多个字段时，这些字段的排列顺序将影响数据透视表的显示结果。如图 5-55 所示，在"数据透视表字段"窗格的"行"列表框中包含"部门"和"性别"两个字段，"部门"字段在上，"性别"字段在下。在数据透视表中同时反映出字段的布局，"部门"字段位于最左侧，"性别"字段位于"部门"字段的右侧，两个字段形成了一种内外层嵌套的结构关系，此时展示的是每个部门中的男、女员工的工资汇总结果。

图 5-53 "数据透视表   图 5-54 将字段拖动到   图 5-55 对字段进行布局
字段"窗格   列表框中

提示：上面的数据透视表使用的是"表格"布局，对于数据的显示而言该布局最直观。改变数据透视表布局的方法将在 5.4.5 节进行介绍。

将"行"列表框中的两个字段的位置对调，变成"性别"字段在上，"部门"字段在下的排列方式，此时的数据透视表如图 5-56 所示，展示的是男、女员工所在的各个部门的工资汇总结果，与前面所展示的逻辑是不同的。

通过对比"行"列表框中的字段排列顺序与数据透视表行区域中的字段排列顺序之间的对应关系，可以发现，位于"行"列表框中最上方的字段，其在数据透视表的行区域中将位于最左侧；位于"行"列表框中最下方的字段，其在数据透视表的行区域中将位于最右侧。也就是说，"数据透视表字段"窗格字段节的"行"列表框中从上到下排列的每个字段，与数据透视表的行区域中从左到右排列的每个字段一一对应。

"列"列表框中的字段排列顺序对数据透视表布局的影响与此类似。

3．菜单命令法

除了前面介绍的两种方法之外，还可以使用菜单命令布局字段。该方法的效果与使用鼠标拖动的方法相同。在字段节中右击任意字段，在弹出的菜单中选择要将该字段移动到哪个区域，如图 5-57 所示。

对于已经添加到区域节中的字段而言，可以单击其中的字段，然后在弹出的菜单中选择要将该字段移动到哪个区域，如图 5-58 所示。可以使用“上移”或“下移”命令调整字段在当前区域中的位置。

	A	B	C
1			
2	性别	部门	求和项:工资
3	⊟男	财务部	28800
4		技术部	60900
5		人力部	35400
6		销售部	43100
7	男 汇总		168200
8	⊟女	财务部	33800
9		技术部	52600
10		人力部	20000
11		销售部	52100
12	女 汇总		158500
13	总计		326700

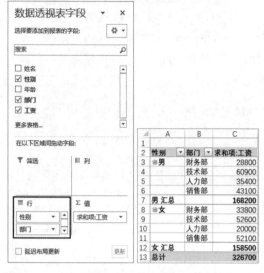

图 5-56　改变字段的布局将影响数据透视表的显示

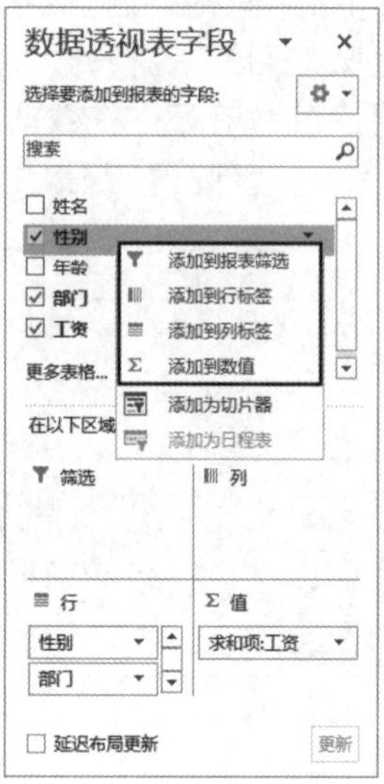

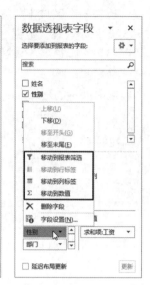

图 5-57　使用快捷菜单命令布局字段

图 5-58　使用菜单命令移动字段

5.4.4　重命名字段

创建数据透视表后，数据透视表上显示的一些字段标题的含义可能并不直观。例如，数据透视表的值区域中的字段名称默认以“求和项：”或“计数项：”开头，如图 5-59 所示。

为了让数据透视表的含义清晰直观，可以将字段标题修改为更有意义的名称。最简单的方法是在数据透视表中单击字段所在的单元格，输入新的名称，然后按 Enter 键。

另一种方法是在对话框中修改字段的名称，不同类型的字段设置方法略有不同，下面将分别进行介绍。

	A	B	C	D
1				
2	求和项:工资	列标签		
3	行标签	男	女	总计
4	财务部	28800	33800	62600
5	技术部	60900	52600	113500
6	人力部	35400	20000	55400
7	销售部	43100	52100	95200
8	总计	168200	158500	326700

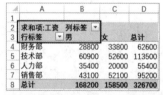

图 5-59　字段名称的含义不直观

1．修改值字段的名称

在数据透视表中右击值字段或值字段中的任意一项数据，在弹出的菜单中选择“值字段设置”命令，如图 5-60 所示。打开“值字段设置”对话框，在“值汇总方式”选项卡的“自定义名称”文本框中输入值字段的新名称，然后单击“确定”按钮，如图 5-61 所示。

注意：修改值字段的名称后，该字段在“数据透视表字段”窗格中仍然以修改前的名称显示。如果将值字段从数据透视表中删除，以后再次添加该字段时，其名称将恢复为修改前的状态。

2．修改行字段、列字段和报表筛选字段的名称

修改行字段、列字段和报表筛选字段的名称的方法类似，此处以修改行字段的名称为例。在数据透视表中右击行字段或行字段中的任意一项，在弹出的菜单中选择“字段设置”命令，如图 5-62 所示。打开“字段设置”对话框，在“分类汇总和筛选”选项卡的“自定义名称”文本框中输入行字段的新名称，然后单击“确定”按钮，如图 5-63 所示。

图 5-60　选择"值字段设置"命令

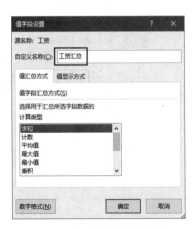

图 5-61　修改值字段的名称

图 5-62　选择"字段设置"命令

图 5-63　修改行字段的名称

　　注意：只有数据透视表的布局是"大纲"和"表格"时，"右击行字段"的方式才有效。如果数据透视表是"压缩"布局，则只有右击行字段中的任意一项才行。

　　修改行字段、列字段和报表筛选字段的名称后，这些字段在"数据透视表字段"窗格中将以修改后的名称显示。在数据透视表中添加或删除这些字段，都始终以修改后的名称显示。

5.4.5　改变数据透视表的布局

　　数据透视表的布局决定了字段和字段项在数据透视表中的显示和排列方式。Excel 为数据透视表提供了"压缩""大纲"和"表格"3 种布局，创建数据透视表时默认使用"压缩"布局。要改变数据透视表的布局，用户可以在功能区的"数据透视表工具 | 设计"选项卡中单击"报表布局"按钮，然后在弹出的菜单中选择一种布局，如图 5-64 所示。

- "压缩"布局：创建数据透视表时默认使用的布局，该布局将所有行字段堆叠显示在一列中，并根据字段的级别呈缩进排列。

图 5-64　选择数据透视表的布局

- "大纲"布局：与"压缩"布局类似，"大纲"布局也使用缩进格式排列多个行字段，但是将所有行字段横向排列在多个列中，并显示每个行字段的名称，而非堆叠在一列。外部行字段中的每一项与其下属的内部行字段中的第一项并非排列在同一行。
- "表格"布局：与"大纲"布局类似，"表格"布局也将所有行字段横向排列在多个列中，并显示每个行字段的名称，但是外部行字段中的每一项与其下属的内部行字段中的第一项排列在同一行。

5.4.6　为数据分组

虽然 Excel 能够自动对数据透视表中的数据进行分类汇总，但是仍然无法完全满足灵活多变的业务需求。使用"组合"功能，用户可以对日期、数值、文本等不同类型的数据按照所需的方式进行分组。

Excel 为数据透视表中的日期型数据提供了多种分组方式，可以按年、季度、月等方式对日期进行分组。默认情况下，将包含日期的字段添加到行区域时，Excel 会自动对该字段中的日期按"月"分组。对日期分组的操作步骤如下：

（1）右击日期字段（例如"销售日期"）中的任意一项，在弹出的菜单中选择"组合"命令，或者在功能区的"数据透视表工具 | 分析"选项卡中单击"分组字段"按钮，如图 5-65 所示。

图 5-65　启动分组命令的两种方法

提示：有的 Excel 版本中右击子快捷菜单中的分组命令为"创建组"而非"组合"。

（2）打开"组合"对话框，Excel 会自动检查日期字段中的开始日期和结束日期，并填入"起始于"和"终止于"两个文本框。在"步长"列表框中选择分组依据，例如想要按"月"分组就选择"月"，如图 5-66 所示。

（3）单击"确定"按钮，将按所选择的分组依据对日期进行分组。如图 5-67 所示为按"月"分组后的数据透视表。

注意：如果数据源中的日期跨越多个年份，在对日期按"季度"或按"月"分组后，每个季度或每个月将包含该季度或该月在所有年份中的汇总数据。例如，如果数据源中包含 2018—2020 年每个月的数据，在按"月"分组后，每个月的汇总数据实际上会包含该月在这 3 年中的所有数据，例如 6 月的汇总数据，会同时包含 2018 年 6 月、2019 年 6 月和 2020 年 6 月的数据，而不是某一年 6 月的数据。为了解决这个问题，需要在分组时同时按"月"和"年"进行分组。对季度的分组与此类似。

对数值进行分组的方法与日期类似，也需要指定起始值、终止值和步长值，不同之处在于步长值是一个由用户指定的数字。

对文本进行分组无法像日期和数值那样由 Excel 自动指定，而需要由用户手动指定。如图 5-68 所示显示了商品在各个地区的销量，为了按照更大范围的地理区域统计商品的销量，可以对这些地区按地理位置进行划分。例如，将"北京""天津""河北"和"山西"4 个地区划分为华北地区，将"黑龙江""吉林"和"辽宁"3 个地区划分为东北地区，将"上海""江苏"和"山东"划分为华东地区。

图 5-66　设置分组选项　　图 5-67　对日期按"月"分组　　图 5-68　商品在各个地区的销量

对这些地区进行分组的操作步骤如下：

（1）选择"北京""河北""天津"和"山西"中的任意一项，按住 Ctrl 键，然后逐个单击其他 3 项，即可同时选中这 4 项，如图 5-69 所示。

（2）右击选中的任意一项，在弹出的菜单中选择"组合"命令，创建第一个组，选择该组名称所在的单元格，输入"华北地区"并按 Enter 键，如图 5-70 所示。

注意：使用鼠标单击的方式选择单元格时，需要当鼠标指针变为 ⊕ 形状时单击，才能选中单元格。

（3）使用类似的方法创建其他两个组，为"黑龙江""吉林"和"辽宁"3 个地区创建名为"东北地区"的组，为"上海""江苏"和"山东"3 个地区创建名为"华东地区"的组。创建好的数据透视表如图 5-71 所示。

图 5-69 选择要分组的字段项　图 5-70 创建新组并设置组的名称　　　图 5-71 分组后的数据

（4）将 A3 单元格中的名称改为"销售区域"，然后右击该单元格，在弹出的菜单中取消"分类汇总'销售区域'"的选中状态，如图 5-72 所示。完成后的数据透视表如图 5-73 所示。

取消已分组的数据有以下两种方法：

- 右击已分组的字段中的任意一项，然后在弹出的菜单中选择"取消组合"命令，如图 5-74 所示。

图 5-72 取消"分类汇总'销售　图 5-73 完成后的数据透视表　图 5-74 选择"取消组合"命令
区域'"的选中状态

- 单击已分组的字段中的任意一项，然后在功能区的"数据透视表工具 | 分析"选项卡中单击"取消组合"按钮，如图 5-75 所示。

图 5-75 单击"取消组合"按钮

5.4.7 设置数据的汇总方式和计算方式

Excel 对数据透视表值区域中的数据提供了默认的汇总方式，对文本型数据进行求和，对数值型数据进行计数。通过为数据透视表中的数据设置"值汇总依据"，可以将默认的"求和"或"计数"改为其他汇总方式。

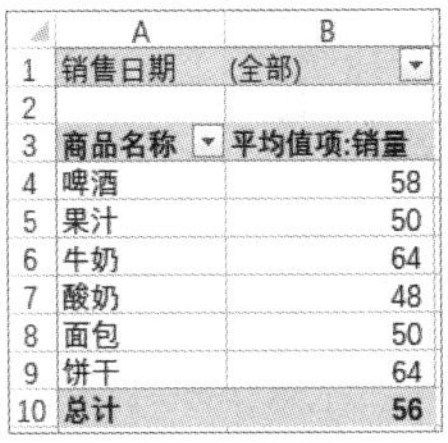

如图 5-76 所示为统计每种商品的平均销量，此处将汇总方式从默认的"求和"改为"平均值"。只需右击值字段中的任意一项，在弹出的菜单中选择"值汇总依据"命令，然后在子菜单中选择"平均值"即可，如图 5-77 所示。

在选择"值汇总依据"命令弹出的子菜单中只显示了少数汇总方式，如果想要选择更多的汇总方式，可以在该子菜单中选择"其他选项"命令，打开"值字段设置"对话框，在"值汇总方式"选项卡的"选择用于汇总所选字段数据的计算类型"列表框中选择所需的汇总方式，如图 5-78 所示。

图 5-76 将"求和"改为"平均值"

图 5-77 更改数据的汇总方式

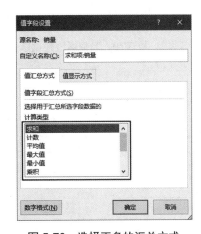

图 5-78 选择更多的汇总方式

提示：打开"值字段设置"对话框的另一种方法是，右击值字段中的任意一项，在弹出的菜单中选择"值字段设置"命令。

数据透视表值区域中数据的计算方式默认为"无计算"，此时 Excel 将根据数据的类型，对数据进行求和或计数。如果对数据有更多的计算需求，例如计算每种商品在各个地区的销售额占比，则可以为值区域中的数据设置"值显示方式"改变默认的计算方式。

在数据透视表中右击要改变计算方式的值字段中的任意一项，在弹出的菜单中选择"值显示方式"命令，然后在子菜单中选择一种计算方式，如图 5-79 所示。

设置数据计算方式的另一种方法是，右击值字段中的任意一项，在弹出的菜单中选择"值字段设置"命令，打开"值字段设置"对话框，在"值显示方式"选项卡的"值显示方式"下拉列表中选择一种计算方式，如图 5-80 所示。

图 5-79　为值区域数据选择计算方式

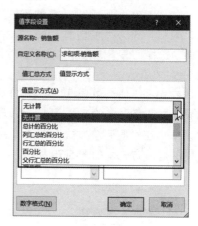

图 5-80　在"值显示方式"下拉列表中
选择计算方式

表 5-1 列出了值显示方式包含的选项及其说明。

表 5-1　值显示方式包含的选项及其说明

值显示方式选项	说　明
无计算	值字段中的数据按原始状态显示，不进行任何特殊计算
总计的百分比	值字段中的数据显示为每个数值占其所在行和所在列的总和的百分比
列汇总的百分比	值字段中的数据显示为每个数值占其所在列的总和的百分比
行汇总的百分比	值字段中的数据显示为每个数值占其所在行的总和的百分比
百分比	以选择的参照项作为 100%，其他项基于该项的百分比
父行汇总的百分比	数据透视表包含多个行字段时，以父行汇总为 100%，计算每个值的百分比
父列汇总的百分比	数据透视表包含多个列字段时，以父列汇总为 100%，计算每个值的百分比
父级汇总的百分比	某项数据占父级总和的百分比
差异	值字段与指定的基本字段和基本项之间的差值
差异百分比	值字段显示为与指定的基本字段之间的差值百分比
按某一字段汇总	基于选择的某个字段进行汇总
按某一字段汇总的百分比	值字段显示为指定的基本字段的汇总百分比
升序排列	值字段显示为按升序排列的序号
降序排列	值字段显示为按降序排列的序号
指数	计算公式：[(单元格的值)×(总体汇总之和)]/[(行汇总)×(列汇总)]

5.4.8　创建计算字段

计算字段是对数据透视表中现有字段进行自定义计算后产生的新字段。计算字段显示在"数据透视表字段"窗格中，但是不会出现在数据源中，因此对数据源没有任何影响。数据透视表中原有字段的大多数操作都适用于计算字段，但是只能将计算字段添加到值区域。

如图 5-81 所示为每种商品的销量和销售额，现在想要根据销量和销售额计算每种商品的单价，操作步骤如下：

（1）单击数据透视表中的任意一个单元格，在功能区的"数据透视表工具 | 分析"选项卡中单击"字段、项目和集"按钮，然后在弹出的菜单中选择"计算字段"命令，如图 5-82 所示。

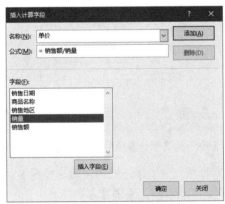

图 5-81　汇总销量和销售额

图 5-82　选择"计算字段"命令

（2）打开"插入计算字段"对话框，进行以下几项设置，如图 5-83 所示。

● 在"名称"文本框中输入计算字段的名称，例如"单价"。

● 删除"公式"文本框中的 0。

● 单击"公式"文本框内部，然后双击"字段"列表框中的"销售额"，将其添加到"公式"文本框中等号的右侧。然后输入 Excel 中的除号"/"，再双击"字段"列表框中的"销量"，将其添加到除号的右侧。

（3）单击"添加"按钮，将创建的计算字段添加到"字段"列表框，如图 5-84 所示。

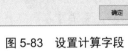

图 5-83　设置计算字段　　　图 5-84　将创建的计算字段添加到"字段"列表框

注意：不能在计算字段的公式中使用单元格引用和定义的名称。

（4）单击"确定"按钮，将在数据透视表中添加"单价"字段，并显示在"数据透视表列表"窗格中，该字段用于计算每种商品的单价，如图 5-85 所示。

可以随时修改或删除现有的计算字段。首先打开"插入计算字段"对话框，在"名称"下拉列表中选择要修改或删除的计算字段，如图 5-86 所示。此时"添加"按钮变为"修改"按钮，对计算字段的名称和公式进行所需的修改，然后单击"修改"按钮。单击"删除"按钮将删除所选字段。

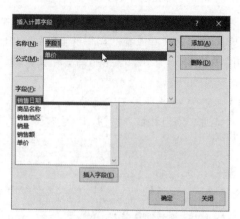

图 5-85　创建计算字段　　　　　　　图 5-86　选择要修改或删除的计算字段

5.4.9　创建计算项

计算项是对数据透视表中的字段项进行自定义计算后产生的新字段项。数据透视表中原有字段项的大多数操作都适用于计算项。计算项不会出现在"数据透视表字段"窗格和数据源中。

如图 5-87 所示为所有商品在各个地区的销量，现在想要对比并计算北京和上海两个地区的销量差异，操作步骤如下：

（1）单击"销售地区"字段中的任意一项，在功能区的"数据透视表工具 | 分析"选项卡中单击"字段、项目和集"按钮，然后在弹出的菜单中选择"计算项"命令，如图 5-88 所示。

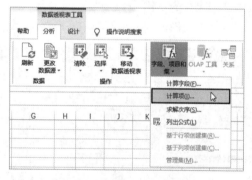

图 5-87　汇总各个地区的销量　　　　　图 5-88　选择"计算项"命令

（2）打开"在'销售地区'中插入计算字段"对话框，进行以下几项设置，如图 5-89 所示。

● 在"名称"文本框中输入计算项的名称，例如"北京—上海销量差异"。

● 删除"公式"文本框中的 0。

● 单击"公式"文本框内部，在"字段"列表框中选择"销售地区"，然后在右侧的"项"列表框中双击"北京"，将其添加到"公式"文本框等号的右侧。输入一个减号，然后使用相同的方法将"销售地区"中的"上海"添加到减号的右侧。

（3）单击"添加"按钮，将创建的计算项添加到"项"列表框，如图 5-90 所示。

提示：对话框的名称实际上应该是"在……中插入计算项"，这是 Excel 简体中文版中的一个问题。

图 5-89　设置计算项

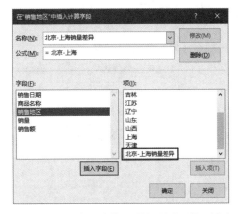

图 5-90　将创建的计算项添加到"项"列表框

（4）单击"确定"按钮，关闭"在'销售地区'中插入计算字段"对话框。在数据透视表中添加"北京—上海销量差异单价"计算项，并自动计算出北京和上海的销量差异，如图 5-91 所示。

与修改和删除计算字段的方法类似，用户也可以随时修改和删除现有的计算项。打开"在……中插入计算字段"对话框，省略号表示具体的字段名称。在"名称"下拉列表中选择要修改或删除的计算项，如图 5-92 所示，修改完成后单击"修改"按钮。单击"删除"按钮将删除所选计算项。

图 5-91　创建计算两个地区销量差异的计算项　　图 5-92　选择要修改或删除的计算项

注意：打开"在……中插入计算字段"对话框之前，需要确保选择的是所要修改或删除的计算项所在的字段中的任意一项。如果选择的位置有误，那么在打开的对话框的"名称"下拉列表中不会显示所需的计算项。

5.4.10　刷新数据透视表

如果修改了数据源中的数据，为了与数据源中的数据保持同步，可以对数据透视表执行刷新操作，以反映数据源中数据的最新修改结果。刷新数据透视表有以下方法：

- 右击数据透视表中的任意一个单元格，在弹出的菜单中选择"刷新"命令，如图 5-93 所示。
- 单击数据透视表中的任意一个单元格，然后在功能区的"数据透视表工具 | 分析"选项卡中单击"刷新"按钮，如图 5-94 所示。如果要刷新工作簿中的多个数据透视表，可以单击"刷新"按钮上的下拉按钮，然后在弹出的菜单中选择"全部刷新"命令。

● 单击数据透视表中的任意一个单元格，然后按 Alt+F5 快捷键。

图 5-93　选择"刷新"命令

图 5-94　单击"刷新"按钮

5.5　模拟分析

　　模拟分析又称为假设分析，是管理经济学中一种重要的分析方式，它基于现有的计算模型，对影响最终结果的多种因素进行预测和分析，以便得到最接近目标的方案。本节将介绍基于一个变量和两个变量进行模拟分析的方法，还将介绍通过方案在多组条件下进行模拟分析的方法。

5.5.1　基于一个变量的模拟分析

　　如图 5-95 所示为 5% 年利率的 30 万元贷款分 10 年还清时的每月还款额。B4 单元格包含用于计算每月还款额的公式。由于贷款属于现金流入，因此 B3 单元格中的值为正数。

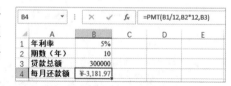

图 5-95　输入基础数据

　　如果要计算贷款期限在 10 ～ 15 年的每月还款额各是多少，则可以使用"模拟运算表"功能进行自动计算，操作步骤如下：

　　（1）在 D1:E8 单元格区域中输入如图 5-96 所示的基础数据，E2 单元格包含下面的公式，D1 单元格为空。

=B4

　　（2）选择 D2:E8 单元格区域，然后在功能区的"数据"选项卡中单击"模拟分析"按钮，在弹出的菜单中选择"模拟运算表"命令，如图 5-97 所示。

图 5-96　输入基础数据

图 5-97　选择"模拟运算表"命令

（3）打开"模拟运算表"对话框，由于可变的值（期数）位于 D 列，因此单击"输入引用列的单元格"文本框内部，然后在工作表中单击期数所在的单元格，此处为 B2，如图 5-98 所示。

（4）单击"确定"按钮，将自动创建用于计算不同还款期限下的每月还款额的公式，如图 5-99 所示。

图 5-98　选择引用的单元格

图 5-99　使用单变量模拟运算表计算每月还款额

5.5.2　基于两个变量的模拟分析

在实际应用中，可变因素通常不止一个。例如，要计算不同利率（3% ～ 7%）和贷款期限（10 ～ 15 年）下的每月还款额，此时需要基于两个变量来进行模拟分析。仍以 5.5.1 节中的数据为例，首先在一个单元格区域中输入基础数据，如图 5-100 所示，E1:I1 单元格区域中包含不同的利率，D2:D7 单元格区域中包含不同的贷款期限（即期数），D1 单元格包含下面的公式：

```
=B4
```

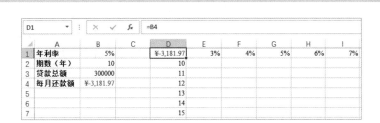

图 5-100　输入基础数据

接下来需要在模拟运算表中指定两个变量，从而计算出在不同利率和贷款期限下的每月还款额，操作步骤如下：

（1）选择各个利率和贷款期限所在的整个区域，此处为 D1:I7。然后在功能区的"数据"选项卡中单击"模拟分析"按钮，在弹出的菜单中选择"模拟运算表"命令。

（2）打开"模拟运算表"对话框，由于要计算的各个利率位于 D1:I7 区域的第一行，因此将"输入引用行的单元格"设置为 B1。由于要计算的各个贷款期限位于 D1:I7 区域的第一列，因此将"输入引用列的单元格"设置为 B2，如图 5-101 所示。

（3）单击"确定"按钮，将自动计算出不同利率和贷款期限下的每月还款额，如图 5-102 所示。

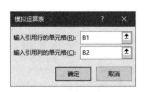

D	E	F	G	H	I
¥-3,181.97	3%	4%	5%	6%	7%
10	¥-2,896.82	¥-3,037.35	¥-3,181.97	¥-3,330.62	¥-3,483.25
11	¥-2,671.13	¥-2,813.00	¥-2,959.35	¥-3,110.11	¥-3,265.23
12	¥-2,483.36	¥-2,626.59	¥-2,774.67	¥-2,927.55	¥-3,085.14
13	¥-2,324.76	¥-2,469.35	¥-2,619.18	¥-2,774.17	¥-2,934.22
14	¥-2,189.09	¥-2,335.04	¥-2,486.61	¥-2,643.71	¥-2,806.20
15	¥-2,071.74	¥-2,219.06	¥-2,372.38	¥-2,531.57	¥-2,696.48

图 5-101　选择引用的单元格

图 5-102　使用双变量模拟运算表计算每月还款额

5.5.3 在多组条件下进行模拟分析

使用模拟运算表对数据进行模拟分析虽然简单方便，但是存在一些不足之处：

- 最多只能控制两个变量。
- 如果要对比分析由多组变量返回的不同结果，使用模拟运算表则不太方便。

使用"方案"功能可以为要分析的数据创建多组条件，每一组条件就是一个方案，其中可以包含多个变量。为多个方案设置不同的名称，通过方案的名称可以快速在不同的变量值之间切换并显示计算结果。

仍以前面介绍的每月还款额为例，假设现在有以下 3 种贷款方案，贷款总额都是 30 万元，但是每种方案的贷款期限和年利率不同，方案的名称以贷款年数和年利率命名。

- 10 年 5%：贷款总额 300000 元，贷款期限 10 年，年利率 5%。
- 20 年 7%：贷款总额 300000 元，贷款期限 20 年，年利率 7%。
- 30 年 9%：贷款总额 300000 元，贷款期限 30 年，年利率 9%。

在 Excel 中为以上 3 种贷款方案创建 3 个方案，分别计算每个方案下的每月还款额，操作步骤如下：

（1）在 A1:B4 单元格区域中输入相关数据和公式。方案中涉及的 3 个数据位于 B1、B2 和 B3 三个单元格中，先以其中一种方案的数据为准进行输入，并在 B4 单元格中输入用于计算每月还款额的公式，如图 5-103 所示。

（2）在功能区的"数据"选项卡中单击"模拟分析"按钮，然后在弹出的快捷菜单中选择"方案管理器"命令，如图 5-104 所示。

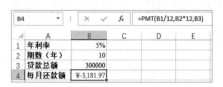

图 5-103　输入原始数据和公式

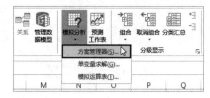

图 5-104　选择"方案管理器"命令

（3）打开"方案管理器"对话框，单击"添加"按钮，如图 5-105 所示。

（4）在打开的对话框的"方案名"文本框中输入第一个方案的名称"10 年 5%"，然后将"可变单元格"设置为 B1:B3，这 3 个单元格对应于年利率、期数和贷款总额，它们是在不同方案下需要改变的值，如图 5-106 所示。设置完成后单击"确定"按钮。

图 5-105　单击"添加"按钮

图 5-106　设置第一个方案

（5）打开"方案变量值"对话框，输入方案中各个变量的值，然后单击"添加"按钮，如图 5-107 所示。

提示： 如果使用"可变单元格"右侧的按钮 🔼 在工作表中选择单元格，则对话框的名称会变为"编辑方案"。

（6）创建第一个方案，并重新打开"添加方案"对话框，重复第（4）步和第（5）步操作，继续创建其他两个方案。如图 5-108 所示为其他两个方案在"方案变量值"对话框中的设置。

图 5-107　输入方案中各个变量的值　　　　图 5-108　其他两个方案的变量值的设置情况

（7）在"方案变量值"对话框中设置好最后一个方案后，单击"确定"按钮，返回"方案管理器"对话框，将显示创建好的 3 个方案，如图 5-109 所示。

选择想要查看的方案，单击"显示"按钮，将所选方案中各个变量的值代入到公式中进行计算，在数据区域中将使用新结果替换原来的结果。如图 5-110 所示为使用名为"30 年 9%"的方案计算出的每月还款额。

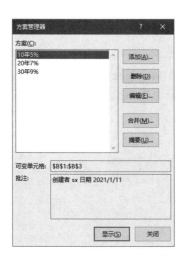

图 5-109　创建完成的 3 个方案　　　　　图 5-110　显示方案的计算结果

5.6　单变量求解

如果要对数据进行与模拟分析相反方向的分析，则可以使用"单变量求解"功能。对以下非线性方程的根进行求解的操作步骤如下：

$$5x^3 - 3x^2 + 6x = 68$$

（1）假设在 B1 单元格中存储方程的解，则可以将上面的公式以 Excel 可以识别的形式输入到另一个单元格中，例如 A1。由于当前 B1 单元格中没有内容，因此以 0 进行计算，公式的计算结果为 0，如图 5-111 所示。

```
=5*B1^3-3*B1^2+6*B1
```

（2）在功能区的"数据"选项卡中单击"模拟分析"按钮，然后在弹出的菜单中选择"单变量求解"命令，打开"单变量求解"对话框，进行以下设置，如图 5-112 所示。

- 将"目标单元格"设置为公式所在的单元格，此处为 A1。
- 将"目标值"设置为希望的计算结果，此处为 68。
- 将"可变单元格"设置为存储方程的根的单元格，此处为 B1。

（3）设置完成后单击"确定"按钮，将在"单变量求解状态"对话框中显示方程的解，并在 B1 单元格中显示求得的方程的根，如图 5-113 所示。单击"确定"按钮，保存计算结果。

图 5-111　输入公式　　　　图 5-112　设置单变量求解　　　图 5-113　计算出方程的根

5.7　规划求解

单变量求解只能针对一个可变单元格进行求解，并且只能返回一个解，而实际应用中的数据分析情况要复杂得多，此时可以使用"规划求解"功能。规划求解是一个可以为可变单元格设置约束条件，通过不断调整可变单元格的值，最终在目标单元格中找到想要的结果。规划求解有以下特点：

- 可以指定多个可变单元格。
- 可以对可变单元格的值设置约束条件。
- 可以求得解的最大值或最小值。
- 可以针对一个问题求出多个解。

5.7.1　加载规划求解

在使用规划求解前，需要先在 Excel 中启用该功能，操作步骤如下：

（1）将"开发工具"选项卡添加到功能区中，然后在功能区的"开发工具"选项卡中单击"Excel 加载项"按钮，如图 5-114 所示。

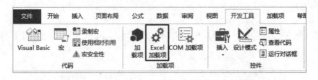

图 5-114　单击"Excel 加载项"按钮

提示：如果功能区中没有显示"开发工具"选项卡，则可以单击"文件"按钮并选择"选项"命令，打开"Excel 选项"对话框，在"自定义功能区"选项卡的右侧列表框中选中"开发工具"复选框，然后单击"确定"按钮。

（2）打开"加载项"对话框，选中"规划求解加载项"复选框，然后单击"确定"按钮，如图 5-115 所示。Excel 将在功能区的"数据"选项卡中添加"规划求解"按钮，如图 5-116 所示。

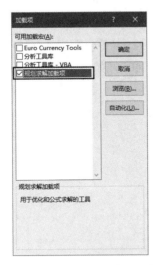

图 5-115　选中"规划求解加载项"复选框

图 5-116　在功能区中显示"规划求解"按钮

5.7.2　使用规划求解分析数据

规划求解主要是在经营决策和生产管理中用于实现资源的合理安排，并使利益最大化。本小节以产品的生产收益最大化为例，来介绍规划求解的使用方法。

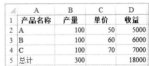

图 5-117　原始数据

如图 5-117 所示，A 列为每种产品的名称，B 列为每种产品的产量，C 列为每种产品的单价，D 列为每种产品的收益，收益 = 产量 × 单价。"总计"用于统计 3 种产品的总产量和总收益。各个单元格中的公式如下：

```
D2单元格：=B2*C2
D3单元格：=B3*C3
D4单元格：=B4*C4
B5单元格：=SUM(B2:B4)
D5单元格：=SUM(D2:D4)
```

由于 C 产品的单价最高，因此在产量相同的情况下，C 产品的收益是最多的。如果希望收益最大化，最理想的情况是只生产 C 产品。但是在实际情况下，通常会对不同的产品制定一些限制和规定，本例对产品的生产有以下 4 个约束条件：

● 3 种产品每天的总产量是 300 单位。
● 为了满足每天的订单需求量，A 产品每天的产量至少要达到 80 单位。
● 为了满足预计的订单需求量，B 产品每天的产量至少要达到 60 单位。
● 由于市场对 C 产品的需求量有限，因此 C 产品每天的产量不能超过 50 单位。

现在要在满足以上约束条件的情况下，让总收益达到最大化，使用"规划求解"功能解决该问题的操作步骤如下：

（1）在功能区的"数据"选项卡中单击"规划求解"按钮，打开"规划求解参数"对话框，进行以下设置，如图 5-118 所示。

- 将"设置目标"设置为 D5，并选中"最大值"单选按钮，这是因为本例的目的是让收益最大化，而 3 种产品的总收益位于 D5 单元格中。
- 将"通过更改可变单元格"设置为 B2:B4 单元格区域，这 3 个单元格包含 3 种产品的产量，本例要求解的就是如何分配这 3 个产品的产量，以使收益最大化。

（2）添加约束条件。单击"添加"按钮，打开"添加约束"对话框。第一个约束条件是 3 种产品的总产量为 300，因此将"单元格引用"设置为包含总产量的单元格 B5，然后从中间的下拉列表中选择"="，在右侧的"约束"文本框中输入"300"，如图 5-119 所示。

图 5-118　设置目标单元格和可变单元格

图 5-119　添加第一个约束条件

（3）设置好第一个约束条件后，单击"添加"按钮，使用类似于第（2）步的方法添加其他 3 个约束条件，表 5-2 列出了这些约束条件的设置参数，表 5-2 中的各列依次对应于"添加约束"对话框中的 3 个选项。每个约束条件的设置如图 5-120 所示。

表 5-2　其他 3 个约束条件的设置参数

单元格引用	运　算　符	约　　束
B2	>=	80
B3	>=	60
B4	<=	50

图 5-120　设置其他 3 个约束条件

（4）设置好最后一个约束条件后，单击"确定"按钮，返回"规划求解参数"对话框，在"遵守约束"列表框中显示了设置好的所有约束条件，如图 5-121 所示。

（5）单击"求解"按钮，Excel 将根据目标和约束条件对数据进行求解。找到一个解时将显示如图 5-122 所示的对话框，选中"保留规划求解的解"单选按钮，然后单击"确定"按钮，将使用找到的解替换数据区域中的相关数据，如图 5-123 所示。

图 5-121　设置完成的所有约束条件

图 5-122　选中"保留规划求解的解"单选按钮

如果以后改变了约束条件，则可以打开"规划求解参数"对话框，在"遵守约束"列表框中选择要修改的约束条件，然后单击"更改"按钮对其进行修改，如图 5-124 所示。

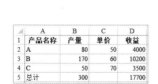

图 5-123　规划求解结果　　　　　图 5-124　单击"更改"按钮以修改选中的约束条件

5.8　分析工具库

分析工具库为用户提供了用于统计分析、工程计算等方面的工具，这些工具本质上使用的是 Excel 内置的统计和工程函数，但是为用户提供了图形化的参数设置界面，大大简化了这些函数的使用难度。分析工具库中的工具会将最终分析结果显示在输出表中，一些工具还会创建图表。

5.8.1 加载分析工具库

与规划求解类似，在使用分析工具库中的工具之前，需要先启动该功能。在功能区的"开发工具"选项卡中单击"Excel 加载项"按钮，打开"加载项"对话框，选中"分析工具库"复选框，然后单击"确定"按钮，如图 5-125 所示，即可启用"分析工具库"功能，并在"数据"选项卡中显示"数据分析"按钮，如图 5-126 所示。

图 5-125　选中"分析工具库"复选框　　　　图 5-126　在功能区中显示"数据分析"按钮

5.8.2 分析工具库中包含的分析工具

分析工具库中包含大量的分析工具，使用这些工具需要用户具备相应的统计学知识。表 5-3列出了分析工具库中包含的分析工具及其说明。

表 5-3　分析工具库中包含的分析工具及其说明

工 具 名 称	说　　　明
方差分析	分析两组或两组以上的样本均值是否有显著性差异，包括 3 个工具：单因素方差分析、无重复双因素方差分析和可重复双因素方差分析
相关系数	分析两组数据之间的相关性，以确定两个测量值变量是否趋向于同时变动
协方差	与相关系数类似，也用于分析两个变量之间的关联变化程度
描述统计	分析数据的趋中性和易变性
指数平滑	根据前期预测值导出新的预测值，并修正前期预测值的误差。以平滑常数 a 的大小决定本次预测对前期预测误差的修正程度
F- 检验 双样本方差	比较两个样本总体的方差
傅里叶分析	解决线性系统问题，并可以通过快速傅里叶变换分析周期性数据
直方图	计算数据的单个和累积频率，用于统计某个数值在数据集中出现的次数
移动平均	基于特定的过去某段时期中变量的平均值预测未来值
随机数发生器	以指定的分布类型生成一系列独立随机数字，通过概率分布表示样本总体中的主体特征
排位与百分比排位	"排位与百分比排位"分析工具可以产生一个数据表，在其中包含数据集中各个数值的顺序排位和百分比排位。该工具用来分析数据集中各数值间的相对位置关系
回归	通过对一组观测值使用"最小二乘法"直线拟合来进行线性回归分析，用于分析单个因变量是如何受一个或多个自变量影响的

续表

工 具 名 称	说　　明
抽样	以数据源区域为样本总体创建一个样本，当总体太大以至于不能进行处理或绘制时，可以选用具有代表性的样本。如果确定数据源区域中的数据是周期性的，可以仅对一个周期中特定时间段的数值进行采样
t- 检验	基于每个样本检验样本总体平均值的等同性，包括 3 个工具：双样本等方差假设 *t*- 检验、双样本异方差假设 *t*- 检验、平均值的成对二样本分析 *t*- 检验
z- 检验	以指定的显著水平检验两个样本均值是否相等

5.8.3　使用分析工具库分析数据

本节以分析工具库中的“相关系数”工具为例，介绍分析工具库的使用方法。如图 5-127 所示为某个微信公众号的阅读量及相应的广告收入，使用“相关系数”工具分析阅读量和广告收入相关性的操作步骤如下：

（1）在功能区的“数据”选项卡中单击“数据分析”按钮，打开“数据分析”对话框，在“分析工具”列表框中选择“相关系数”，然后单击“确定”按钮，如图 5-128 所示。

（2）打开“相关系数”对话框，进行以下设置，如图 5-129 所示。

	A	B	C
1	日期	阅读量	广告收入
2	12月1日	31783	6408
3	12月2日	45001	7516
4	12月3日	34995	7211
5	12月4日	21275	6286
6	12月5日	27699	7940
7	12月6日	27501	6779
8	12月7日	18773	7302
9	12月8日	25738	6190
10	12月9日	21569	7938
11	12月10日	10505	5416

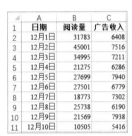

图 5-127　基础数据

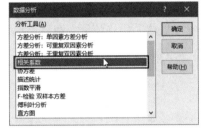

图 5-128　选择“相关系数”

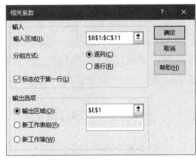

图 5-129　设置相关系数的选项

- 将“输入区域”设置为阅读量和广告收入所在的单元格区域，本例为 B1:C11。
- 将“分组方式”设置为“逐列”。
- 选中“标志位于第一行”复选框。
- 在“输出选项”中选中“输出区域”单选按钮，然后将其右侧的文本框设置为 E1，以指定放置分析结果的左上角位置。

（3）单击“确定”按钮，将在工作表中的指定位置显示分析结果，如图 5-130 所示。从结果可以看出，由于阅读量与广告收入的相关系数约为 0.45，趋向于 0.5，因此阅读量和广告收入的相关性较高，说明广告收入受阅读量的影响较大。

	A	B	C	D	E	F	G
1	日期	阅读量	广告收入			阅读量	广告收入
2	12月1日	31783	6408		阅读量	1	
3	12月2日	45001	7516		广告收入	0.450699	1
4	12月3日	34995	7211				
5	12月4日	21275	6286				
6	12月5日	27699	7940				
7	12月6日	27501	6779				
8	12月7日	18773	7302				
9	12月8日	25738	6190				
10	12月9日	21569	7938				
11	12月10日	10505	5416				

图 5-130　相关系数的分析结果

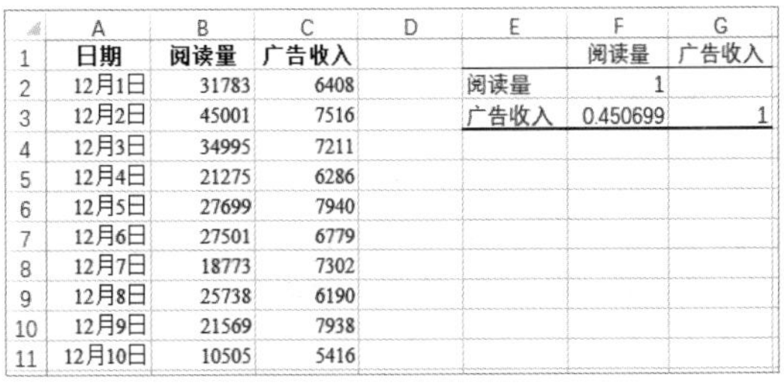

提示：相关系数是比例值，其值与用于表示两个测量变量的单位无关。

第6章
使用图表展示数据

在完成数据的创建、整理和分析这3个阶段后,接下来就到了展示数据的时候了。展示数据是指将数据的分析结果以让人易于理解的方式呈现出来,而图表正是展示数据的利器。Excel提供了大量的图表类型,可以用于展示不同结构的数据。用户还可以在单元格中创建迷你图,以简单的图形方式快速对比数据或查看数据的变化趋势。本章将介绍图表的基本概念、创建和编辑图表,以及创建迷你图的方法。

6.1 创建和编辑图表

图表是将数据以特定尺寸的图形元素绘制出来的一种数据呈现方式,可以直观反映数据的含义。例如,通过将两个商品的销量数据绘制到图表上,通过对比形状的高矮,可以很容易看出商品销量的差异和变化趋势,但是面对单元格区域中的数字,则很难快速了解这些信息。本节将介绍创建和编辑图表的常用方法,在此之前先介绍 Excel 中的图表类型和图表的组成,它们是学习图表的其他知识和操作的基础。

6.1.1 Excel 中的图表类型

Excel 提供了不到 20 种图表类型,每种图表类型还包含一个或多个子类型,不同类型的图表适用于不同布局结构的数据,并提供了不同的数据展示方式。表 6-1 列出了 Excel 中的图表类型及其说明。

表 6-1　Excel 中的图表类型及其说明

图表类型	图　　示	说　　明
柱形图		显示数据之间的差异或一段时间内的数据变化情况
条形图		显示数据之间的对比,适用于连续时间的数据或横轴文本过长的情况
折线图		显示随时间变化的连续数据

续表

图 表 类 型	图　示	说　　明
XY 散点图		显示若干数据系列中各数值之间的关系，或将两组数绘制为 XY 坐标的一个系列
气泡图		显示 3 类数据之间的关系，使用 X 轴和 Y 轴的数据绘制气泡的位置，然后使用第 3 列数据表示气泡的大小
饼图		显示一个数据系列中各个项的大小与各项占总和的百分比
圆环图		与饼图类似，但是可以包含多个数据系列
面积图		显示部分与整体之间的关系或值的总和，主要用于强调数量随时间变化的程度
曲面图		找到两组数据之间的最佳组合，颜色和图案表示同数值范围区域
股价图		显示股价的波动，数据区域的选择要与所选择的股价图的子类型匹配
雷达图		显示数据系列相对于中心点以及各数据分类间的变化，每个分类有各自的坐标轴
树状图		比较层级结构不同级别的值，以矩形显示层次结构级别中的比例
旭日图		比较层级结构不同级别的值，以环形显示层次结构级别中的比例
直方图		由一系列高度不同的纵向条纹或线段表示数据分布的情况
箱形图		显示一组数据的分散情况资料，适用于以某种方式关联在一起的数据
瀑布图		显示数据的多少以及数据之间的差异，适用于包含正、负值的数据

6.1.2　图表的组成

一个图表由多个部分组成，将这些部分称为图表元素，不同的图表可以包含不同的图表元素。如图 6-1 所示的图表包含以下图表元素：

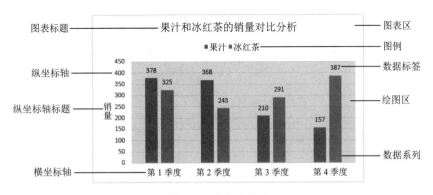

图 6-1　图表的组成

- 图表区：图表区与整个图表等大，其他图表元素都位于图表区中。选择图表区相当于选中了整个图表，选中的图表四周会显示边框及其上的 8 个控制点，使用鼠标拖动控制点可以调整图表的大小。

- 图表标题：图表顶部的文字，用于描述图表的含义。
- 图例：图表标题下方带有颜色块的文字，用于标识不同的数据系列。
- 绘图区：图 6-1 中的浅灰色部分，作为数据系列的背景，数据系列、数据标签、网格线等图表元素位于绘图区中。
- 数据系列：位于绘图区中的矩形，同一种颜色的所有矩形构成一个数据系列，每个数据系列对应于数据源中的一行数据或一列数据，数据系列中的每个矩形代表一个数据点，它对应于数据源中特定单元格的值。不同类型的图表数据系列具有不同的形状。数据源就是用于创建图表的数据。
- 数据标签：数据系列顶部的数字，用于标识数据点的值。
- 坐标轴及其标题：坐标轴包括主要横坐标轴、主要纵坐标轴、次要横坐标轴、次要纵坐标轴 4 种，图 6-1 只显示了主要横坐标轴和主要纵坐标轴。横坐标轴位于绘图区的下方，图 6-1 中的横坐标轴表示季度。主要纵坐标轴位于绘图区的左侧，图 6-1 中的纵坐标轴表示销量。坐标轴标题用于描述坐标轴的含义，图 6-1 中的"销量"是纵坐标轴的标题。

6.1.3 嵌入式图表和图表工作表

根据图表在工作表中的位置，可以将图表分为嵌入式图表和图表工作表两类。位于工作表中的图表是嵌入式图表，嵌入式图表通常与其数据源位于同一个工作表中，但是它们也可以位于不同的工作表中，如图 6-2 所示。用户可以在一个工作表中放置多个嵌入式图表、移动嵌入式图表、调整嵌入式图表的大小、排列和对齐多个嵌入式图表。

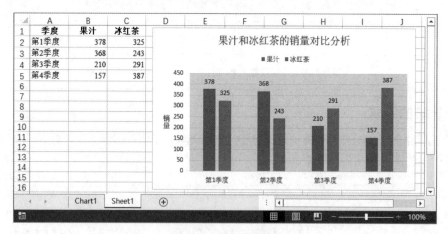

图 6-2　嵌入式图表

与嵌入式图表不同，图表工作表本身是一个独立的工作表，拥有自己的工作表标签，如图 6-3 所示。在图表工作表中没有单元格区域，图表占满整个工作表。用户无法调整图表工作表的大小，它只能随 Excel 窗口的大小而改变。

可以将一个图表在嵌入式图表和图表工作表之间转换，操作步骤如下：

（1）右击嵌入式图表或图表工作表的图表区，在弹出的菜单中选择"移动图表"命令，如图 6-4 所示。

（2）打开"移动图表"对话框，进行以下设置，然后单击"确定"按钮，如图 6-5 所示。

- 如果要将嵌入式图表转换为图表工作表，则需要选中"新工作表"单选按钮，然后在右侧的文本框中设置图表工作表的标签名称。

- 如果要将图表工作表转换为嵌入式图表，则需要选中"对象位于"单选按钮，然后在右侧的下拉列表中选择要将图表放置到哪个工作表中。

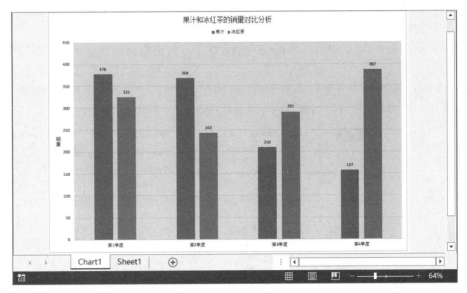

图 6-3　图表工作表

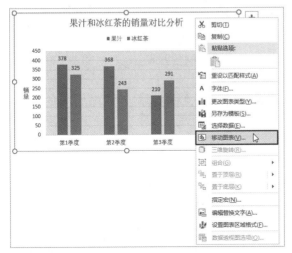

图 6-4　选择"移动图表"命令

图 6-5　选择放置图表的位置

6.1.4　创建图表

在 Excel 中创建图表的过程非常简单，只要确保区域中的数据是连续的，Excel 就会将完整的数据绘制到图表上，否则创建的图表可能会出现数据丢失的问题。创建图表时选择的图表类型决定了数据在图表上的显示方式。此外，Excel 将根据数据区域包含的行、列数，决定在创建图表时数据区域中的行和列，与图表上的数据系列和横坐标轴之间的对应关系，规则如下：

- 如果数据区域包含的行数大于列数，则将数据区域的第一列设置为图表的横坐标轴，将其他列设置为图表的数据系列。

- 如果数据区域包含的列数大于行数，则将数据区域的第一行设置为图表的横坐标轴，将其他行设置为图表的数据系列。

根据这个规则，用户可以在创建图表前，预先规划好数据在行、列方向上的布局方式。实际上，在创建图表后，用户也可以使用特定的命令交换行、列数据在图表上的位置，因此在创建图表前规划行、列数据的布局并非是必须的，但是了解上面的规则总是好的。

如图 6-6 所示为 6.1.2 节中的图表所使用的数据源，为该数据创建簇状柱形图的操作步骤如下：

（1）单击数据区域中的任意一个单元格，然后在功能区的"插入"选项卡中单击"插入柱形图或条形图"按钮，在打开的列表中选择"簇状柱形图"，如图 6-7 所示。

	A	B	C
1	季度	果汁	冰红茶
2	第1季度	378	325
3	第2季度	368	243
4	第3季度	210	291
5	第4季度	157	387

图 6-6　要创建图表的数据　　　　　　　　图 6-7　选择"簇状柱形图"

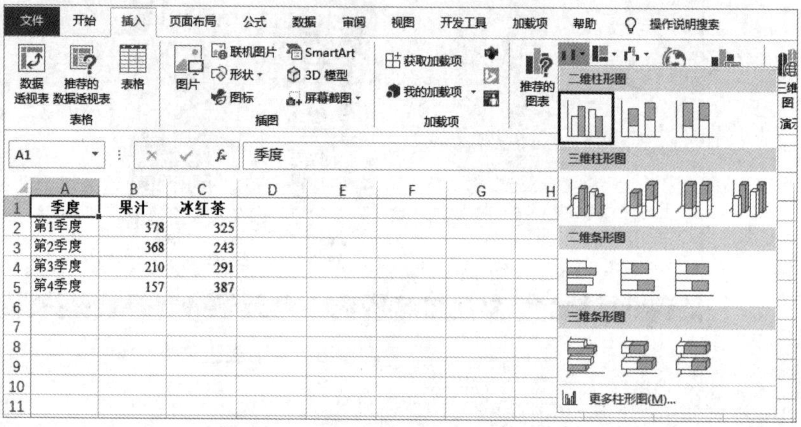

（2）在当前工作表中插入一个簇状柱形图，并将数据绘制到图表上。右击图表顶部的标题，在弹出的菜单中选择"编辑文字"命令，如图 6-8 所示。

（3）进入编辑状态，使用 Delete 键或 Backspace 键删除原有标题，然后输入新的标题，此处为"果汁和冰红茶的销量对比分析"，如图 6-9 所示。

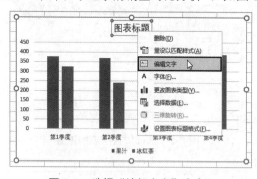

图 6-8　选择"编辑文字"命令

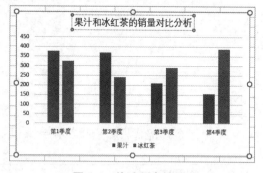

图 6-9　修改图表标题

（4）单击图表标题以外的位置，完成对标题的修改。

在 Excel 中创建的图表默认为嵌入式图表，如果想要创建图表工作表，则可以单击数据区域中的任意一个单元格，然后按 F11 键。

如果无法确定为数据选择哪种类型的图表，则可以使用 Excel 中的"快速分析"功能。选择要创建图表的数据区域，选区的右下角将自动显示"快速分析"按钮。单击该按钮，在打开的面板中切换到"图表"选项卡，然后选择一种推荐的图表类型，如图 6-10 所示。

提示：如果在选择数据区域后没有在区域右下角显示"快速分析"按钮，则需要打开"Excel 选项"对话框，在"常规"选项卡中选中"选择时显示快速分析选项"复选框，如图 6-11 所示。

图 6-10　使用"快速分析"功能创建图表　　图 6-11　选中"选择时显示快速分析选项"复选框

6.1.5　移动和复制图表

由于嵌入式图表位于工作表中，因此移动和复制嵌入式图表的方法，与在工作表中移动和复制图片、图形等对象的方法类似。右击要移动或复制的嵌入式图表的图表区，在弹出的菜单中选择"剪切"或"复制"命令，如图 6-12 所示。然后在当前工作表或其他工作表中右击某个单元格，在弹出的菜单的"粘贴选项"中选择一种粘贴方式，将图表粘贴到以该单元格为左上角位置的区域中。

也可以使用快捷键代替右击快捷菜单中的剪切、复制和粘贴命令。按 Ctrl+C 快捷键相当于执行"复制"命令，按 Ctrl+X 快捷键相当于执行"剪切"命令，按 Ctrl+V 快捷键相当于执行"粘贴选项"中的"使用目标主题"粘贴方式。

还可以使用鼠标拖动图表区来移动图表，移动过程中如果按住 Ctrl 键，则将复制图表。复制图表时，在到达目标位置后，先释放鼠标左键，再释放 Ctrl 键。

移动和复制图表工作表的方法与移动和复制普通工作表相同，只需右击图表工作表的标签，在弹出的菜单中选择"移动或复制"命令，然后在打开的对话框中设置移动或复制的选项，如图 6-13 所示。

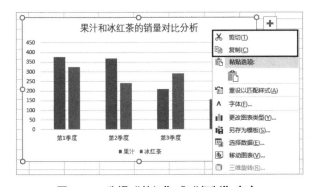

图 6-12　选择"剪切"或"复制"命令

图 6-13　选择"移动或复制"命令

6.1.6 更改图表类型

用户可以随时更改已创建的图表的图表类型。右击图表的图表区,在弹出的菜单中选择"更改图表类型"命令,打开"更改图表类型"对话框,如图 6-14 所示。在"所有图表"选项卡的左侧列表中选择一种图表类型,然后在右侧选择一种图表子类型,最后单击"确定"按钮。

如果要在一个图表中使用不同的图表类型来分别展示不同的数据系列,则可以在"更改图表类型"对话框的"所有图表"选项卡中选择"组合图",然后在右侧为不同的数据系列设置不同的图表类型。如图 6-15 所示为同时包含柱形图和折线图的图表,将"果汁"数据系列的图表类型设置为"簇状柱形图",将"冰红茶"数据系列的图表类型设置为"折线图"。

图 6-14　更改图表类型

图 6-15　创建组合图表

提示: 如果各个数据系列的数值单位不同,为了避免无法正常显示某些数据系列,可以选中"次坐标轴"复选框,从而使用不同的坐标轴标识数据系列的值。

6.1.7 设置图表的整体布局和配色

Excel 提供了一些图表布局方案,使用它们可以快速改变图表包含的图表元素及其显示方式。选择图表,然后在功能区的"图表工具 | 设计"选项卡中单击"快速布局"按钮,打开如图 6-16 所示的列表,每个缩略图代表一种图表布局方案,其中显示了图表元素在图表上的显示方式,选择一种图表布局即可改变当前选中图表的整体布局。

如图 6-17 所示为选择名为"布局 2"的图表布局之前和之后的效果。

如果要单独设置某个图表元素,则可以选择图表,在功能区的"图表工具 | 设计"选项卡中单击"添加图表元素"按钮,然后在弹出的菜单中选择要设置的图表元素,在打开的子菜单中选择图表元素的显示方式。例如选择"图例"并在子菜单中选择所需的选项,如图 6-18 所示。

图 6-16　选择图表布局

如果想要统一修改图表的颜色，则可以选择图表，然后在功能区的"图表工具|设计"选项卡中单击"更改颜色"按钮，在打开的列表中选择一种配色方案，"彩色"类别中的第一组颜色是当前工作簿使用的主题颜色，如图 6-19 所示。

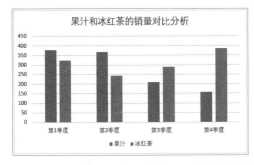
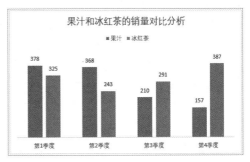

图 6-17　选择图表布局之前和之后的效果

图 6-18　设置图表元素的显示方式

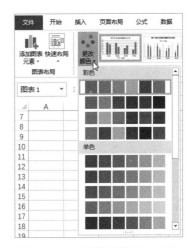

图 6-19　更改图表的配色方案

提示：如果要更改主题颜色，则可以在功能区的"页面布局"选项卡中单击"颜色"按钮，然后在打开的列表中进行选择。

使用"图表样式"可以从整体上对图表中的所有元素的外观进行设置。选择要设置的图表，然后在功能区的"图表工具|设计"选项卡中打开"图表样式"库，从中选择一种图表样式，如图6-20所示。

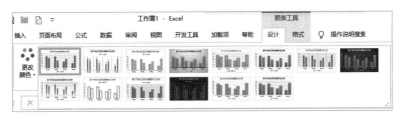

图 6-20　选择图表样式

如图 6-21 所示为选择名为"样式 2"的图表样式后的图表效果。

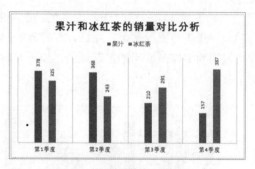

图 6-21 使用图表样式快速改变图表的整体外观

6.1.8 设置图表元素的格式

虽然可以使用"图表样式"改变图表的整体外观，但是有时可能需要单独设置特定图表元素的格式，此时可以在功能区的"图表工具 | 格式"选项卡中进行以下设置，如图 6-22 所示。

- 形状样式库：打开"形状样式"库，其中包含多种预置的格式，可以快速为形状设置填充色、边框和效果，如图 6-23 所示。
- 形状填充：单击"形状填充"按钮，在打开的列表中选择一种填充色或填充效果。
- 形状轮廓：单击"形状轮廓"按钮，在打开的列表中选择形状是否包含边框，如果包含边框，则可以设置边框的线型、粗细和颜色。
- 形状效果：单击"形状效果"按钮，在打开的列表中选择阴影、发光、棱台等效果。

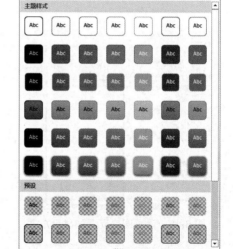

图 6-22 使用"形状样式"组中的工具设置图表元素的格式

图 6-23 "形状样式"库

如果要对图表元素的格式进行更详细的设置，则可以使用格式设置窗格。双击要设置的图表元素，即可打开该图表元素的格式设置窗格。

如图 6-24 所示为双击图例打开的窗格，窗格顶部显示了当前正在设置的图表元素的名称，下方并排显示着"图例项选项"和"文本选项"两个选项卡，有的图表元素只有一个选项卡。在格式设置窗格中设置图表元素的格式时，设置结果会立刻在图表上显示出来。选择任意一个选项卡，在下方会显示只有图标没有文字的选项卡，单击某个图标，下方将显示该图标选项卡中包含的选项。

可以在不关闭窗格的情况下设置不同的图表元素，有以下两种方法：

- 单击"图例项选项"右侧的下拉按钮，在弹出的菜单中选择要设置的图表元素，如图 6-25 所示。

● 在图表中选择不同的图表元素，窗格中的选项卡及其中包含的选项会自动更新，以匹配当前选中的图表元素。

图 6-24　图表元素的格式设置窗格

图 6-25　选择要设置格式的图表元素

6.1.9　编辑数据系列

数据系列是单元格中的数值在图表中的图形化表示，它是图表中最重要的一个图表元素。图表的很多操作都与数据系列有关，例如在图表中添加或删除数据、为数据系列添加数据标签、添加趋势线和误差线等。

在如图 6-26 所示的图表中，绘制到图表中的数据位于 A1:C5 单元格区域，将 D1:D5 单元格区域中的数据添加到图表中的操作步骤如下：

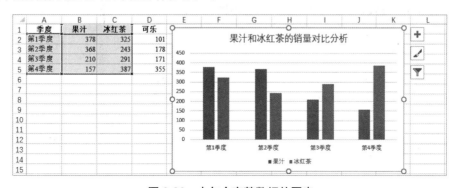

图 6-26　未包含完整数据的图表

（1）在图表中右击任意一个图表元素，然后在弹出的菜单中选择"选择数据"命令，如图 6-27 所示。

（2）打开"选择数据源"对话框，"图表数据区域"文本框中显示的是当前绘制到图表中的数据区域。要更改数据区域，可以单击"图表数据区域"文本框右侧的按钮，如图 6-28 所示。

（3）在工作表中选择要绘制到图表中的数据区域，此处为 A1:D5，然后单击按钮，如图 6-29 所示。

注意：在选择数据区域前，必须确保文本框中的内容处于选中状态，以便在选择新区域后自动替换原有内容。

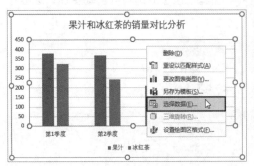

图 6-27 选择"选择数据"命令

图 6-28 "选择数据源"对话框

图 6-29 选择绘制到图表中的数据区域

（4）展开"选择数据源"对话框，在"图表数据区域"文本框中自动填入了第（3）步选择的单元格区域的地址，同时将其绘制到图表中，然后可能需要根据添加后的数据修改图表的标题，如图 6-30 所示。

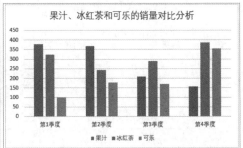

图 6-30 将选择的数据绘制到图表中

（5）单击"确定"按钮，关闭"添加数据源"对话框。

在"选择数据源"对话框中还可以对数据系列进行以下操作：

- 调整数据系列的位置：在"图例项（系列）"列表框中选择一项，然后单击按钮▲或按钮▼，可以调整该数据系列在所有数据系列中的位置。
- 编辑单独的数据系列：在"图例项（系列）"列表框中选择一项，然后单击"编辑"按钮，在打开的对话框中可以修改数据系列的名称和值，如图 6-31 所示。
- 添加或删除数据系列：在"图例项（系列）"列表框中单击"添加"按钮，可以添加新的数据系列，单击"删除"按钮将删除当前所选的数据系列。
- 编辑横坐标轴：可以在"水平（分类）轴标签"列表框中取消选中某些复选框来隐藏相

应的标签，也可以在"水平（分类）轴标签"列表框中单击"编辑"按钮，在打开的对
话框中修改横坐标轴所在的区域，如图 6-32 所示。

● 交换数据系列与横坐标轴的位置：单击"切换行 / 列"按钮，将对调图表中的行、列数
据的位置，即将原来的数据系列改为横坐标轴，将原来的横坐标轴改为数据系列。

图 6-31　修改数据系列

图 6-32　修改横坐标轴

6.1.10　删除图表

如果要删除嵌入式图表，可以单击图表的图表区以将图表选中，然后按 Delete 键。或者右
击图表的图表区，然后在弹出的菜单中选择"剪切"命令，但是不进行粘贴。

删除图表工作表的方法类似于删除普通工作表，右击图表工作表的工作表标签，在弹出的
菜单中选择"删除"命令，然后在显示的确认删除对话框中单击"删除"按钮。

6.2　使用迷你图

使用"迷你图"功能可以在单元格中创建微型图表，用于显示特定的数据点或表示一系列
数据的变化趋势。虽然迷你图与普通图表的外观类似，但是实际上它们存在很多区别。迷你图
只能显示一个数据系列，且不具备普通图表所拥有的一些图表元素，例如图表标题、图例、网
格线等。在包含迷你图的单元格中仍然可以输入数据、设置填充色等。本节将介绍创建和编辑
迷你图的方法。

6.2.1　创建迷你图

用户可以为一行数据或一列数据创建迷你图，下面将创建柱形迷你图，操作步骤如下：

（1）选择放置迷你图的单元格，例如 F2，然后在功能区的"插入"选项卡中单击"柱形"
按钮，如图 6-33 所示。

（2）打开"创建迷你图"对话框，在"数据范围"文本框中输入用于创建迷你图的数据
区域，此处为 B2:E2。可以直接输入所需的单元格地址，也可以单击"数据范围"文本框右
侧的按钮，然后在工作表中拖动鼠标进行选择，如图 6-34 所示。设置完成后单击"确定"按钮。

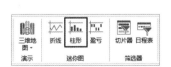

图 6-33　单击"柱形"按钮

图 6-34　选择迷你图使用的数据范围

（3）将在 F2 单元格中创建柱形迷你图，如图 6-35 所示。使用鼠标拖动 F2 单元格右下角的填充柄，将迷你图向下填充到 F3 和 F4 两个单元格，如图 6-36 所示。

▲	A	B	C	D	E	F
1		第1季度	第2季度	第3季度	第4季度	
2	果汁	378	368	210	157	
3	冰红茶	325	243	291	387	
4	可乐	101	178	171	355	

图 6-35　创建单个迷你图

▲	A	B	C	D	E	F
1		第1季度	第2季度	第3季度	第4季度	
2	果汁	378	368	210	157	
3	冰红茶	325	243	291	387	
4	可乐	101	178	171	355	

图 6-36　将迷你图填充到其他单元格

提示：如果想要一次性创建多个迷你图，则可以选择要放置迷你图的单元格区域，然后打开"创建迷你图"对话框并设置"数据范围"即可，如图 6-37 所示。

6.2.2　迷你图组合

如果在一个单元格区域中创建了多个迷你图，则它们会自动成为迷你图组合，选中其中的任意一个迷你图时，整个迷你图组合的外侧将显示蓝色的外边框，以表明这些迷你图是一个

图 6-37　同时创建多个迷你图

整体。对迷你图组合中的任意一个迷你图进行编辑时，编辑结果会同时作用于组合中的每一个迷你图。

用户可以将独立的迷你图组合在一起。选择要组合的多个迷你图，如果迷你图位于不相邻的位置，则可以按住 Ctrl 键后逐一选择各个位置上的迷你图。然后在功能区的"迷你图工具 | 设计"选项卡中单击"组合"按钮，或者右击选区后在弹出的菜单中选择"迷你图" | "组合"命令，将选中的迷你图组合在一起，如图 6-38 所示。

蓝色外框

图 6-38　单击"组合"按钮

组合后的迷你图的图表类型由活动单元格中的迷你图类型决定。如图 6-39 所示，要将 F2、F3 和 F4 三个单元格中的迷你图组合在一起，如果使用鼠标从 F2 单元格向下拖动到 F4 单元格来选择这 3 个单元格，此时 F2 单元格为活动单元格，那么组合后的迷你图的类型就是 F2 单元格中的柱形图。

▲	A	B	C	D	E	F
1		第1季度	第2季度	第3季度	第4季度	
2	果汁	378	368	210	157	
3	冰红茶	325	243	291	387	
4	可乐	101	178	171	355	

▲	A	B	C	D	E	F
1		第1季度	第2季度	第3季度	第4季度	
2	果汁	378	368	210	157	
3	冰红茶	325	243	291	387	
4	可乐	101	178	171	355	

图 6-39　组合后的迷你图类型由活动单元格中的迷你图类型决定

如果使用鼠标从 F4 单元格向上拖动到 F2 单元格选择这 3 个单元格，此时 F4 单元格为活动单元格，那么组合后的迷你图的类型就是 F4 单元格中的折线图，如图 6-40 所示。

▲	A	B	C	D	E	F
1		第1季度	第2季度	第3季度	第4季度	
2	果汁	378	368	210	157	
3	冰红茶	325	243	291	387	
4	可乐	101	178	171	355	

▲	A	B	C	D	E	F
1		第1季度	第2季度	第3季度	第4季度	
2	果汁	378	368	210	157	
3	冰红茶	325	243	291	387	
4	可乐	101	178	171	355	

图 6-40　组合后的迷你图类型由活动单元格中的迷你图类型决定

如果要取消迷你图的组合状态，则可以选择迷你图组合所在的完整单元格区域，然后在功能区的"迷你图工具 | 设计"选项卡中单击"取消组合"按钮。

6.2.3　更改迷你图类型

Excel 为迷你图提供了折线、柱形、盈亏 3 种图表类型。

- 折线迷你图：与普通图表中的折线图类似，用于展示数据的变化趋势。
- 柱形迷你图：与普通图表中的柱形图类似，用于展示数据之间的对比。
- 盈亏迷你图：将正数和负数绘制到水平轴的上、下两侧，用于展示数据的盈亏，正数表示盈利、负数表示亏损。

如果要更改迷你图的类型，则需要先选择一个或多个迷你图，然后在功能区的"迷你图工具 | 设计"选项卡中选择所需的迷你图类型，如图 6-41 所示。

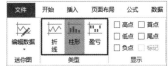

提示：如果选择的迷你图是迷你图组合中的一个，则在更改迷你图类型时将同时改变整组的迷你图类型。如果只想改变特定的迷你图类型，则需要先取消迷你图组合后再进行操作。

图 6-41　更改迷你图类型

6.2.4　编辑迷你图

创建迷你图后，可以随时调整迷你图所使用的数据区域和放置迷你图的位置。选择迷你图所在的单元格，然后在功能区的"迷你图工具 | 设计"选项卡中单击"编辑数据"按钮上的下拉按钮，在弹出的菜单中选择编辑整组迷你图还是单个迷你图，如图 6-42 所示。

- 编辑成组迷你图：选择"编辑组位置和数据"命令，将打开"编辑迷你图"对话框，如图 6-43 所示，对包含当前所选单元格在内的整组迷你图进行编辑。
- 编辑单个迷你图：选择"编辑单个迷你图的数据"命令，将打开"编辑迷你图数据"对话框，如图 6-44 所示，只编辑当前所选单元格中的迷你图。

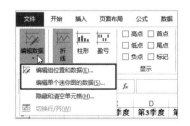  

图 6-42　编辑整组迷你图或单个迷你图　　图 6-43　编辑整组迷你图　　图 6-44　编辑单个迷你图

6.2.5　设置迷你图格式

Excel 为迷你图提供了一些格式选项，包括设置迷你图样式、迷你图颜色、数据点高亮显示、横坐标轴等。选择要设置格式的迷你图，在功能区的"迷你图工具 | 设计"选项卡的"显示""样式"和"分组" 3 个组中可以找到这些格式选项。例如，对于折线迷你图来说，可以在"显示"组中选中"标记"复选框，标记出折线迷你图中的数据点，如图 6-45 所示。

数据点的颜色默认为红色，可以在功能区的"迷你图工具 | 设计"选项卡中单击"标记颜色"按钮，然后在弹出的菜单中选择相应的标记类型，在打开的颜色列表中选择所需颜色，如图 6-46 所示。

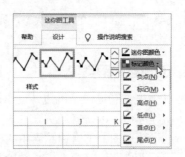

图 6-45　标记折线迷你图中的数据点　　　　　图 6-46　更改数据点的颜色

6.2.6　删除迷你图

与删除单元格中的其他内容不同，选择包含迷你图的单元格，按 Delete 键无法删除单元格中的迷你图。想要删除迷你图可以使用以下方法：

- 选择包含迷你图的单元格，在功能区的"迷你图工具 | 设计"选项卡中单击"清除"按钮上的下拉按钮，然后在弹出的菜单中选择"清除所选的迷你图"或"清除所选的迷你图组"命令，如图 6-47 所示。
- 右击包含迷你图的单元格，在弹出的菜单中选择"迷你图"|"清除所选的迷你图"或"清除所选的迷你图组"命令。
- 选择包含迷你图的单元格，然后在功能区的"开始"选项卡中单击"清除"按钮，在弹出的菜单中选择"全部清除"命令。
- 右击包含迷你图的单元格，在弹出的菜单中选择"删除"命令，将同时删除单元格及其中的迷你图。

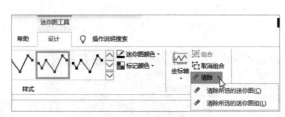

图 6-47　删除迷你图

从本章开始将介绍使用 Power BI 进行数据分析的相关内容。为了让读者可以更好地理解和学习这些内容，本章将对 Power BI 的基本概念、组成、工作流程、基本元素，以及使用 Power BI Desktop 创建报表的界面环境和整体流程进行介绍，为后面的学习打下基础。

7.1 了解 Power BI 及其组件

本节将对 Power BI 进行整体性介绍，包括 Power BI 的基本概念和组成、Power BI 的工作流程、Power BI 的基本元素。由于本书主要介绍使用 Power BI Desktop 进行数据分析并制作报表，因此，本节的最后将介绍下载和安装 Power BI Desktop 程序的方法，为使用 Power BI 做好准备。

7.1.1 Power BI 的基本概念和组成

Power BI 是一系列的软件服务、应用和连接器，这些软件服务、应用和连接器协同工作，将不相关的数据源转化为合乎逻辑、视觉上逼真的交互式见解。不管数据是简单的 Excel 工作簿，还是基于云的数据仓库和本地混合数据仓库的集合，Power BI 都可让你轻松连接到数据源，可视化（或发现）重要信息，并与所需的任何人共享这些信息，如图 7-1 所示。

图 7-1 Power BI 示意图

以上是微软公司官方对 Power BI 的定义。简单来说，Power BI 是微软公司开发的一套商业数据的智能分析工具，由 Power BI Desktop、Power BI 服务和 Power BI 移动应用 3 个部分组成。使用 Power BI 可以连接不同类型的数据，将获取到的数据整理和转换为符合要求的格式，为多个相关表建立关系以构建数据模型，然后在此基础上创建可视化报表，最后在 Web 和移动设备中使用。

Power BI 中的 3 个组件的功能如下：

- Power BI Desktop：Power BI Desktop 是一个独立的应用程序，用于创建、设计和发布报表，包括导入数据、整理和转换数据、为数据建模、以可视化的方式展示数据、发布数据等功能。Power BI Desktop 可供用户免费下载和使用，但是发布数据的功能需要注册 Power BI 账户才能使用。
- Power BI 服务：允许用户将制作好的报表发布并共享给其他人，可以在 Web 中查看和使用报表。
- Power BI 移动应用：允许用户在手机、平板电脑以及 iOS 和 Android 设备上使用报表。

7.1.2 Power BI 的基本工作流程

Power BI 的整体工作流程如下：

（1）将数据导入到 Power BI Desktop 中，然后在该程序中整理数据、为数据建模并创建可视化报表。

（2）将制作好的报表发布到 Power BI 服务，在其中可以创建新的视觉对象或生成仪表板，以便与他人共享。

（3）在 Web 中使用 Power BI 服务查看报表，或在移动设备中使用 Power BI 移动应用查看报表。

7.1.3 Power BI 的基本元素

无论使用 Power BI 中的哪个组件，都会接触到一些重复的元素，例如数据集、视觉对象、报表等。在了解了这些基础元素后，就可以在它们的基础上进行扩展，创建出更复杂的报表。Power BI 的基本元素有 5 个：数据集、视觉对象、报表、仪表板和磁贴。

1. 数据集

数据集是使用 Power BI 创建报表的基础数据，可以是单一文件中的数据，也可以是来自多个文件或数据库中的数据。如图 7-2 所示为数据集的一个简单示例，这些数据来自于 Excel 工作簿。

无论数据集的来源是否复杂，在将数据导入 Power BI 后，用户都可以按照特定的要求来整理数据，例如删除一些无意义的行或列、将某列中包含的复合信息按指定的条件进行拆分、将二维表转换为一维表等。

完成数据集的导入和整理后，就可以使用 Power BI 提供的视觉对象以多种形式展示数据。

2. 视觉对象

Power BI 中的视觉对象是指将数据以图形、图表、地图等图形化的方式展示出来，从而使用户更容易发现和理解数据背后的含义。Power BI 提供了种类丰富的视觉对象，用户也可以向 Power BI 中添加新的视觉对象。如图 7-3 所示为使用条形图和饼图展示同一个数据源的效果。

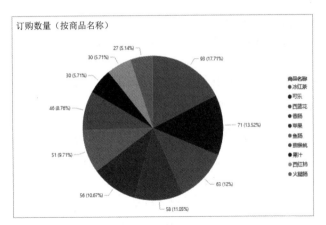

图 7-3　视觉对象

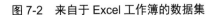

图 7-2　来自于 Excel 工作簿的数据集

3．报表

报表是 Power BI 中位于一个或多个页面中的视觉对象的集合，便于用户从不同角度观察和分析数据，还可以通过钻取、切片器等工具灵活查看报表中的相关数据。用户可以在页面中随意调整视觉对象的位置和大小。如图 7-4 所示的报表包含 3 页，当前显示的是第 1 页中的内容。页面的名称以选项卡的方式显示在页面下方，单击选项卡中的标签可在不同页面之间切换。

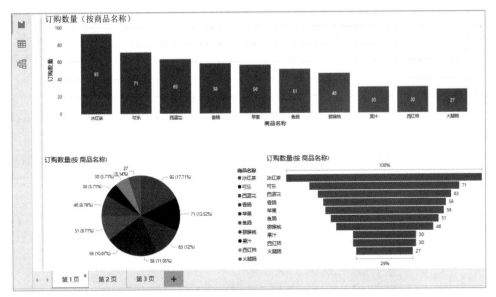

图 7-4　报表

4．仪表板

仪表板是 Power BI 服务支持的特定元素，其外观与报表类似。仪表板上的视觉对象可以来自于一个或多个数据集，也可以来自于一个或多个报表。可以在 Power BI 服务或 Power BI 移动应用中查看和共享仪表板并进行交互，但是只能在 Power BI 服务中创建仪表板。

5．磁贴

磁贴也是 Power BI 服务支持的特定元素，它是仪表板上的一个视觉对象，类似于报表中的一个独立的视觉对象。在一个仪表板中通常包含多个磁贴，可以将磁贴固定在仪表板上，类似于 Windows 10 操作系统中固定在开始屏幕中的磁贴。

可以在仪表板上排列多个磁贴，也可以调整磁贴的大小，这些操作与在报表中设置视觉对象类似。在 Power BI 服务或 Power BI 移动应用中查看和使用仪表板及其中的磁贴时，可以进行交互操作，但是无法更改磁贴的位置和大小。

7.1.4 下载和安装 Power BI Desktop

Power BI 分析工具中的 Power BI Desktop 组件是一个将基础数据创建为可视化报表的独立应用程序，使用 Power BI Desktop 可以完成以下工作：

- 连接数据源并从中获取数据。
- 对获取到的数据进行所需的整理和转换，并为多个相关表创建关系，从而构建数据模型。
- 使用视觉对象将数据以图形化的方式展示出来。
- 在一个或多个页面中整合多个视觉对象，从而创建业务分析报表。
- 将制作完成的报表发布到 Power BI 服务。

在使用 Power BI Desktop 的过程中，可以随时将工作以文件的形式保存到计算机磁盘中，便于以后继续工作，或长期保存工作成果。Power BI Desktop 支持 .pbix 和 .pbit 两种文件格式。正常安装和运行 Power BI Desktop 的计算机硬件和操作系统需要满足以下条件：

- CPU：1GHz 或更快的 x86 或 x64 位处理器。
- 内存：可用内存容量至少为 1GB，最好为 2GB。
- 显示分辨率：分辨率至少为 1440 像素×900 像素或 1600 像素×900 像素（16:9）。不建议使用 1024 像素×768 像素或 1280 像素×800 像素等较低分辨率，这是因为某些控件需要更高的分辨率才能显示。
- Windows 操作系统版本：至少为 Windows 7 或 Windows Server 2008 R2 以上的版本，并需要安装 .NET 4.5。
- 浏览器：Internet Explorer 10 或更高版本。
- Windows 显示设置：如果将显示设置中的"更改文本、应用等项目的大小"设置为大于 100%，某些必须先关闭或响应后才能继续使用 Power BI Desktop 的对话框可能无法正常显示。如果出现此类问题，需要在 Windows 操作系统中依次定位到"设置"|"系统"|"显示"，然后将该项设置为 100%，如图 7-5 所示。

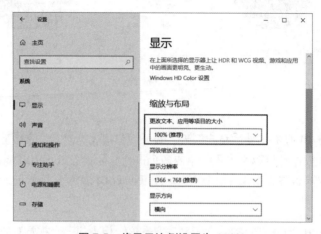

图 7-5　将显示比例设置为 100%

获取 Power BI Desktop 有两种方法，一种方法是在 Windows 10 操作系统的应用商店中搜索 Power BI Desktop，找到后单击"免费下载"按钮开始下载并进行安装，但是需要在应用商店中登录 Microsoft 账户；另一种方法是在网页浏览器中打开微软公司官方指定的下载页面，然后下载并安装 Power BI Desktop，该方法的操作步骤如下：

（1）打开网页浏览器，在地址栏中输入下面的网址并按 Enter 键，进入如图 7-6 所示的页面，单击"高级下载选项"。

```
https://powerbi.microsoft.com/zh-cn/downloads
```

提示：如果当前系统是 Windows 10，则单击"下载"将自动启动系统内置的应用商店，并在其中打开 Power BI Desktop 的下载页面。

（2）进入如图 7-7 所示的页面，如果以英文显示，则可以在 Select Language 下拉列表中选择 Chinese（Simplified）或 Chinese（Traditional），将界面语言改为中文简体或中文繁体，然后单击"下载"按钮。

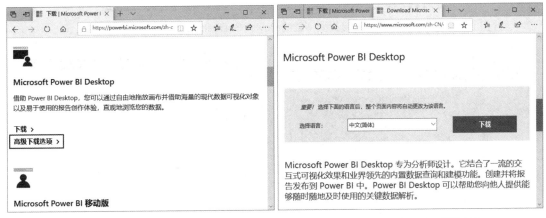

图 7-6　单击"高级下载选项"　　　　　　图 7-7　单击"下载"按钮

（3）进入如图 7-8 所示的页面，选择要下载的文件，带有 x64 的文件名是适用于 64 位 Windows 操作系统的 Power BI Desktop，不带 x64 的文件名是适用于 32 位 Windows 操作系统的 Power BI Desktop。选择要下载的文件，然后单击页面右下角的 Next 按钮，开始下载文件。

（4）下载完成后，双击下载好的 Power BI Desktop 程序安装文件，打开如图 7-9 所示的对话框，选择程序语言，然后单击"下一步"按钮。在进入的界面中再次单击"下一步"按钮。

（5）进入如图 7-10 所示的界面，选中"我接受许可协议中的条款"复选框，然后单击"下一步"按钮。

（6）进入如图 7-11 所示的界面，可以单击"更改"按钮更改程序的安装位置，通常保持默认设置即可，然后单击"下一步"按钮。

（7）进入如图 7-12 所示的界面，通过"创建桌面快捷键"复选框决定是否创建桌面快捷方式，为以后每次启动 Power BI Desktop 程序提供方便，然后单击"安装"按钮，开始安装 Power BI Desktop。

提示：如果 Windows 操作系统中正常启用了用户账户控制功能，则在单击"安装"按钮时，可能会显示要求提升用户操作权限的提示信息，单击"是"按钮后，系统才能继续安装。

图 7-8　选择要下载的 Power BI Desktop 版本

图 7-9　选择程序语言

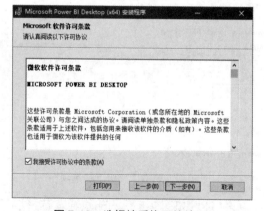

图 7-10　选择接受许可协议

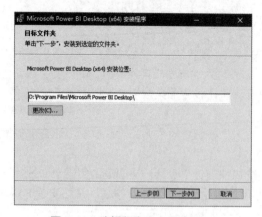

图 7-11　选择程序的安装位置

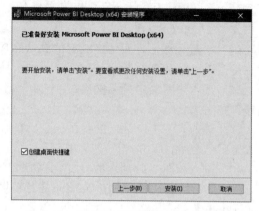

图 7-12　选择是否创建桌面快捷方式

（8）安装完成后显示如图 7-13 所示的界面，如果选中"启动 Microsoft Power BI Desktop"

复选框，则在单击"完成"按钮后将直接启动 Power BI Desktop 程序。如果在第（7）步选中了"创建桌面快捷键"复选框，则将在桌面上创建 Power BI Desktop 程序的快捷方式，以后双击该快捷方式即可启动 Power BI Desktop 程序，如图 7-14 所示。

图 7-13　完成安装

图 7-14　Power BI Desktop 程序的快捷方式

提示：对于使用 Microsoft Excel 的用户来说，只要在 Excel 中安装相应的 Power 加载项，即可在 Excel 中使用与 Power BI Desktop 几乎等同的功能创建和设计报表，这部分内容将在第 12 章进行介绍。

7.2　Power BI Desktop 中的 3 种视图

在 Power BI Desktop 中有 3 种视图：报表视图、数据视图和模型视图，在创建报表的整个过程中，不同的视图为特定阶段的工作提供了最适合的操作环境和命令。在 Power BI Desktop 窗口的功能区下方靠左的位置有 3 个图标，从上到下依次为"报表""数据"和"模型"，单击图标即可切换到相应的视图，并在该图标左侧显示一个黄色线条，它指示当前所处的视图类型，如图 7-15 所示。

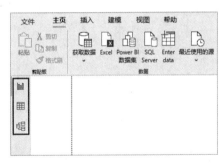

图 7-15　在 3 种视图之间切换

7.2.1　报表视图

安装好 Power BI Desktop 并首次运行该程序时，将显示如图 7-16 所示的欢迎界面。在该界面中可以获取数据、查看最近使用的数据源，或打开由 Power BI Desktop 创建的报表文件，文件扩展名为 .pbix。

单击界面右上角的 X 按钮 ✕ 关闭欢迎界面，进入 Power BI Desktop 程序窗口，默认显示报表视图，如图 7-17 所示。报表视图主要为数据设置视觉对象，并在一个或多个页面中排列多个视觉对象，以创建内容复杂的报表。

报表视图主要由画布、页面选项卡、"字段"窗格和"可视化"窗格等部分组成。

1．画布

在报表视图上方的功能区中，包含用于报表设计和数据建模的相关命令，其下方的大面积空白区域就是画布，报表中的所有视觉对象都排列在画布上。用户还可以设置画布的格式，例如画布尺寸、画布背景等。

图 7-16　Power BI Desktop 欢迎界面

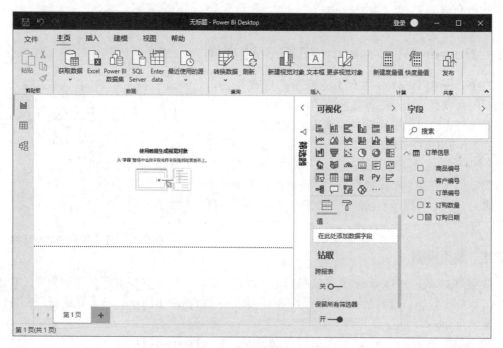

图 7-17　报表视图

2．页面选项卡

如果需要使用多个画布，以便组织多组不同的视觉对象，则可以添加新的页面。在创建的报表中默认只有一页，单击画布下方的"+"号可以添加新的页面，如图 7-18 所示。每个页面的名称位于页面选

图 7-18　添加新的页面

项卡上，单击页面标签可以切换到指定的页面。

　　每个页面都有自己的名称，可以修改页面的名称，以便于识别不同的页面。除了添加页面，还可以对现有的页面执行移动、复制、隐藏、删除等操作。**Power BI Desktop** 窗口的左下角显示了报表中的当前页面和页面总数，例如图 7-8 中的"第 1 页（共 1 页）"。

3．"字段"窗格

　　如果已将数据加载到 Power BI Desktop 中，则将在"字段"窗格中显示每个表的名称及其中包含的字段，如图 7-19 所示。选中字段左侧的复选框或将字段拖动到画布上，即可为该字段创建视觉对象。字段的数据类型决定了默认创建的视觉对象的类型：

- 如果选中或拖动的是文本类型的字段，则默认创建的是"表"视觉对象。
- 如果选中或拖动的是数字类型的字段，则默认创建的是"簇状柱形图"视觉对象。

　　单击字段右侧的省略号或右击字段，可以在弹出菜单中选择要执行的命令，如图 7-20 所示，其中的一些命令也出现在功能区中。

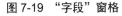

图 7-19　"字段"窗格　　　　图 7-20　单击省略号以显示字段的快捷菜单

4．"可视化"窗格

　　在"可视化"窗格中包含大量的视觉对象，使用这些效果可以为数据进行可视化设计，如图 7-21 所示。每个视觉对象以图标的形式显示在窗格中，单击任意一个图标，将在画布上创建相应的视觉对象，但是会以灰色显示。用户需要将所需的字段拖动到视觉对象上，才能在视觉对象上显示具体的数据。也可以先将字段拖动到画布上创建默认的视觉对象，然后在选中该视觉对象的情况下，在"可视化"窗格中单击其他视觉对象图标，从而更改画布上的视觉对象。

　　在"可视化"窗格中有以下 3 个选项卡，如图 7-22 所示。

- "字段"选项卡：为视觉对象提供所需的字段，还可以设置字段的筛选和钻取。
- "格式"选项卡：对画布上当前选中的视觉对象进行细节设置。
- "分析"选项卡：在视觉对象上添加一些分析指标，例如平均线、中线等。

　　所有的视觉对象都有一些共同的选项，例如标题、背景、边框等，还包括各自特定的选项，例如"簇状柱形图"视觉对象有"X 轴"和"Y 轴"两项设置，而"饼图"视觉对象有"图例"设置。

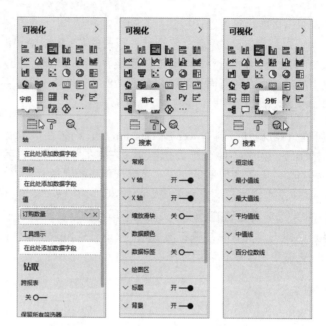

图 7-21 "可视化"窗格　　　　图 7-22 "字段""格式"和"分析"3 个选项卡

7.2.2 数据视图

如果想要查看报表中的数据本身而不是视觉对象，则可以使用数据视图。数据视图中的数据以表格的形式显示，如图 7-23 所示。

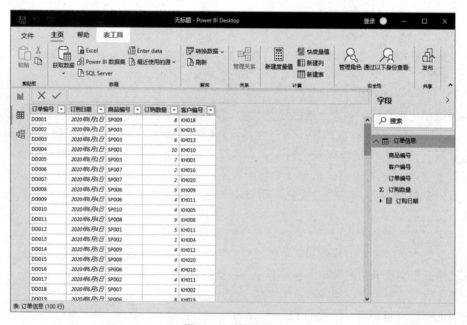

图 7-23 数据视图

数据视图中的"字段"窗格与报表视图中的"字段"窗格类似，也位于窗口的右侧，单击其中的某个字段即可在数据区域中选中相应的列，但是没有为字段提供可选择的复选框，如图 7-24 所示。

在数据视图中，可以在现有数据的基础上创建度量值、计算列等新的计算。创建这些新数据时，将在数据区域的顶部显示可编辑的公式栏，在其中输入 DAX 公式。虽然在报表视图中也可以进行这些操作，但是不如数据视图直观方便。

在数据视图中还可以对数据进行排序和筛选，操作方法与 Excel 中的排序和筛选类似，单击标题行中每个字段右侧的下拉按钮，然后在打开的列表中选择排序或筛选方式，如图 7-25 所示。

图 7-24　数据视图中的
"字段"窗格

图 7-25　排序和筛选数据

7.2.3　模型视图

在模型视图中显示了当前加载到 Power BI Desktop 中的所有表，以及它们之间的关系，如图 7-26 所示。每个表以缩略图的形式显示，缩略图中显示表的名称和字段标题。如果两个表之间有一条连接线，则说明为这两个表创建了关系，线两端的数字和星号表示关系的类型。

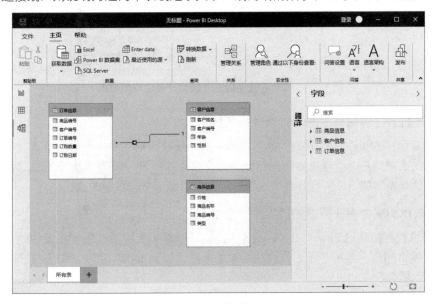

图 7-26　模型视图

图 7-26 中的"客户信息"和"订单信息"两个表之间的关系是"一对多"关系，表示客户信息表中的一条记录与订单信息表中的多条记录相匹配，即一个客户可以有多个订单。

与报表视图中的页面选项卡类似，模型视图的下方也有一个页面选项卡，默认只有一页，其中包含加载到 Power BI Desktop 中的所有表。如果不想在模型视图中显示不相关的表，则可以添加新的页面，然后从"字段"窗格将所需的表拖动到页面中，并为它们创建关系。

7.3　Power BI Desktop 中的查询编辑器

在 Power BI Desktop 中除了 3 种视图提供的不同操作环境外，还提供了一个可在独立窗口中打开的查询编辑器（即 Power Query）。使用查询编辑器可以对获取的数据进行整理和转换，然后将经过修整和优化的数据加载到 Power BI Desktop 中以创建报表。本节主要介绍查询编辑器的界面结构，整理和转换数据的方法将在第 8 章进行介绍。

7.3.1　打开查询编辑器

打开查询编辑器有以下方法：

- 功能区的"主页"选项卡中的"转换数据"按钮：无论当前是否已将数据导入到 Power BI Desktop 中，都可以单击该按钮来打开查询编辑器。
- "导航器"对话框中的"转换数据"按钮：在连接并获取数据时，可以单击该按钮打开查询编辑器。
- 报表视图或数据视图中的"字段"窗格：将数据加载到 Power BI Desktop 后，可以使用该窗格来打开查询编辑器。

1．功能区中的"转换数据"按钮

无论是否已将数据加载到 Power BI Desktop 中，都可以在功能区的"主页"选项卡中单击"转换数据"按钮打开查询编辑器，如图 7-27 所示。

图 7-27　单击"转换数据"按钮打开查询编辑器

2．"导航器"对话框中的"转换数据"按钮

使用功能区"主页"选项卡的"数据"组中的"获取数据"命令连接并获取数据时，其中的一个步骤是要求用户在"导航器"对话框中选择要导入的表，如图 7-28 所示。选择所需的表后单击"转换数据"按钮，将打开查询编辑器并在其中显示所选表中的数据。

3．报表视图或数据视图中的"字段"窗格

如果已将数据加载到 Power BI Desktop 中，则可以在报表视图或数据视图中的"字段"窗格中右击要编辑的表，然后在弹出的快捷菜单中选择"编辑查询"命令，即可打开查询编辑器并在其中显示所选表中的数据，如图 7-29 所示。

图 7-28　单击"转换数据"按钮将打开查询编辑器

图 7-29　在"字段"窗格中选择"编辑查询"命令

如图 7-30 所示为打开了包含数据的查询编辑器。除了顶部的功能区外，查询编辑器主要由查询窗格、数据区域、查询设置窗格等部分组成。

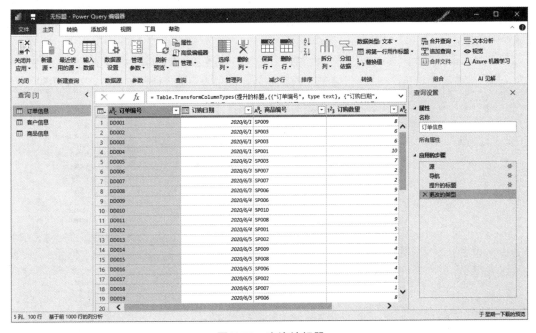

图 7-30　查询编辑器

7.3.2　查询窗格

"查询"窗格位于查询编辑器窗口的左侧，其中列出了已连接并获取到的数据（可将每个连接称为"查询"），这些数据以"表"为单位显示。如果一个数据源中包含多个表或导入了多个数据源，则将在"查询"窗格中依次列出这些表，并在窗格顶部显示表的总数，如图 7-31 所示。

在"查询"窗格中右击任意一个查询，弹出如图 7-32 所示的菜单，其中包含与查询相关的命令，例如复制、重命名、删除等。

图 7-31 "查询"窗格   图 7-32 查询的快捷菜单

7.3.3 数据区域

数据区域位于查询编辑器窗口的中间,其中显示了在"查询"窗格中当前选中的表中的数据。数据区域的顶部有一个公式栏,其中显示了使用 M 语言编写的公式,如图 7-33 所示。如果在数据区域中没有完全显示所有数据,则可以通过拖动数据区域右侧和底部的滚动条来显示位于区域外的数据。

在查询编辑器中的大多数操作都是针对数据区域的数据进行的,除了可以使用功能区中的命令外,更快捷的方法是在数据区域中右击,然后在弹出的菜单中选择所需的命令,如图 7-34 所示。

图 7-33 数据区域   图 7-34 数据区域中的快捷菜单

7.3.4 查询设置窗格

"查询设置"窗格位于查询编辑器窗口的右侧,其中列出了查询的属性和所应用的步骤,如图 7-35 所示。在查询编辑器中对数据所做的每一步操作,都会按顺序自动记录在"查询设置"窗格的"应用的步骤"列表框中,每个步骤都有与其对应的使用 M 语言创建的公式。

提示:如果没有显示"查询设置"窗格,则可以在功能区的"视图"选项卡中单击"查询设置"按钮,如图 7-36 所示。

用户可以对"应用的步骤"列表框中的所有步骤执行重命名、移动、删除等操作，选择任意一个步骤，将使数据区域返回到与该步骤对应的操作结果。如果步骤名称的右侧有一个齿轮图标，则说明用户可以对该步骤进行编辑，如图 7-37 所示。

图 7-35　"查询设置"窗格

图 7-36　单击"查询设置"按钮

图 7-37　带有齿轮图标的步骤是可编辑的

提示：查询编辑器应用步骤的顺序非常重要，可能会影响整理和转换数据的方式。在删除某个步骤时，可能会影响到该步骤之后的其他步骤的操作结果，因此删除步骤时需要格外小心。

7.3.5　保存工作

在查询编辑器中完成对数据的整理和转换后，需要保存工作并将数据加载到 Power BI Desktop 中，然后关闭查询编辑器。在查询编辑器中单击"文件"按钮，然后在弹出的菜单中选择"关闭并应用"命令即可完成此操作，如图 7-38 所示。

图 7-38　将整理好的数据加载到 Power BI Desktop 中

7.4　使用 Power BI Desktop 创建报表的基本流程

本节将简要介绍使用 Power BI Desktop 创建和设计报表的基本流程，从而可以让读者快速了解 Power BI Desktop 在报表创建的不同阶段所发挥的作用。

7.4.1　连接并获取数据

使用 Power BI Desktop 的第一步是将用于创建报表的数据导入到 Power BI Desktop 中。可以将 Power BI Desktop 与多种类型的数据源连接，如图 7-39 所示的"获取数据"对话框中显示了 Power BI Desktop 支持的所有数据源类型。

如果获取的是特定文件中的数据，则只需在一个对话框中选择该文件即可。如果获取的是数据库中的数据，则某些数据库需要用户填写服务器名称、数据库名称和凭据等信息，然后才能建立连接。

图 7-39　选择要连接的数据源类型

7.4.2　整理和转换数据

　　连接数据时会询问用户是直接将数据加载到 Power BI Desktop 中，还是先在 Power Query 中对数据进行整理和转换，例如更改数据类型、删除不需要的数据、拆分数据、合并来自多个源的数据、转换数据方向等操作，对数据进行整理和转换的一个惯用语是"清洗数据"。Power Query 是 Power BI Desktop 内置的查询编辑器，专门用于对获取到的数据进行整理和转换。如图 7-40 所示为在查询编辑器中更改字段的数据类型。

图 7-40　使用 Power Query 整理和转换数据

7.4.3　为数据建模

可能在很多场合看到过"数据模型"一词，所谓数据模型，简单来说是指数据之间具有特定关联的一系列的表的集合。"为数据建模"是指在将多个表导入 Power BI Desktop 后，为多个相关的表建立关系，使这些表在逻辑上成为一个互相关联的整体，而无须将这些表中的数据真正合并到一起。在进行数据分析时，可以从这些表中提取出相关的数据，就好像这些数据位于同一个表中一样。为数据建模需要在模型视图中进行操作。

除了为相关的多个表建立关系外，用户还可以为数据添加度量值和计算列，在现有数据的基础上创建新的计算，以便针对特定的指标进行分析。为数据添加度量值和计算列需要在报表视图或数据视图中进行操作。

7.4.4　为数据创建视觉对象

完成数据建模后，接下来就可以为数据创建视觉对象了。视觉对象是指以图形的方式展示数据，让人更易于理解数据的含义。Power BI Desktop 提供了丰富的视觉对象，用户可以很容易地为数据创建视觉对象。

如图 7-41 所示的簇状柱形图显示了各个商品的订购数量，可以轻松比较订购数量之间的差异情况。在报表视图的"可视化"窗格中可以对当前选中的视觉对象进行详细设置。

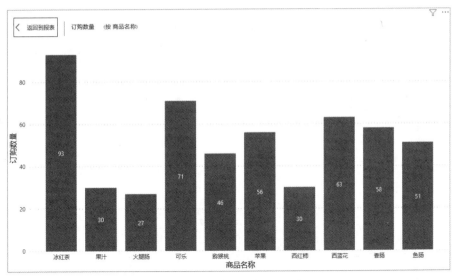

图 7-41　为数据创建视觉对象

7.4.5　创建和共享报表

一个 Power BI Desktop 文件中可以包含多个页面，每个页面中可以包含多个视觉对象，这些视觉对象的集合构成了报表。如图 7-42 所示为报表的一个简单示例，其中包含簇状柱形图和饼图两种视觉对象。

制作好报表后，可以在功能区的"主页"选项卡中单击"发布"按钮，将报表发布到 Power BI 服务，其他用户可以使用 Power BI 服务或在移动设备上使用 Power BI 移动应用查看并与报表互动，如图 7-43 所示。

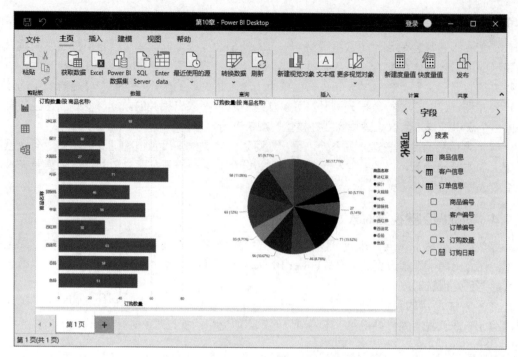

图 7-42　创建由多个视觉对象组成的报表

图 7-43　单击"发布"按钮将报表发布到 Power BI 服务

第 8 章
获取和整理数据

获取数据是在 Power BI Desktop 中创建报表的首要任务。获取数据后，通常需要在 Power BI Desktop 的查询编辑器中对数据进行一些必要的整理和转换，以使数据的内容和格式符合使用要求。本章将介绍获取和整理数据的方法，包括连接并获取数据、刷新数据、更改数据源、删除查询、调整行和列、列标题的相关设置、转换数据类型和文本格式、将二维表转换为一维表、提取字符和日期元素、拆分列中的数据、使用条件列、合并多个表或多个文件中的数据、排序和筛选数据、分类汇总数据等内容。

8.1 获取和刷新数据

Power BI Desktop 支持连接多种不同类型的数据，包括 Excel 工作簿、文本文件、CSV 文件、XML 文件等数据，也包括 Access、SQL Server、MySQL、Oracle、Sybase、IBM Db2 等数据库中的数据，还包括网页数据、云数据和其他类型的数据。对于已加载的数据，用户可以随时刷新数据以便与数据源保持同步，还可以通过更改数据源来选择不同位置上的数据。对于不再有用的数据，可以将其从 Power BI Desktop 中删除。

8.1.1 连接并获取数据

虽然 Power BI Desktop 和 Excel 是两个完全不同的程序，但是在获取数据的操作方面非常相似。由于第 2 章介绍了在 Excel 中导入文本文件和导入 Access 数据库中数据的方法，因此本小节以获取 Excel 工作簿中的数据为例，介绍在 Power BI Desktop 中获取文件中数据的方法，操作步骤如下：

（1）启动 Power BI Desktop，在功能区的"主页"选项卡中单击 Excel 按钮，如图 8-1 所示。

（2）打开"打开"对话框，双击要从中获取数据的 Excel 工作簿，此处为"订单管理 .xlsx"，如图 8-2 所示。

（3）打开"导航器"对话框，左侧列出了连接到的 Excel 工作簿的名称及其中包含的工作表。选中要从中获取数据的工作表左侧的复选框，此处为"商品信息"工作表，右侧将显示该工作表中的数据，如图 8-3 所示。

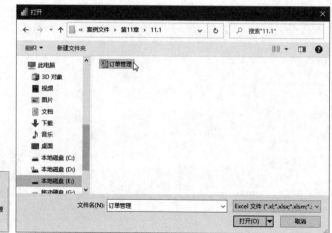

图 8-1　单击 Excel 按钮　　　　　　图 8-2　双击要从中获取数据的 Excel 工作簿

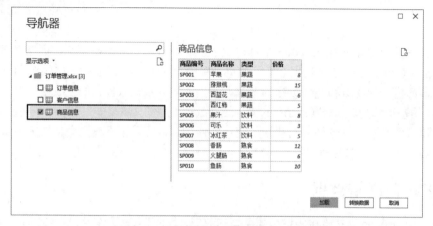

图 8-3　选择要从中获取数据的工作表

（4）接下来有两种选择，一种是单击"加载"按钮，将数据直接加载到 Power BI Desktop 中；另一种是单击"转换数据"按钮，将在查询编辑器中打开数据并对数据进行整理，如图 8-4 所示。

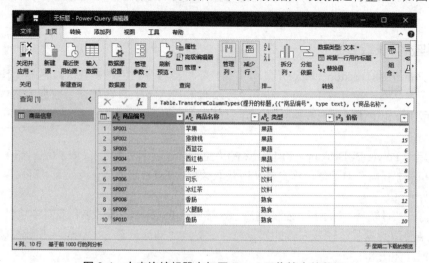

图 8-4　在查询编辑器中打开 Excel 工作簿中的数据

与获取文件中的数据相比，获取数据库中的数据稍微复杂一些，这主要是因为在连接数据库时，用户需要填写服务器名称、数据库名称和凭据等信息，然后才能建立连接并获取数据。如果想要获取的数据类型没有显示在功能区中，则可以在功能区的"主页"选项卡中单击"获取数据"按钮，在弹出的菜单中选择"更多"命令，然后在打开的对话框中选择要获取的数据类型，如图 8-5 所示。

图 8-5 选择"更多"命令以获取更广泛的数据类型

8.1.2 只获取部分数据

如果只想获取表中的部分数据，则可以通过复制和粘贴操作来实现。例如，要获取名为"订单信息"的 Excel 工作表中的前 6 行数据，操作步骤如下：

（1）在 Excel 工作簿中选择该工作表，选择前 6 行数据对应的单元格区域，此处为 A1:E6，然后按 Ctrl+C 快捷键，将选中的数据复制到剪贴板，如图 8-6 所示。

（2）启动 Power BI Desktop，在功能区的"主页"选项卡中单击 Enter data 按钮，如图 8-7 所示。

图 8-6 复制部分数据

图 8-7 单击 Enter data 按钮

（3）打开"创建表"对话框，在其中的单元格中右击，然后在弹出的快捷菜单中选择"粘贴"命令，如图 8-8 所示。

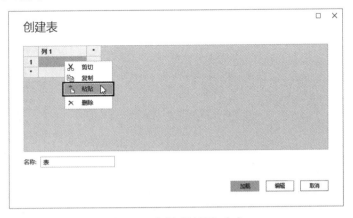

图 8-8 选择"粘贴"命令

（4）将复制的 Excel 数据粘贴到"创建表"对话框中，默认自动将第一行数据设置为各列的标题，如图 8-9 所示。如果不想使用该设置，可以单击"撤销标题"按钮取消该操作。还可以在"名称"文本框中为即将创建的表设置一个易于识别的名称。最后单击"加载"按钮，将数据加载到 Power BI Desktop 中。如果想在查询编辑器中整理数据，则可以单击"编辑"按钮。

图 8-9　将数据复制并粘贴到新表中

8.1.3　刷新数据

当数据源的内容发生改变时，通过执行刷新操作，可以让加载到 Power BI Desktop 中的数据与数据源保持同步。用户可以在 Power BI Desktop 的任意一个视图或查询编辑器中刷新数据。

1．在Power BI Desktop的任意一个视图中刷新数据

如果已将数据加载到 Power BI Desktop 中，则可以在其任意一个视图中刷新数据，有以下两种方法：

- 在功能区的"主页"选项卡中单击"刷新"按钮，如图 8-10 所示。
- 在"字段"窗格中右击要刷新的查询名称，然后在弹出的快捷菜单中选择"刷新数据"命令，如图 8-11 所示。

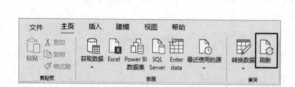

图 8-10　单击"刷新"按钮

图 8-11　选择"刷新数据"命令

2．在查询编辑器中刷新数据

打开查询编辑器，在功能区的"主页"选项卡中单击"刷新预览"按钮上的下拉按钮，然

后在弹出的菜单中选择"刷新预览"或"全部刷新"命令，如图 8-12 所示。"刷新预览"命令只刷新当前显示在数据区域中的查询，"全部刷新"命令将刷新所有已连接的查询。

图 8-12　在查询编辑器中刷新数据

8.1.4　更改数据源

一旦改变数据源的名称或位置，当在 Power BI Desktop 的任意视图或查询编辑器中刷新数据时，由于找不到原来的数据源，将显示如图 8-13 所示的错误信息。

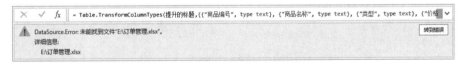

图 8-13　刷新数据失败时的错误信息

为了解决这类问题，需要将数据源的名称改回原来的名称，或者在 Power BI Desktop 或查询编辑器中重新指定数据源，方法如下：

- 在 Power BI Desktop 的任意一个视图中，在功能区的"主页"选项卡中单击"转换数据"按钮上的下拉按钮，然后在弹出的菜单中选择"数据源设置"命令，如图 8-14 所示。
- 打开查询编辑器，在功能区的"主页"选项卡中单击"数据源设置"按钮，如图 8-15 所示。

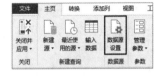

图 8-14　在 Power BI Desktop 中更改数据源　　　图 8-15　在查询编辑器中更改数据源

无论使用哪种方法，都将打开"数据源设置"对话框，选择要更改的数据源，然后单击"更改源"按钮，如图 8-16 所示。在打开的对话框中单击"浏览"按钮，然后选择所需的数据源即可，如图 8-17 所示。

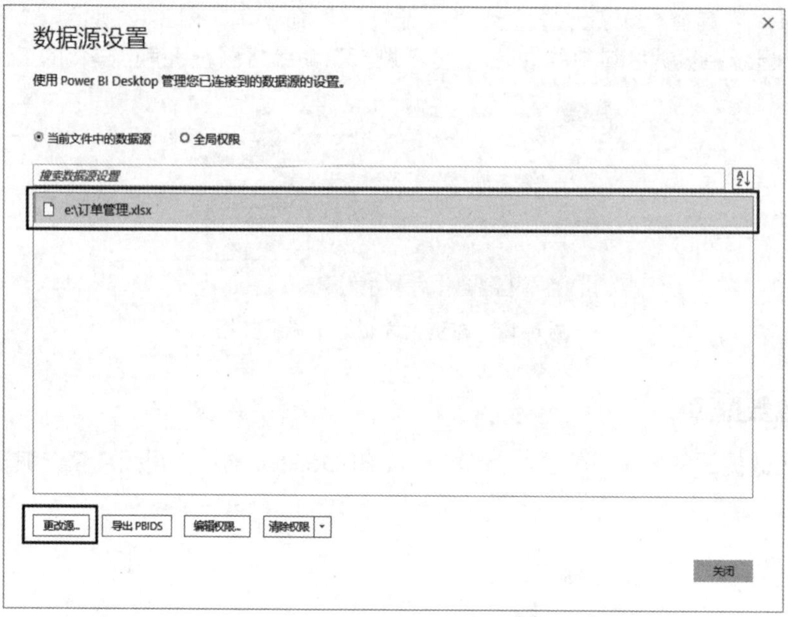

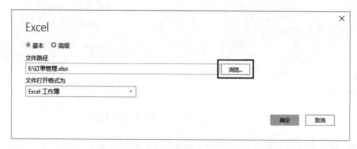

图 8-16　单击"更改源"按钮以更改数据源

图 8-17　单击"浏览"按钮以选择所需的数据源

8.1.5　删除查询

用户可以随时从 Power BI Desktop 中删除不再使用的查询，可以在 Power BI Desktop 或查询编辑器中执行这项操作。需要注意的是，无法撤销对查询执行的删除操作，但是以后可以重新连接并加载该查询。

1．在Power BI Desktop的任意一个视图中删除查询

在 Power BI Desktop 任意一个视图的"字段"窗格中右击要删除的查询，在弹出的快捷菜单中选择"删除"命令，然后在显示确认删除信息的对话框中单击"删除"按钮，如图 8-18 所示。

图 8-18　在 Power BI Desktop 的任意一个视图中删除查询

2．在查询编辑器中删除查询

打开查询编辑器，在"查询"窗格中右击要删除的查询，在
弹出的菜单中选择"删除"命令，然后在显示确认删除信息的对
话框中单击"删除"按钮，如图 8-19 所示。

8.2 调整行和列

在对数据进行其他操作前，通常需要先将数据中没有意义的
行和列删除，只保留有效数据，减少后续处理的麻烦。此外，可
能还需要调整列的位置，以便按指定的顺序显示各列数据。本节
将开始正式介绍在查询编辑器中整理数据的常用方法，本节及后
续几节的内容涉及的操作都将在查询编辑器中完成。

图 8-19　选择"删除"
命令以删除查询

8.2.1 删除不需要的行和列

获取数据后，数据区域中通常包含一些无意义或无须使用的数据，用户可以在查询编辑器
中快速删除不需要的行和列。在查询编辑器的功能区的"主页"选项卡中的"保留行"和"删
除行"两个按钮用于执行删除行的操作，"选择列"和"删除列"两个按钮用于执行删除列的操
作，如图 8-20 所示。

图 8-20　用于删除行和列的命令的位置

例如，想要删除如图 8-21 所示的最后 3 行数据，可以使用以下两种方法。

	ABC 商品编号	ABC 商品名称	ABC 类型	123 价格
1	SP001	苹果	果蔬	8
2	SP002	猕猴桃	果蔬	15
3	SP003	西蓝花	果蔬	6
4	SP004	西红柿	果蔬	5
5	SP005	果汁	饮料	8
6	SP006	可乐	饮料	3
7	SP007	冰红茶	饮料	5
8	SP008	香肠	熟食	12
9	SP009	火腿肠	熟食	6
10	SP010	鱼肠	熟食	10

图 8-21　待处理数据

1．使用"删除行"功能

在功能区的"主页"选项卡中单击"删除行"按钮，然后在弹出的菜单中选择"删除最后几行"
命令，如图 8-22 所示。打开如图 8-23 所示的对话框，在"行数"文本框中输入 3，然后单击"确
定"按钮。

2．使用"保留行"功能

数据区域中共有 10 行数据，删除最后 3 行相当于保留前 7 行，因此也可以在功能区的"主

页"选项卡中单击"保留行"按钮，然后在弹出的菜单中选择"保留最前面几行"命令，如图 8-24 所示。打开如图 8-25 所示的对话框，在"行数"文本框中输入 7，然后单击"确定"按钮。

图 8-22　选择"删除最后
几行"命令

图 8-23　输入要删除的行数

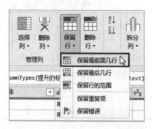

图 8-24　选择"保留最前
面几行"命令

图 8-25　输入要保留的行数

在单击"保留行"和"删除行"两个按钮所弹出的菜单中还有其他一些保留和删除行的方式，操作都比较简单，读者可自行试验。

提示： 通过单击数据区域第一列的列标题左侧的图标，可以在弹出的菜单中找到常用的命令，如图 8-26 所示。

使用"选择列"和"删除列"两个按钮或快捷菜单中的命令，可以执行删除列的操作。如果要删除某一列，可以使用以下方法：

- 单击要删除的列中的任意一个单元格，然后在功能区的"主页"选项卡中单击"删除列"按钮的上半部分，如图 8-27 所示。
- 单击任意一个单元格，位于哪一列无关紧要，然后在功能区的"主页"选项卡中单击"选择列"按钮的上半部分，打开"选择列"对话框，取消选中要删除的列的复选框，然后单击"确定"按钮，如图 8-28 所示。
- 右击要删除的列顶部的标题，在弹出的菜单中选择"删除"命令，如图 8-29 所示。

如果要删除多列，则需要先选择这些列，然后再执行上述操作。选择多列有以下两种方法：

- 选择相邻的多列：单击要选择的多列中的第一列的列标题，将该列选中。然后按住 Shift 键，再单击要选择的多列中的最后一列的列标题即可。如图 8-30 所示选中了"商品编号""商品名称"和"类型" 3 列，选中的列呈灰色显示。
- 选择不相邻的多列：选择多列中的任意一列，然后按住 Ctrl 键，再逐一选择其他要选择的列。

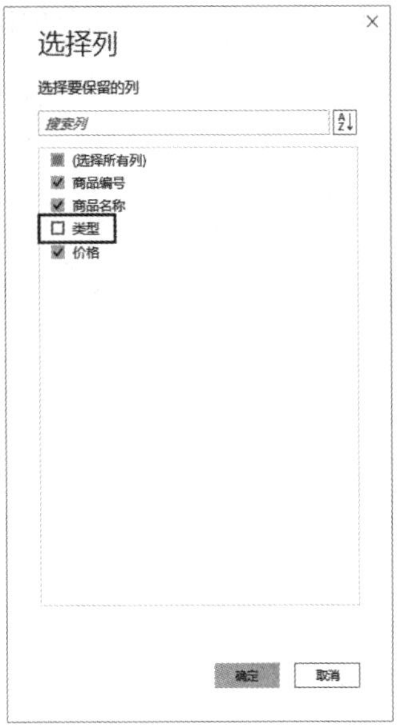

图 8-26 包含常用命令的快捷菜单　图 8-27 单击"删除
列"按钮

图 8-28 取消选中要删除的列

图 8-29 选择"删除"命令

图 8-30 选择相邻的多列

8.2.2 调整列的位置

为了显示方面的要求，可能需要调整数据区域中各列的位置。单击要调整位置的列顶部的
标题，然后按住鼠标左键，将该列拖动到目标位置即可。拖动过程中显示的竖线指示当前移动
到的位置，如图 8-31 所示。

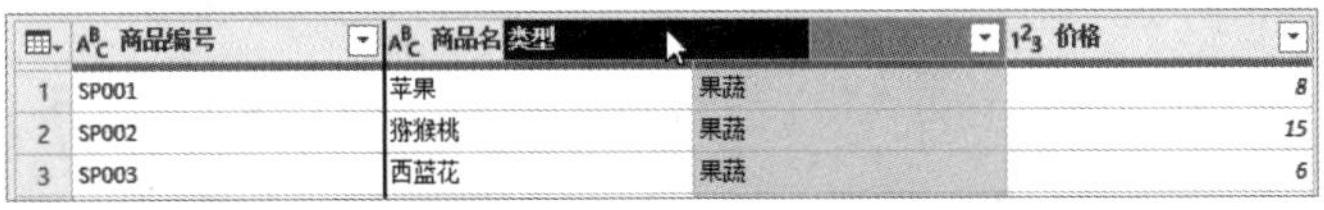

图 8-31 调整列的位置

8.3 修改和转换数据

本节将介绍修改和转换数据的方法，包括将第一行数据设置为列标题、重命名字段标题、
更改字段的数据类型、批量修改特定的值、转换文本格式、在一维表和二维表之间转换等内容。
查询编辑器中的大多数操作都是针对列进行的，在执行操作前不需要选中整列，只需单击目标
列中的任意一个单元格。

8.3.1 将第一行数据设置为列标题

如图 8-32 所示，各列数据顶部的标题由 Column 和数字组成，而真正的列标题位于数据区域的第 1 行。

	Column1	Column2	Column3	Column4
1	商品编号	商品名称	类型	价格
2	SP001	苹果	果蔬	8
3	SP002	猕猴桃	果蔬	15
4	SP003	西蓝花	果蔬	6
5	SP004	西红柿	果蔬	5
6	SP005	果汁	饮料	8
7	SP006	可乐	饮料	3
8	SP007	冰红茶	饮料	5
9	SP008	香肠	熟食	12
10	SP009	火腿肠	熟食	6
11	SP010	鱼肠	熟食	10

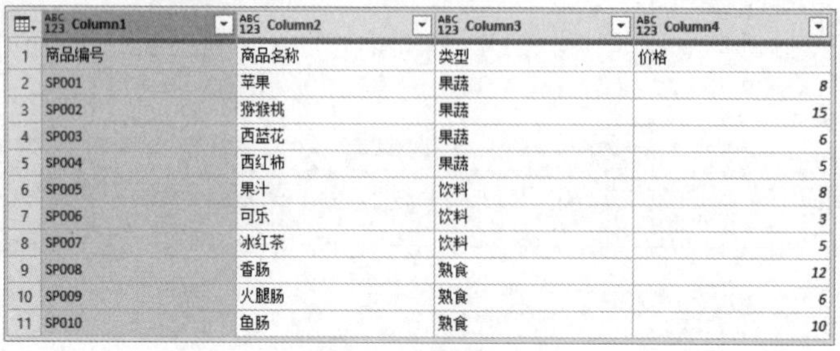

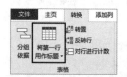

图 8-32　列标题有误

如果要将第 1 行数据设置为列标题，需要单击数据区域中的任意一个单元格，然后在功能区的“主页”选项卡中单击“将第一行用作标题”按钮，将第一行数据设置为列标题，如图 8-33 所示。

图 8-33　将第一行数据设置为列标题

8.3.2 重命名列标题

为了让列标题更具可读性，用户可以修改列标题的名称，有以下两种方法：

- 双击列标题进入编辑状态，输入所需的名称，然后按 Enter 键，如图 8-34 所示。
- 右击列标题，在弹出的菜单中选择“重命名”命令，然后输入所需的名称并按 Enter 键，如图 8-35 所示。

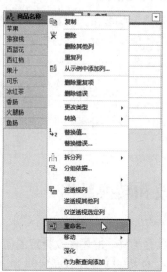

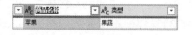

图 8-34　修改列标题

图 8-35　选择“重命名”命令

提示：在列标题的编辑状态下按 Esc 键，将取消对标题的修改。

8.3.3　更改字段的数据类型

Excel 中的数据分为文本、数值、日期和时间、逻辑值、错误值 5 种类型，Power BI Desktop 支持的数据类型与 Excel 类似，包括数字、日期 / 时间、文本、逻辑值、二进制等，但是 Power BI Desktop 对数据的类型有着非常严格的要求。

数字类型主要用于计算，应该将可能参与计算的数据设置为数字类型，例如销量、单价、销售额，否则可能无法正常计算。日期 / 时间类型支持多种显示方式，可以只显示日期或时间，也可以同时显示日期和时间，还可以从日期中提取相应的元素，例如提取年、月、日等。文本类型是包容性最强的数据类型，因为可以将数字、日期和时间都设置为文本类型，但是如果将文本设置为数字类型或日期 / 时间类型将会出错。

在 Power BI Desktop 中连接数据源时，查询编辑器通常会自动对获取到的数据类型进行适当的转换，以提供更高效的存储和计算能力。例如，如果从 Excel 中获取的某一列数据没有小数，Power BI Desktop 就会将该列数据设置为数字类型中的"整数"子类型。

在查询编辑器中打开获取到的数据后，每列数据顶部的标题左侧有一个图标，图标的不同外观表示不同的数据类型。显示为 ABC 的图标表示文本类型，显示为 123 的图标表示数字类型，显示为日历形状的图标表示日期 / 时间类型，同时显示 ABC 和 123 的图标表示任意类型，如图 8-36 所示。

	ABC 订单编号 ▼	1²₃ 订购日期 ▼	ABC 商品编号 ▼	1²₃ 订购数量 ▼	ABC 客户编号 ▼
1	DD001	43983	SP009	8	KH018
2	DD002	43983	SP003	6	KH015

图 8-36　通过列标题左侧的图标标识数据的类型

图 8-36 中的"订购日期"列中的日期显示为数字，而非日期格式。要将该列数据改为日期格式，就需要转换该列的数据类型，有以下方法：

- 单击列标题左侧的图标，在弹出的菜单中选择"日期 / 时间"数据类型，如图 8-37 所示。
- 右击要更改数据类型的列标题，在弹出的菜单中选择"更改类型"命令，然后在子菜单中选择"日期 / 时间"数据类型，如图 8-38 所示。

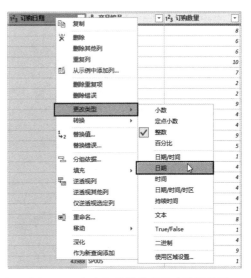

图 8-37　使用列标题上的图标更改数据类型　　　　图 8-38　右击子快捷菜单更改数据类型

● 单击要更改数据类型的列中的任意一个单元格，然后在功能区的"转换"选项卡单击"更改数据类型"按钮，在弹出的菜单中选择"日期/时间"数据类型，如图 8-39 所示。

提示：如果获取的数据有很多列，查询编辑器也没有为这些数据设置合适的数据类型，则在为这些列设置数据类型时，可以使用功能区的"转换"选项卡中的"检测数据类型"命令，通过检测功能自动检查各列数据的类型并进行设置。

8.3.4　批量修改特定的值

使用"替换值"功能可以快速修改指定列中多次出现的同一个值。右击要修改的值所在列的列标题，在弹出的菜单中选择"替换值"命令，打开"替换值"对话框，在"要查找的值"和"替换为"两个文本框中分别输入要修改的值和修改后的目标值，然后单击"确定"按钮，如图 8-40 所示。

图 8-39　使用功能区中的命令
更改数据类型

图 8-40　设置替换选项

技巧：如果右击要修改的值所在的单元格，并在弹出的菜单中选择"替换值"命令，则在打开的对话框中会在"要查找的值"文本框自动填入单元格中的内容，以减少用户的输入量。

8.3.5　转换文本格式

在查询编辑器中为文本提供了格式转换功能，包括转换英文字母大小写、删除前导空格和尾随空格、删除非打印字符、添加前缀和后缀。要转化文本格式，需要先单击要转换的列中的任意一个单元格，然后在功能区的"转换"选项卡中单击"格式"按钮，在弹出的菜单中选择所需的转换命令，如图 8-41 所示。

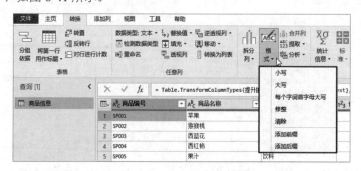

图 8-41　选择所需的转换命令

如图 8-42 所示为使用“添加前缀”命令在“商品名称”列中的每个商品名称的开头添加“SP-”前缀。

	商品编号	商品名称
1	SP001	SP-苹果
2	SP002	SP-猕猴桃
3	SP003	SP-西蓝花
4	SP004	SP-西红柿
5	SP005	SP-果汁
6	SP006	SP-可乐
7	SP007	SP-冰红茶
8	SP008	SP-香肠
9	SP009	SP-火腿肠
10	SP010	SP-鱼肠

图 8-42　在文本开头添加前缀

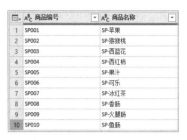

8.3.6　将二维表转换为一维表

在进行数据分析时，不规范的数据会影响数据分析的操作过程和分析结果。用于数据分析的数据源通常需要使用一维表，而二维表是分析结果的展示形式。使用查询编辑器中的“逆透视列”功能可以快速将二维表转换为一维表。

一维表是指各列包含不同类型的信息，每类信息位于同一列中，各列标题位于数据区域的顶部，所有数据呈纵向排列。二维表是指数据区域同时包含标题行和标题列，通过标题行和标题列来决定每个数据的含义，就像 Excel 中通过列标和行号定位单元格。如图 8-43 所示为一个二维表，每行显示的是每天 3 种水果的销量，第一列显示的是销售日期，后 3 列显示的是每种水果的销量数据。

	销售日期	苹果	猕猴桃	蓝莓
1	2020/6/1	50	50	26
2	2020/6/2	44	15	39
3	2020/6/3	49	46	19
4	2020/6/4	28	23	27
5	2020/6/5	29	40	41
6	2020/6/6	31	16	34

图 8-43　二维表

使用“逆透视”功能可以将这个二维表转换为一维表，操作步骤如下：

（1）在数据区域中选择要转换为一维表的一列或多列，本例中要转换的列是“苹果”“猕猴桃”和“蓝莓”，因此同时选中这 3 列，然后在功能区的“转换”选项卡中单击“逆透视列”按钮，如图 8-44 所示。

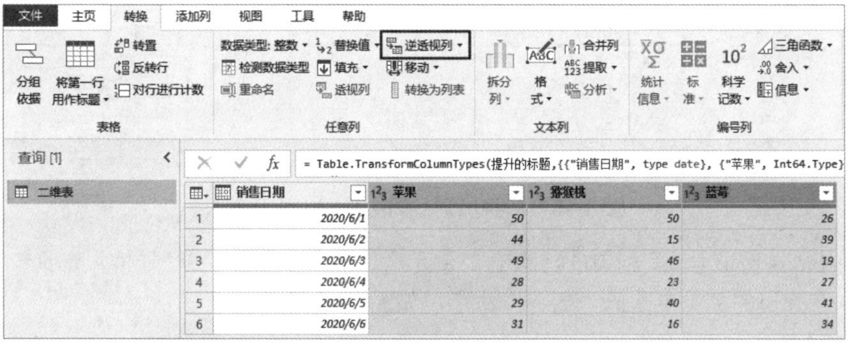

图 8-44　单击“逆透视列”按钮

提示： 选择列有两种方法，一种是按住 Ctrl 键，然后逐一单击每一列。另一种是单击第一列，然后按住 Shift 键再单击最后一列，即可选中连续的多列。

（2）转换后的数据如图 8-45 所示，将“属性”和“值”两列的标题修改为“商品名称”和“销量”即可。现在不同类型的水果名称都位于“商品名称”列中，每个水果在每一天的销量数据都位于“销量”列中。

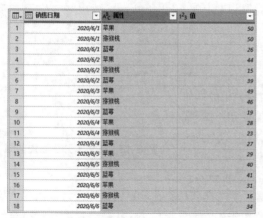

图 8-45　将二维表转换为一维表

8.4　提取和拆分数据

通过提取和拆分数据，用户可以灵活地从数据中获取所需的内容。本节将介绍在查询编辑器中提取字符、提取日期元素、拆分列中数据的方法。本节的最后介绍使用"条件列"功能，根据设定的条件返回指定内容的方法。

8.4.1　提取字符

当数据中包含复杂信息时，需要从中提取出所需的内容，为后续的数据分析做好准备。在查询编辑器中为提取数据提供了多种方式，例如从文本开始或结尾提取字符、提取指定范围内的字符等。

如图 8-46 所示，要从身份证号码中提取出生日期，操作步骤如下：

客户编号	客户姓名	性别	年龄	身份证号码
1	KH001	华尔	男	17	******197108105228
2	KH002	崔暎	女	38	******197610274109
3	KH003	萧飞窟	男	39	******196703184654
4	KH004	蔡盼松	女	34	******198111214154
5	KH005	章妍	男	39	******198503174007
6	KH006	储沐羟	男	18	******196907025353

图 8-46　从身份证号码中提取出生日期

（1）单击"身份证号码"列中的任意一个单元格，然后在功能区的"转换"选项卡中单击"提取"按钮，在弹出的菜单中选择"范围"命令，如图 8-47 所示。

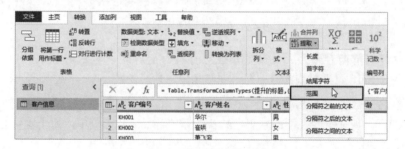

图 8-47　选择"范围"命令

（2）打开"提取文本范围"对话框，在"起始索引"文本框中输入 6，在"字符数"文本框中输入 8，然后单击"确定"按钮，如图 8-48 所示。

图 8-48　设置提取字符的范围

提示： 出生日期是身份证号码中从第 7 位开始的连续 8 位数字，因此将"字符数"设置为 8。由于索引值从 0 开始，因此第 7 位数的索引值是 6，即将"起始索引"设置为 6。

将自动提取出身份证号码中的第 7～14 位数字，最后将列标题改为"出生日期"，如图 8-49 所示。

	A^B_C 客户编号	A^B_C 客户姓名	A^B_C 性别	1^2_3 年龄	A^B_C 出生日期
1	KH001	华尔	男	17	19710810
2	KH002	崔琪	女	38	19761027
3	KH003	萧飞窨	男	39	19670318
4	KH004	蔡盼松	女	34	19811121
5	KH005	章妍	男	39	19850317
6	KH006	储沐泾	男	18	19690702

图 8-49　从身份证号码中提取出生日期

8.4.2　提取日期元素

在查询编辑器中可以从日期/时间类型的数据中提取出不同的元素，例如从日期中提取年份、月份、所属季度、当月天数等，还可以将日期转换为星期几。

在单击日期数据所在列中的任意一个单元格后，可以在功能区的"转换"选项卡中单击"日期"按钮，然后在弹出的菜单中选择要提取的日期元素，如图 8-50 所示。如图 8-51 所示为将日期转换为星期几后的效果。

图 8-50　选择要提取的日期元素

	A^B_C 订单编号	订购日期	A^B_C 星期几
1	DD001	2020/6/1	星期一
2	DD002	2020/6/1	星期一
3	DD003	2020/6/1	星期一
4	DD004	2020/6/1	星期一
5	DD005	2020/6/2	星期二
6	DD006	2020/6/3	星期三

图 8-51　将日期转换为星期几

在实际应用中，可能并不想改变原有的日期数据，而是想将提取出的日期元素显示在一个单独的列中。为此可以使用功能区的"添加列"选项卡中的"日期"按钮，该按钮中的命令与"转换"选项卡中"日期"按钮中的命令相同，它们之间的主要区别是提取日期元素的位置，前者是直接覆盖原有的日期，后者是将提取出的数据保存到新列中，并不会影响原有的日期。这两个选项卡中其他相同的命令都具有类似的效果。

8.4.3 拆分列

使用“拆分列”功能可以将包含复杂数据的列拆分为多个列，每一列包含复杂数据的一部分，可以按分隔符、字符数、位置等多种方式对列进行拆分。

如图 8-52 所示，在“商品类型和名称”列中同时包含商品的类型和商品的名称，它们之间以“<”符号分隔。为了便于数据的统计和分析，应该将商品类型与商品名称分别保存到两列中，操作步骤如下：

	商品编号	商品类型和名称	价格
1	SP001	果蔬<苹果	8
2	SP002	果蔬<猕猴桃	15
3	SP003	果蔬<西蓝花	6
4	SP004	果蔬<西红柿	5
5	SP005	饮料<果汁	8
6	SP006	饮料<可乐	3
7	SP007	饮料<冰红茶	5
8	SP008	熟食<香肠	12
9	SP009	熟食<火腿肠	6
10	SP010	熟食<鱼肠	10

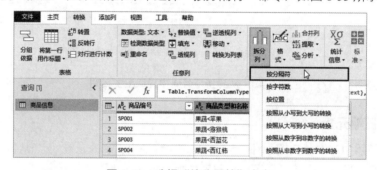

图 8-52　第 2 列包含两种类型的内容

（1）单击“商品类型和名称”列中的任意一个单元格，然后在功能区的“转换”选项卡中单击“拆分列”按钮，在弹出的菜单中选择“按分隔符”命令，如图 8-53 所示。

图 8-53　选择“按分隔符”命令

（2）打开“按分隔符拆分列”对话框，在“选择或输入分隔符”下拉列表中选择“自定义”，然后在下方的文本框中输入“<”，再单击“确定”按钮，如图 8-54 所示，即可将位于“<”符号左右两侧的内容拆分到两列中，如图 8-55 所示。

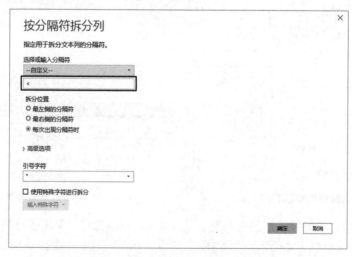

图 8-54　设置用于拆分列的分隔符

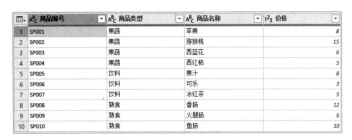

图 8-55 将一列中的数据拆分为两列

提示：由于"商品类型和名称"列中只包含一个"<"符号，因此在"拆分位置"中选择哪一项均可。如果包含不止一个"<"符号，则需要选择在该符号出现的哪些位置上进行拆分。

8.4.4 使用"条件列"功能返回指定的值

使用"条件列"功能可以为现有列中的值设置条件，根据条件判断结果返回不同的值并存储在新列中。如图 8-56 所示，想要根据商品的销量评定商品是否热卖。评定条件为：销量大于30 为"热卖"商品，否则为"一般"商品。

操作步骤如下：

（1）单击数据区域中的任意一个单元格，在功能区的"添加列"选项卡中单击"条件列"按钮，如图 8-57 所示。

图 8-56 待评定的销售数据

图 8-57 单击"条件列"按钮

（2）打开"添加条件列"对话框，如图 8-58 所示，进行以下几项设置：

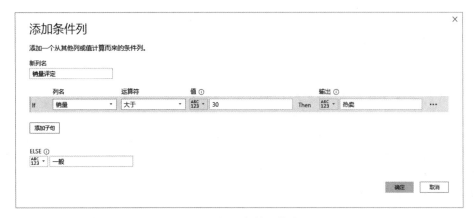

图 8-58 设置条件列的选项

● 在"新列名"文本框中输入即将创建的包含评定结果的列名称，例如"销量评定"。

- 在"列名"下拉列表中"销量"。
- 在"运算符"下拉列表中选择"大于"。
- 在"值"文本框中输入 30。
- 在"输出"文本框中输入"热卖"。
- 在 ELSE 文本框中输入"一般"。

设置完成后单击"确定"按钮，将在数据区域中添加名为"销量评定"的列，其中的值是根据"销量"列中的数据是否大于 30 得到的，大于 30 显示"热卖"，否则显示"一般"，如图 8-59 所示。

	A^B_C 商品编号	A^B_C 商品名称	1²₃ 销量	ABC₁₂₃ 销量评定
1	SP001	苹果	29	一般
2	SP002	猕猴桃	32	热卖
3	SP003	西蓝花	28	一般
4	SP004	西红柿	50	热卖
5	SP005	果汁	17	一般
6	SP006	可乐	29	一般
7	SP007	冰红茶	17	一般
8	SP008	香肠	17	一般
9	SP009	火腿肠	30	一般
10	SP010	鱼肠	25	一般

图 8-59 根据销量评定商品是否热卖

"添加条件列"对话框中设置的条件可以表示为以下形式：

IF条件THEN满足条件时显示的值ELSE不满足条件时显示的值

"条件"部分由列名、运算符、值 3 项组成。"列名"是要为其设置条件的列。"运算符"包括大于、小于、等于、不等于、大于等于、小于等于 6 种。"值"用于与"列名"所表示的列中的数据进行比较，比较结果为逻辑值 TRUE 或 FALSE。如果为 TRUE，则说明满足条件，将返回 THEN 部分的内容；如果为 FALSE，则说明不满足条件，将返回 ELSE 部分的内容。

8.5 合并数据

在查询编辑器中可以使用 3 种方式来合并数据：追加查询、合并查询、合并文件夹中的文件。"追加查询"是将多张表中相同字段的数据合并到一起，是对数据的纵向合并，类似于在 Excel 中添加整行的数据记录。"合并查询"是以多张表中的某个共同字段为基础，将与该字段相关的字段合并到同一张表的多个列中，是对数据的横向合并，类似于在 Excel 中使用 VLOOKUP 函数的效果。合并文件夹中的文件是将一个文件夹中所有文件的数据纵向合并到一起，可以将其看作是追加查询的增强版。

8.5.1 使用"追加查询"纵向合并数据

如图 8-60 所示为果蔬、饮料和熟食 3 种商品类型的表中数据，不同类型的商品分别存储在这 3 个表中。使用"追加查询"功能可以将这 3 个表中的数据合并到一起，操作步骤如下：

（1）在"查询"窗格中选择任意一个查询，然后在所选查询的数据区域中单击任意一个单元格，再在功能区的"主页"选项卡中单击"追加查询"按钮上的下拉按钮，在弹出的菜单中选择"将查询追加为新查询"命令，如图 8-61 所示。

提示：选择"将查询追加为新查询"命令是为了将合并后的数据保存到一个新表中，而不会破坏原表中的数据。

图 8-60　要合并的 3 个表中的数据　　　图 8-61　选择"将查询追加为新查询"命令

（2）打开"追加"对话框，选中"三个或更多表"单选按钮，如图 8-62 所示。在左侧的"可用表"列表框中列出了当前可用的所有表，在右侧的"要追加的表"列表框中默认自动添加了"商品信息（果蔬）"表，这是因为打开该对话框之前在"查询"窗格中选择的是该查询。

（3）在"可用表"列表框中选择其他两个表，然后单击"添加"按钮，将它们添加到"要追加的表"列表框中，然后单击"确定"按钮，如图 8-63 所示。将自动创建一个新的查询，并在该查询中将 3 个表中的数据依次合并到一起，如图 8-64 所示。

图 8-62　选中"三个或更多表"单选按钮　　　图 8-63　将要合并的表添加到"要追加的表"
列表框中

图 8-64　将 3 个表中的数据合并到一起

提示：在"要追加的表"列表框中可以使用按钮▲或▼调整表的位置，该位置决定合并数据的先后次序。如果添加了错误的表，则可以单击按钮✕将其删除。

8.5.2　使用"合并查询"横向合并数据

如图 8-65 所示，订单信息和商品信息分别存储在两个表中，在订单信息表通过"商品编号"

可以从商品信息表中找到对应的商品信息。使用"合并查询"功能可以基于"商品编号"将两个表中的数据合并到一起，操作步骤如下：

（1）在"查询"窗格中选择任意一个查询，然后在数据区域中单击任意一个单元格，再在功能区的"主页"选项卡中单击"合并查询"按钮上的下拉按钮，在弹出的菜单中选择"将查询合并为新查询"命令，如图 8-66 所示。

图 8-65　订单信息和商品信息存储在两个表中　　　图 8-66　选择"将查询合并为新查询"命令

（2）打开"合并"对话框，上方列出的表是在打开该对话框之前选择的查询，在下方的下拉列表中选择要合并的另一个表，此处为"商品信息"，如图 8-67 所示。

图 8-67　选择要合并的第二个表

（3）由于两个表通过"商品编号"建立关联，因此需要在两个表中分别单击"商品编号"列，如图 8-68 所示。

（4）在"联接种类"下拉列表中选择两个表中数据的匹配方式。由于订单信息表中的每个订单是唯一的，但是多个订单可能包含同一种商品，因此应该将"联接种类"设置为"左外部（第一个中的所有行，第二个中的匹配行）"，然后单击"确定"按钮，如图 8-69 所示。

（5）将创建一个新的查询，并将订单信息与商品信息中的数据通过商品编号合并到一起，此时商品信息表中的数据显示为 Table，如图 8-70 所示。

图 8-68　选择两个表之间关联的列　　　　　图 8-69　选择表的联接种类

（6）单击"商品信息"列标题右侧的展开按钮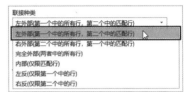，在打开的列表中选择要显示的来自于商品信息表中的列，如图 8-71 所示。单击"确定"按钮，将在查询中显示所选列中的数据，如图 8-72所示。

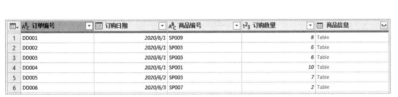

图 8-70　将订单信息与商品信息中的数据合并到一起　　　图 8-71　选择要显示的列

图 8-72　将订单信息与客户信息合并

8.5.3　合并文件夹中的文件

当数据源分布在多个文件中时，使用获取数据中的"文件夹"功能，可以将同一个文件夹中所有文件的数据合并到一起。该功能在 Power BI Desktop 或查询编辑器中都可以使用。为了让多个文件中的数据能够正确合并，需要确保每个文件中的数据具有相同的结构，这主要是指所有文件中包含相同的列、列的排列顺序也要相同。

下面以在查询编辑器中操作为例，合并文件夹中文件数据的操作步骤如下：

（1）在功能区的"主页"选项卡中单击"新建源"按钮上的下拉按钮，然后在弹出的菜单中选择"更多"命令，如图 8-73 所示。

（2）打开"获取数据"对话框，选择"文件夹"，然后单击"连接"按钮，如图 8-74 所示。

图 8-73 选择"更多"命令　　　　　图 8-74 选择"文件夹"并单击"连接"按钮

（3）打开"文件夹"对话框，单击"浏览"按钮，在打开的对话框中选择要合并的文件所在的文件夹，然后单击"确定"按钮，如图 8-75 所示。

（4）返回"文件夹"对话框，第（3）步选择的文件夹的完整路径被自动填入"文件夹路径"文本框中，确认无误后单击"确定"按钮，如图 8-76 所示。

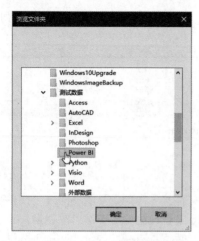

图 8-75 选择要合并的文件所在的文件夹　　图 8-76 自动填入文件夹的完整路径

（5）打开如图 8-77 所示的对话框，其中列出了所选文件夹中所有文件及其相关属性，单击“合并并转换数据”按钮。

E:\测试数据\Power BI

Content	Name	Extension	Date accessed	Date modified	Date created	Attributes	Folder Path
Binary	商品信息1（果蔬）.xlsx	.xlsx	2020/12/24 20:47:08	2020/12/24 20:31:26	2020/12/24 20:47:08	Record	E:\测试数据\Power BI\
Binary	商品信息2（饮料）.xlsx	.xlsx	2020/12/24 20:47:08	2020/12/24 20:31:17	2020/12/24 20:47:08	Record	E:\测试数据\Power BI\
Binary	商品信息3（熟食）.xlsx	.xlsx	2020/12/24 20:47:08	2020/12/24 20:31:37	2020/12/24 20:47:08	Record	E:\测试数据\Power BI\

合并并转换数据　转换数据　取消

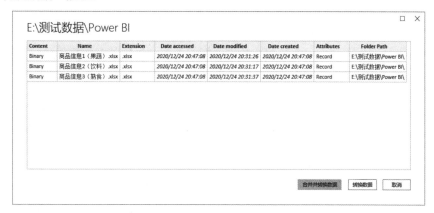

图 8-77　选择“合并并转换数据”命令

（6）打开“合并文件”对话框，在“示例文件”下拉列表中选择一个作为格式参照基准的文件，然后单击“确定”按钮，如图 8-78 所示。

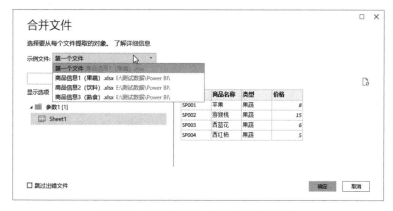

图 8-78　选择作为格式参照基准的文件

将所选文件夹中的所有文件的数据合并到一起，在 Source.Name 列中显示了每行数据来源文件的名称，如图 8-79 所示。

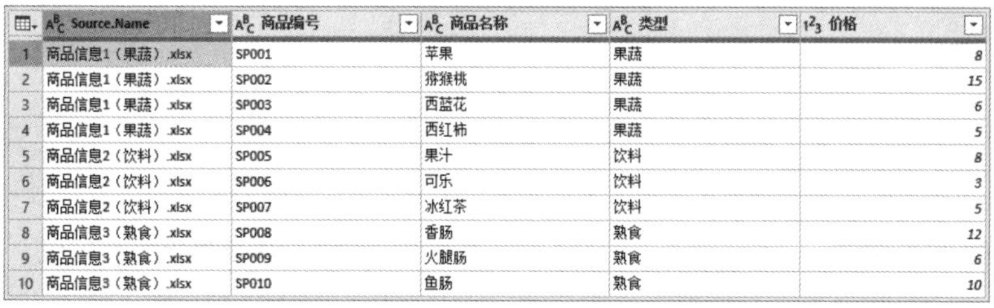

	Source.Name	商品编号	商品名称	类型	价格
1	商品信息1（果蔬）.xlsx	SP001	苹果	果蔬	8
2	商品信息1（果蔬）.xlsx	SP002	猕猴桃	果蔬	15
3	商品信息1（果蔬）.xlsx	SP003	西蓝花	果蔬	6
4	商品信息1（果蔬）.xlsx	SP004	西红柿	果蔬	5
5	商品信息2（饮料）.xlsx	SP005	果汁	饮料	8
6	商品信息2（饮料）.xlsx	SP006	可乐	饮料	3
7	商品信息2（饮料）.xlsx	SP007	冰红茶	饮料	5
8	商品信息3（熟食）.xlsx	SP008	香肠	熟食	12
9	商品信息3（熟食）.xlsx	SP009	火腿肠	熟食	6
10	商品信息3（熟食）.xlsx	SP010	鱼肠	熟食	10

图 8-79　将文件夹中的所有文件中的数据合并到一起

8.6　排序、筛选和汇总数据

在查询编辑器中可以对数据进行排序、筛选和分类汇总。排序用于快速按指定顺序排列数据，筛选用于快速显示符合条件的数据，分类汇总用于按类别对数据进行汇总计算。在查询编辑器中对数据执行排序、筛选和分类汇总的操作与 Excel 非常相似。

8.6.1　排序数据

在查询编辑器中选择一个查询后，在数据区域的每个列标题的右侧都有一个下拉按钮，单击该按钮将打开一个下拉列表，其中的"升序排序"和"降序排序"命令用于对列中的数据进行排序，如图 8-80 所示。

如图 8-81 所示为按照价格从高到低的顺序降序排列商品信息。处于排序状态的列标题右侧的下拉按钮会显示一个表示升序或降序排列的箭头，以此表示该列正在执行的排序方式。

图 8-80　使用"升序排序"和"降序排序"命令排序数据

	ABC 商品编号	ABC 商品名称	ABC 类型	123 价格
1	SP002	猕猴桃	果蔬	15
2	SP008	香肠	熟食	12
3	SP010	鱼肠	熟食	10
4	SP001	苹果	果蔬	8
5	SP005	果汁	饮料	8
6	SP009	火腿肠	熟食	6
7	SP003	西蓝花	果蔬	6
8	SP007	冰红茶	饮料	5
9	SP004	西红柿	果蔬	5
10	SP006	可乐	饮料	3

图 8-81　按照价格降序排列商品信息

单击排序列的列标题右侧的下拉按钮，在弹出的菜单中选择"清除排序"命令，将清除该列的排序状态。

8.6.2　筛选数据

筛选数据也需要单击列标题右侧的下拉按钮，在打开的下拉列表中选择要筛选的值，例如选择"男"，如图 8-82 所示。单击"确定"按钮，将只显示男性客户的信息，处于筛选状态的列标题右侧的下拉按钮上会显示一个漏斗图标，如图 8-83 所示。

图 8-82　选择要筛选的值

	ABC 客户编号	ABC 客户姓名	ABC 性别	123 年龄
1	KH001	华尔	男	17
2	KH003	萧飞窘	男	39
3	KH005	章妍	男	39
4	KH006	储沐泾	男	18
5	KH008	柴家翔	男	37
6	KH011	山倩	男	42
7	KH015	顾亦	男	41
8	KH020	蒋妤阳	男	38

图 8-83　只显示符合筛选条件的值

技巧：即使不打开下拉列表也可以完成上述筛选操作，只需在数据区域中右击任意一个包含"男"的单元格，在弹出的菜单中选择"文本筛选器"命令，然后在子菜单中选择"等于"命令即可，如图 8-84 所示。

如果想要设置更多筛选条件，则可以单击列标题右侧的下拉按钮，在打开的列表中选择"文本筛选器"命令，然后在子菜单中选择所需的筛选条件，如图 8-85 所示。

图 8-84　右击子快捷菜单中的命令筛选数据

图 8-85　选择更多的筛选条件

提示：如果列中的数据是数字或日期，"文本筛选器"会变成"数字筛选器"或"日期筛选器"。

筛选数据时可以设置两个筛选条件，例如想要筛选出年龄在 20 岁以下和 40 岁以上的客户信息，操作步骤如下：

（1）单击年龄所在的列标题右侧的下拉按钮，在打开的下拉列表中选择"数字筛选器"|"小于"命令，如图 8-86 所示。

图 8-86　选择"数字筛选器"中的"小于"命令

（2）打开"筛选行"对话框，第一行左侧的下拉列表已自动设置为"小于"，在其右侧的文本框中输入 20，然后选中"或"单选按钮，再在第二行左侧的下拉列表中选择"大于"，并在其右侧的文本框中输入 40，如图 8-87 所示。

图 8-87　设置筛选条件

（3）完成以上设置后，单击"确定"按钮，将在数据区域中只显示年龄小于 20 岁或大于 40 岁的客户信息，如图 8-88 所示。

	A^B_C 客户编号	A^B_C 客户姓名	A^B_C 性别	1²₃ 年龄
1	KH001	华尔	男	17
2	KH006	储沐泾	男	18
3	KH009	越光	女	15
4	KH011	山倩	男	42
5	KH015	颐亦	男	41
6	KH016	缪建义	女	45
7	KH017	纪怀湘	女	42
8	KH018	谷吉	女	16
9	KH019	葛幼彤	女	16

图 8-88　筛选结果

8.6.3　分类汇总数据

使用"分组依据"功能可以对一列或多列数据进行分类汇总，即按类别对数据进行分组，然后对各组数据进行汇总计算，例如求和、计数、求平均值等。

如图 8-89 所示为每个订单的订购信息，包括订单编号、订购日期、商品名称和订购数量。如果想要统计所有订单中各种商品的订购总量，则需要以"商品名称"列中的数据作为分类依据，然后对"订购数量"列中的数据进行求和，操作步骤如下：

	A^B_C 订单编号	订购日期	A^B_C 商品名称	1²₃ 订购数量
1	DD001	2020/6/1	火腿肠	8
2	DD002	2020/6/1	西蓝花	6
3	DD003	2020/6/1	西蓝花	6
4	DD004	2020/6/1	苹果	10
5	DD005	2020/6/2	西蓝花	7
6	DD006	2020/6/3	冰红茶	2
7	DD007	2020/6/3	冰红茶	2
8	DD008	2020/6/3	可乐	9
9	DD009	2020/6/4	可乐	4
10	DD010	2020/6/4	鱼肠	4

图 8-89　订单数据

（1）单击要作为分类依据的列中的任意一个单元格，此处为"商品名称"列，然后在功能区的"主页"选项卡中单击"分组依据"按钮，如图 8-90 所示。

（2）打开"分组依据"对话框，"分组依据"被自动设置为"商品名称"，在"新列名"文本框中输入用于放置汇总数据的新列的名称，例如"订购总量"，如图 8-91 所示。

图 8-90　单击"分组依据"按钮 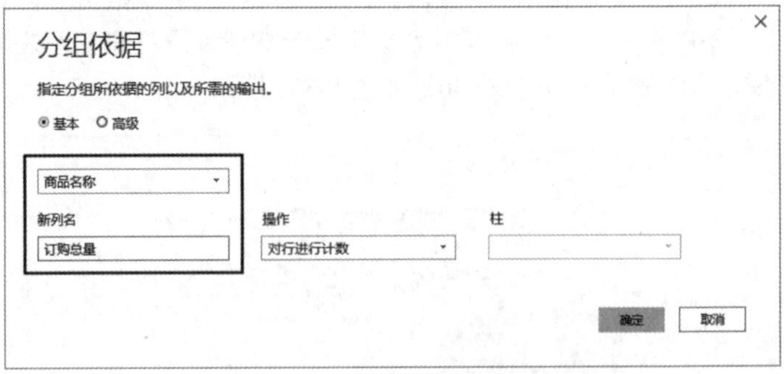　　　　图 8-91　设置分组依据和新列的名称

（3）在"操作"下拉列表中选择"求和"，在"柱"下拉列表中选择"订购数量"，即对订

购数量进行求和，如图 8-92 所示。单击"确定"按钮，将统计出每种商品的订购总量，如图 8-93所示。

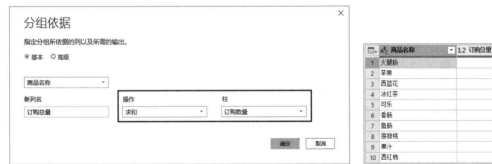

图 8-92　选择统计方式和用于计算的列　　　　图 8-93　统计每种商品的订购总量

　　提示：在分类汇总数据时，可以添加多个分组依据，以便可以按照多个类别来汇总数据。在"分组依据"对话框中选中"高级"单选按钮，然后单击"添加分组"按钮，即可新增一个分组依据。单击分组依据文本框右侧的省略号，可以使用弹出菜单中的命令调整分组依据之间的顺序或删除分组依据，如图 8-94 所示。

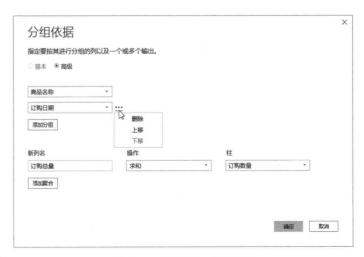

图 8-94　添加新的分组依据

第9章
创建数据模型和新的计算

复杂的业务模型包含大量的数据，为了便于数据的管理，减少数据冗余，通常将数据按照不同的主题分别存储在多个表中，然后在这些表之间建立关系，以便让这些表中的数据在逻辑上构成一个整体，这些具有特定关系的表构成了数据模型。为多个表建立关系正是 Power BI Desktop 相对于 Excel 来说的一大优势。如果使用过 Access，则会很容易理解在 Power BI Desktop 中建立表关系的概念和方法。本章将介绍在 Power BI Desktop 中创建数据模型，以及在此基础上创建计算列和度量值的方法。

9.1　创建数据模型

在 Power BI Desktop 中为多个表创建关系需要在模型视图中进行操作。创建关系的关键是在两个表中必须包含一个相关的列，通过该列可以为两个表建立逻辑连接。关系的类型分为一对一、一对多、多对一和多对多，一对多和多对一实际上是意义相同的关系，只是创建关系的两个表的位置不同。在 Power BI Desktop 中将关系的类型称为基数。

9.1.1　自动创建关系

加载数据时，Power BI Desktop 会自动检测表之间是否存在关系，如果是则会自动为表创建关系。用户也可以强制让 Power BI Desktop 自动检测并创建关系，操作步骤如下：

（1）在 Power BI Desktop 中切换到模型视图，然后在功能区的"主页"选项卡中单击"管理关系"按钮，如图 9-1 所示。

图 9-1　单击"管理关系"按钮

提示：在其他两个视图中也提供了"管理关系"按钮。

（2）打开"管理关系"对话框，单击"自动检测"按钮，如图 9-2 所示。

图 9-2　单击"自动检测"按钮

（3）Power BI Desktop 开始自动检测当前已加载的所有表之间是否存在关系，如果发现关系，则将显示如图 9-3 所示的提示信息。

（4）单击"关闭"按钮，在"管理关系"对话框中将显示自动创建关系的表，在表名右侧的括号中显示的是两个表中的相关列，正是通过该列为两个表创建关系，如图 9-4 所示。

图 9-3　发现关系时的提示信息

图 9-4　自动创建关系

（5）如果想要创建关系并使其可用，需要选中关系开头的复选框，然后单击"关闭"按钮。

9.1.2 手动创建关系

如果 Power BI Desktop 没有自动为相关的表创建关系，那么用户可以使用两种方法手动创建关系。一种方法是在模型视图中通过拖动字段来创建关系，另一种方法是在"创建关系"对话框中创建关系。

1. 通过拖动字段创建关系

在 Power BI Desktop 中切换到模型视图，底部默认显示"所有表"标签，该标签表示的是一个表关系的布局方案，如图 9-5 所示。在与该标签对应的布局页面中包含已加载到 Power BI Desktop 中的所有表，这些表以缩略图的形式显示。

如果当前位于其他布局页面，则在这些布局页面中可能并未显示所需的表，此时需要将想要创建关系的表从"字段"窗格拖动到模型视图中，如图 9-6 所示。

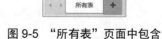

图 9-5　"所有表"页面中包含已加载的所有表

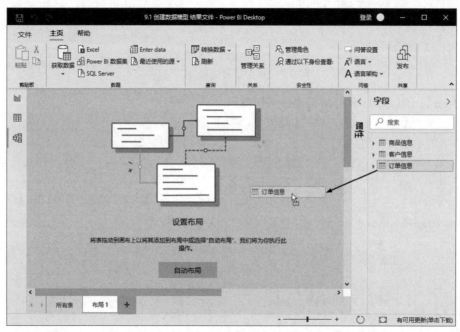

图 9-6　将表添加到布局页面中

在布局页面中添加所需的表后，单击一个表中的某个字段，并将其拖动到另一个表中的相关字段上，即可为两个表创建关系，如图 9-7 所示。

创建关系时将在两个表之间添加一条连接线，Power BI Desktop 会自动判断两个表中相关记录的对应情况并设置关系类型。连接线两端的数字和星号表示关系的类型，星号表示关系的"多"端，数字表示关系的"一"端。此处创建的关系类型为多对一，即订单信息表中的多条记录对应于商品信息表中的某一条记录，如图 9-8 所示。这种情况正好与实际相符，因为一件商品可以出现在多个订单中。换句话说，多个订单可以订购同一件商品。

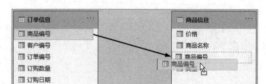

图 9-7　手动创建关系

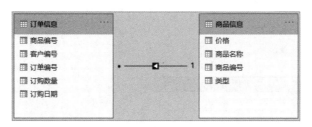

图 9-8　创建关系的两个表之间有一条连接线

在模型视图中，如果想要查看两个表之间通过哪个字段创建的关系，则可以将鼠标指针移动到两个表之间的连接线上，此时两个表中高亮显示的字段就是用于创建关系的字段，此处为"商品编号"字段，如图 9-9 所示。

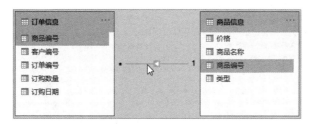

图 9-9　高亮显示创建关系所使用的相关字段

2．在"创建关系"对话框中创建关系

用户还可以在"创建关系"对话框中创建关系，操作步骤如下：

（1）在 Power BI Desktop 中切换到模型视图，然后在功能区的"主页"选项卡中单击"管理关系"按钮，打开"管理关系"对话框，单击"新建"按钮，如图 9-10 所示。

图 9-10　单击"新建"按钮

（2）打开"创建关系"对话框，在上方的下拉列表中选择要创建关系的第一个表，例如"订单信息"，如图 9-11 所示。

图 9-11　选择要创建关系的第一个表

（3）在下方的下拉列表中选择要创建关系的第二个表，例如"商品信息"，如图 9-12 所示。

图 9-12　选择要创建关系的第二个表

（4）选择好要创建关系的两个表后，需要在两个表中分别单击用于创建关系的相关列，此处为"商品编号"列，选中的列显示为灰色，如图 9-13 所示。

提示：Power BI Desktop 通常会自动检测并选中两个表中的相关列，如果选择有误，用户可以重新选择。

图 9-13　选择用于创建关系的相关列

（5）根据在第（4）步中选择的相关列，Power BI Desktop 会判断两个表的关系类型并设置适当的基数，此处为"多对一（*:1）"。用户也可以在"基数"下拉列表中选择所需的关系类型，如图 9-14 所示。

图 9-14　指定两个表的关系类型

（6）单击"确定"按钮，再单击"关闭"按钮，将为"订单信息"和"商品信息"两个表创建关系。

9.1.3 修改关系

用户可以在"编辑关系"对话框中修改已创建关系的相关选项，打开该对话框有以下两种方法：

- 在模型视图中双击两个表之间的连接线，或者右击连接线并在弹出的菜单中选择"属性"命令，如图 9-15 所示。
- 切换到模型视图，在功能区的"主页"选项卡中单击"管理关系"按钮，打开"管理关系"对话框，双击要修改的关系，或者选择关系后单击"编辑"按钮，如图 9-16 所示。

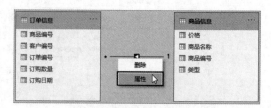

图 9-15 选择"属性"命令

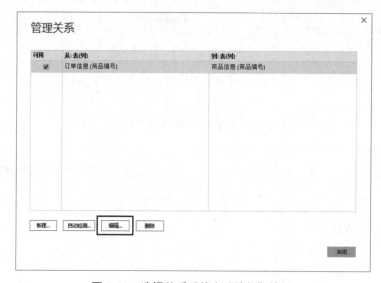

图 9-16 选择关系后单击"编辑"按钮

打开的"编辑关系"对话框的外观与"创建关系"对话框基本相同，根据需要对其中的选项进行调整即可。

9.1.4 删除关系

用户可以随时删除不再需要的关系，有以下两种方法：

- 在模型视图中右击要删除的关系连接线，然后在弹出的菜单中选择"删除"命令，再在显示的确认删除对话框中单击"删除"按钮即可，如图 9-17 所示。

图 9-17 单击"删除"按钮以删除关系

- 打开"管理关系"对话框，选择要删除的关系，然后单击"删除"按钮，再在显示的确认删除对话框中单击"删除"按钮。

9.2 创建计算列和度量值

用户可以在数据模型中创建计算列和度量值，以便对每行数据进行计算或对特定指标进行分析。在 Power BI Desktop 中创建计算列和度量值需要使用 DAX 公式，因此本节首先介绍 DAX 公式的基础知识，然后介绍创建计算列和度量值的方法。

9.2.1　了解 DAX 公式

DAX 的全称是 Data Analysis Expressions（数据分析表达式），它是一种在 Power BI 中编写的公式，用于对数据模型中的数据进行不同类型的计算。DAX 公式有其特定的输入格式和规则，就像在 Excel 中输入公式也需要遵循一定的语法格式。

Excel 包含的函数在大多数的计算中发挥了主要作用。在 DAX 公式中也可以使用大量的函数，其中很多函数的功能和用法与 Excel 函数相似，如果熟悉 Excel 函数，就会很容易理解 DAX 函数。本小节将介绍 DAX 公式的基本概念和格式规范。

1.　DAX公式的格式规范

DAX 公式的格式规范包括 DAX 公式的组成元素、编写方法和注意事项。如图 9-18 所示为一个 DAX 公式的示例，该公式包括以下部分：

- ❶"支付金额"是度量值的名称，它是在编写 DAX 公式时需要最先输入的内容，位于等号的左侧。如果创建的是计算列，则该名称将用作列标题。
- ❷"="是等号运算符，它表示公式的开始。
- ❸"[订购数量]"是当前输入 DAX 公式的表中的列，需要使用一对方括号将列名包围起来。由于引用的列与 DAX 公式位于同一个表中，因此可以省略表名的限定。
- ❹"*"是乘法运算符，用于计算两个数的乘积。
- ❺RELATED 是一个 DAX 函数，用于从相关表中获取数据。
- ❻"（"和"）"是与 RELATED 函数相关联的一对括号，在括号中输入函数所需的参数，参数是提供给函数进行处理的数据。本公式中"' 商品信息 '[价格]"是 RELATED 函数的参数。
- ❼"' 商品信息 '"是引用的表的名称。
- ❽"[价格]"是"商品信息"表中的列。该部分左侧的"' 商品信息 '"是表名的限定，将"价格"列限定在"商品信息"表中。

图 9-18　DAX 公式的结构

编写 DAX 公式时需要注意以下几点：

- 在 Excel 公式中可以引用单个单元格或单元格区域，而在 DAX 公式中只能引用完整的数据表或数据列。如果要引用列中的某部分数据或列中的某个值，则需要使用可以筛选列或返回唯一值的 DAX 函数。
- DAX 公式中引用的列名或度量值必须放在一对方括号中。如果引用的表名中存在空格或特殊字符，则必须将表名放在一对单引号中。为了防止出错，可以始终将引用的表名放在一对单引号中。
- 如果引用的列与当前 DAX 公式所创建的度量值或计算列属于同一个表，则可以直接引用列，而不需要为列添加表名的限定。如果引用的是来自于其他表中的列，则必须为列添加表名的限定。

- 在 DAX 公式中输入函数名或列名时，会自动显示与当前输入匹配的内容列表，可以使用方向键和 Tab 键在列表中选中所需内容并将其添加到公式中。
- 如果 DAX 公式的长度较长，则可以使用 Alt+Enter 快捷键在公式中的指定位置换行输入。
- 如果 DAX 公式的语法不正确，则将返回语法错误。有时即使没有返回语法错误，也可能会得到错误的结果。

2．DAX公式中的运算符

可以在 DAX 公式中使用的运算符与在 Excel 公式中的运算符类似，包括算术运算符、比较运算符和逻辑运算符。在 DAX 公式中使用"&&"符号表示"与"运算，使用"||"符号表示"或"运算，而在 Excel 中使用 AND 和 OR 表示"与"和"或"运算。

3．DAX函数的特点

函数是预先编写好的用于执行特定计算的公式，使用函数可以简化复杂的计算，并完成普通公式无法完成的任务。函数的参数为函数提供了需要进行处理的数据。如果将一个函数作为另一个函数的参数，则将这种形式称为嵌套函数。

DAX 包括以下几类函数：日期和时间函数、时间智能函数、信息函数、逻辑函数、数学函数、统计函数、文本函数、父/子函数和其他函数。虽然其中的很多函数与 Excel 函数的功能和用法类似，但是 DAX 函数具有以下特点：

- DAX 函数始终引用整个数据表或数据中的列，如果只想使用某个表或列中的特定值，则可以在 DAX 公式中添加筛选器。Excel 函数主要引用单元格、行或列。
- 如果需要进行逐行计算，则 DAX 提供了可将当前行中的值或相关值用作一种参数的函数，以便执行因上下文而变的计算。
- DAX 提供了很多可以返回表的函数，这些函数返回的表不会显示出来，它们只是用作进一步计算的中间过渡。
- 通过 DAX 中的时间智能函数可以定义或选择日期范围，并基于此范围执行动态计算。

9.2.2 创建计算列

9.2.1 节曾介绍过，在 Power BI Desktop 中使用 DAX 公式对数据进行计算时，引用的是整列或整个表中的数据。在创建计算列时输入的公式将自动用于每一行数据，因此，创建的计算列中的值由对每行数据进行计算后得到的结果组成。

下面以在 9.1.2 节中创建的数据模型为基础，将在"订单信息"表中创建"商品名称"和"支付金额"两列，在"商品名称"列中显示与商品编号对应的商品名称，在"支付金额"列中显示每个订单中的订购数量与商品价格的乘积。创建"商品名称"列和"支付金额"列的操作步骤如下：

（1）在 Power BI Desktop 中切换到数据视图，在"字段"窗格中右击"订单信息"，然后在弹出的菜单中选择"新建列"命令，如图 9-19 所示。

（2）在公式栏中输入以下公式，该公式表示在"商品信息"表中根据商品编号返回"商品名称"列中的数据，如图 9-20 所示。

图 9-19 选择"新建列"命令

```
商品名称=RELATED('商品信息'[商品名称])
```

图 9-20　输入创建计算列的公式

提示：DAX 中的 RELATED 函数类似于 Excel 中的 VLOOKUP 函数，"'商品信息'[商品名称]"是 RELATED 函数的参数，表示要从"商品信息"表中获取"商品名称"列中的值，并将获取到的值返回到"订单信息"表中。由于"订单信息"和"商品信息"两个表通过"商品编号"字段建立了关系，因此可以根据"订单信息"表中的商品编号在"商品信息"表中获取对应的商品名称。

（3）输入公式后按 Enter 键，将在"订单信息"表中添加一个新的列，该列的标题就是前面公式中等号左侧的文字"商品名称"，该列中的数据就是"商品编号"列中的商品编号对应的商品名称，这些名称是从"商品信息"表中获取到的，如图 9-21 所示。

订单编号	订购日期	商品编号	订购数量	客户编号	商品名称
DD001	2020年6月1日	SP009	8	KH018	火腿肠
DD002	2020年6月1日	SP003	6	KH015	西蓝花
DD003	2020年6月1日	SP003	6	KH013	西蓝花
DD004	2020年6月1日	SP001	10	KH010	苹果
DD005	2020年6月2日	SP003	7	KH001	西蓝花
DD006	2020年6月3日	SP007	2	KH016	冰红茶
DD007	2020年6月3日	SP007	2	KH020	冰红茶
DD008	2020年6月3日	SP006	9	KH009	可乐
DD009	2020年6月4日	SP006	4	KH011	可乐
DD010	2020年6月4日	SP010	4	KH005	鱼肠

图 9-21　在"订单信息"表中添加"商品名称"列

（4）在"字段"窗格中右击"订单信息"，在弹出的菜单中选择"新建列"命令，然后在公式栏中输入以下公式。

```
支付金额=[订购数量]*RELATED('商品信息'[价格])
```

（5）输入公式后按 Enter 键，将在"订单信息"表中添加一个新的列，该列的标题为"支付金额"，该列中的数据为"订单信息"表中的订购数量与"商品信息"表中商品价格的乘积，如图 9-22 所示。

订单编号	订购日期	商品编号	订购数量	客户编号	商品名称	支付金额
DD001	2020年6月1日	SP009	8	KH018	火腿肠	48
DD002	2020年6月1日	SP003	6	KH015	西蓝花	36
DD003	2020年6月1日	SP003	6	KH013	西蓝花	36
DD004	2020年6月1日	SP001	10	KH010	苹果	80
DD005	2020年6月2日	SP003	7	KH001	西蓝花	42
DD006	2020年6月3日	SP007	2	KH016	冰红茶	10
DD007	2020年6月3日	SP007	2	KH020	冰红茶	10
DD008	2020年6月3日	SP006	9	KH009	可乐	27
DD009	2020年6月4日	SP006	4	KH011	可乐	12
DD010	2020年6月4日	SP010	4	KH005	鱼肠	40

图 9-22　在"订单信息"表中添加"支付金额"列

9.2.3 创建度量值

在进行数据分析时，通常需要了解数据的一些特定指标，例如数据的总和、平均值、计数、最小值、最大值或其他更复杂的指标，此时可以为数据创建度量值。与计算列相比，度量值表示的是单个值而非一列值。创建的度量值显示在"字段"窗格中，但是只有将其添加到视觉对象上时才会被计算，度量值的计算结果随用户与报表的交互而改变。

下面将创建一个名为"所有订单总额"的度量值，用于计算 9.2.2 节创建的"支付金额"计算列中数据的总和，即所有订单的支付总金额，操作步骤如下：

（1）在 Power BI Desktop 中切换到报表视图（也可以是数据视图），在"字段"窗格中右击"订单信息"，然后在弹出的菜单中选择"新建度量值"命令，如图 9-23 所示。

（2）在功能区下方的公式栏中输入以下公式，如图 9-24 所示。

图 9-23　选择"新建度量值"命令

```
所有订单总额=SUM('订单信息'[支付金额])
```

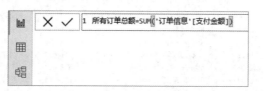

图 9-24　输入创建度量值的公式

（3）输入公式后按 Enter 键，将在"订单信息"表中创建名为"所有订单总额"的度量值，如图 9-25 所示。

提示： 无论将度量值创建到哪个表中，都可以在创建度量值后将其移动到指定的表中，这意味着创建度量值的初始位置并不影响度量值的使用。要移动度量值，需要在"字段"窗格中选择要移动的度量值，然后在功能区的"度量工具"选项卡中打开"主表"下拉列表，从中选择要将度量值移动到的表，如图 9-26 所示。

图 9-25　创建的度量值

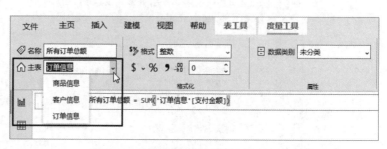

图 9-26　选择要将度量值移动到的表

　　创建好度量值后，接下来就可以将度量值添加到视觉对象上，并在视觉对象上添加其他字段，度量值会根据视觉对象上的其他字段自动进行计算，得出当前环境下的计算结果。

　　在画布上添加一个"簇状柱形图"视觉对象，然后将前面创建的名为"所有订单总额"的度量值放置到"值"区域中，此时显示的是所有订单的总金额，效果如图 9-27 所示。

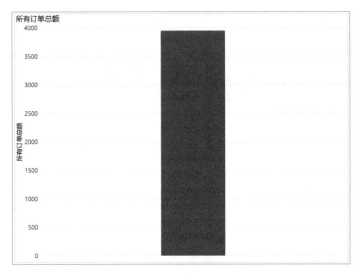

图 9-27　所有订单总金额

　　如果将"商品名称"字段添加到"轴"区域中，则将统计出所有订单中的每种商品的总金额，如图 9-28 所示。

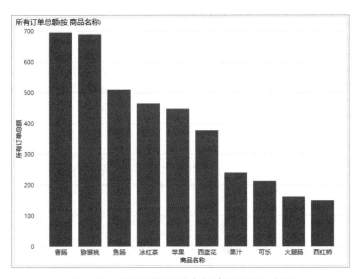

图 9-28　统计所有订单中每种商品的总金额

第 10 章
使用视觉对象展示数据

为了更好地展示数据分析结果，在数据整理和建模后，需要使用 Power BI Desktop 提供的视觉对象为数据进行可视化设计。Power BI Desktop 中的视觉对象类似于 Excel 中的图表，数据的可视化设计是通过视觉对象将数据以图形化的方式呈现出来。本章将介绍使用视觉对象展示数据的方法，包括创建、设置和删除视觉对象，设置在视觉对象上查看和交互数据的方式等内容。

10.1 创建、设置和删除视觉对象

使用视觉对象前需要先创建视觉对象。为了让视觉对象满足特定的显示要求，需要在创建视觉对象后对其进行必要的调整和设置，例如更改视觉对象的类型或字段位置、调整视觉对象的位置和大小，以及设置视觉对象的标题、颜色和背景等。对于不再需要的视觉对象，用户可以随时将它们删除。

10.1.1 创建视觉对象的 3 种方法

Power BI Desktop 中的视觉对象以图标的形式显示在报表视图的"可视化"窗格中，将鼠标指针指向其中的某个图标，将显示该视觉对象的名称，如图 10-1 所示。

图 10-1 鼠标指针指向图标时显示视觉对象的名称

为数据创建视觉对象有以下 3 种方法。

第一种方法：

将"字段"窗格中的字段拖动到报表视图的画布上，松开鼠标按键后，即可为该字段中的数据创建视觉对象，如图 10-2 所示。

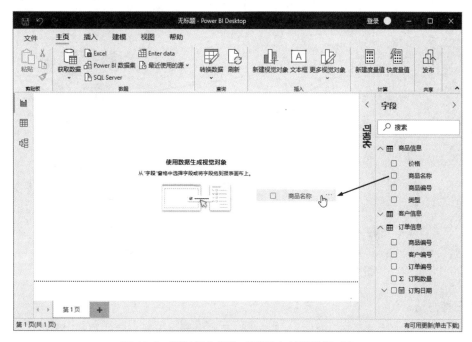

图 10-2　通过将字段拖动到画布创建视觉对象

如果字段中的数据是文本类型，则默认创建"表"视觉对象；如果字段中的数据是数字类型，则默认创建"簇状柱形图"视觉对象。创建后的视觉对象默认处于选中状态，此时的视觉对象显示一个矩形边框，边框上显示黑色的控制点，使用这些控制点可以调整视觉对象的大小，如图 10-3 所示。

图 10-3　文本类型的数据默认创建"表"视觉对象

第二种方法：

与第一种方法类似，只不过此方法是通过选中字段开头的复选框代替使用鼠标拖动字段，如图 10-4 所示。这两种方法的主要区别是视觉对象的创建位置不同。使用第一种方法创建视觉对象的位置由将字段拖动到的位置决定，使用第二种方法创建视觉对象的位置由 Power BI Desktop 自动决定，默认从画布左上角的位置开始创建。

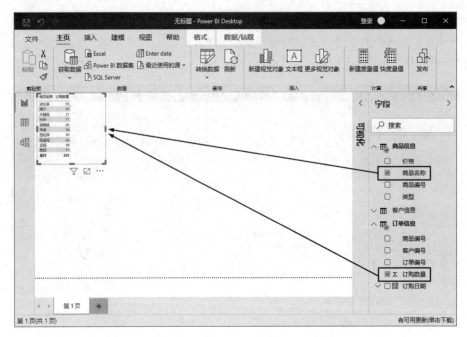

图 10-4 通过选中字段开头的复选框来创建视觉对象

第三种方法：

除了以上两种方法外，还可以在"可视化"窗格中单击想要创建的视觉对象的图标，将在画布上创建该视觉对象，但是不显示任何数据，如图 10-5 所示。然后在"字段"窗格中选中要在视觉对象中显示的字段开头的复选框，或者直接将字段拖动到画布中的视觉对象上，即可在视觉对象上显示这些字段中的数据，如图 10-6 所示。

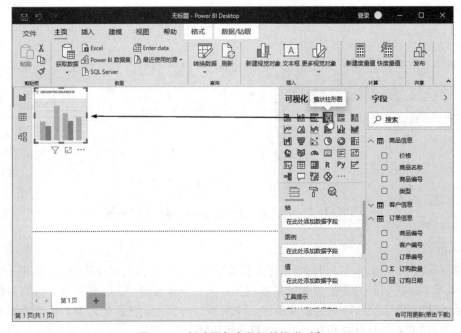

图 10-5 创建不包含数据的视觉对象

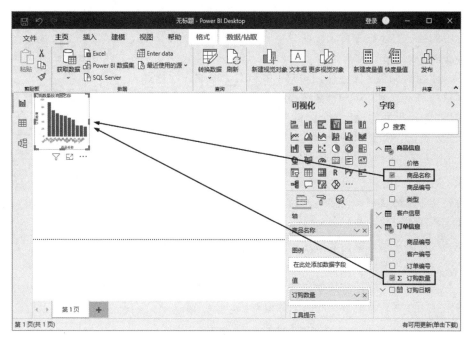

图 10-6　将数据添加到视觉对象上

提示：如果想要使用更多的视觉对象类型，则可以在"可视化"窗格中单击省略号，然后在弹出的菜单中选择添加视觉对象的方式，如图 10-7 所示。

10.1.2　更改视觉对象的类型和字段的位置

为数据创建视觉对象后，可以随时更改视觉对象的类型，只需在画布上单击要更改的视觉对象，然后在"可视化"窗格中单击所需的视觉对象的图标。如图 10-8 所示为将"簇状柱形图"视觉对象更改为"簇状条形图"视觉对象。

图 10-7　选择添加视觉对象的方式

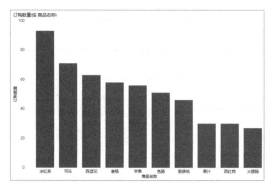
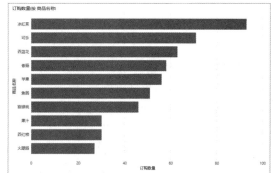

图 10-8　更改视觉对象的类型

在 10.1.1 节介绍的创建视觉对象的第 2 种、第 3 种方法中，添加到视觉对象中字段的位置是由 Power BI Desktop 自动决定的。例如，在上面的"簇状柱形图"视觉对象中显示了各种商品的订购数量，"商品名称"字段中的数据显示在水平轴，"订购数量"字段中的数据显示在垂直轴，两个字段在簇状柱形图中的位置由 Power BI Desktop 自动指定。

用户可以随时调整字段在视觉对象中的位置，以便让视觉对象从不同角度展示数据。用户只需将不同字段放入"可视化"窗格的"轴""图例"和"值"3 个区域中，即可改变数据在视觉对象上的显示方式，如图 10-9 所示。将字段放置到不同区域时，视觉对象上的数据会自动更新以反映字段的最新布局。

提示："轴""图例"和"值"是柱形图、条形图等视觉对象提供的放置字段的区域，其他类型的视觉对象提供的放置字段的区域可能具有不同的名称和含义。

如图 10-10 所示是在前面的簇状柱形图的基础上，将"商品名称"字段从"轴"区域中移除，然后将"类型"字段放置到该区域中，并将"性别"字段放置到"图例"区域中后的效果，此时展示的是男、女客户订购各类商品的数量对比。

图 10-9　设置字段在视觉
对象上的位置

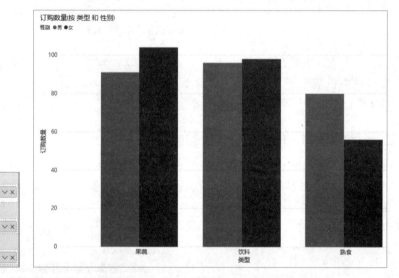

图 10-10　更改字段的位置将改变视觉对象表达的数据含义

将字段从视觉对象的区域中移除有以下 3 种方法：
- 在"可视化"窗格中单击字段右侧的图标 ×。
- 在"可视化"窗格中单击字段上的下拉按钮，然后在弹出的菜单中选择"删除字段"命令，如图 10-11 所示。
- 在"可视化"窗格中右击字段，在弹出的菜单中选择"删除字段"命令。

图 10-11　单击下拉按钮后选择
"删除字段"命令

10.1.3　移动和调整视觉对象的大小

要在画布中移动视觉对象，可以单击视觉对象并将其拖动到目标位置。要调整视觉对象的大小，可以先单击视觉对象以将其选中，然后将鼠标指针移动到视觉对象边框的控制点上，当鼠标指针变为双向箭头时，按住左键并进行拖动即可，如图 10-12 所示。

图 10-12　拖动控制点可以调整视觉对象的大小

10.1.4　设置视觉对象的格式

创建视觉对象时，将在"可视化"窗格中默认显示"字段"选项卡。如果要调整视觉对象的外观格式，例如视觉对象标题字体、标题大小、坐标轴的标题格式、数据形状的颜色等，则需要切换到"格式"选项卡中进行设置，如图 10-13 所示。

想要设置哪一项，需要单击该项左侧的 > 标记，将展开该项包含的详细设置。很多项都提供了一个开关设置，展开某项设置前，需要确保已经将开关设置为"开"，否则则无法调整该项中包含的所有设置。如图 10-14 所示为将"标题"项设置为"开"和"关"时，其内部包含的设置的可用状态，设置为"关"时，所有设置都显示为灰色，表示用户当前无法对这些选项进行设置。

可以根据实际需求对视觉对象的各项进行设置。每一项都有一个"还原为默认值"按钮，如图 10-15 所示。单击该按钮将删除用户对特定项进行的所有自定义设置，并将该项中的所有设置恢复为默认值。如果"还原为默认值"按钮上的文字显示为黑色，则说明用户为其进行自定义设置；如果该按钮上的文字显示为其他颜色，则说明用户更改了一个或多个默认设置。

图 10-13　"格式"选项卡

图 10-14　开关状态影响设置
选项是否可用

图 10-15　使用"还原为默认
值"按钮可以恢复选项
的默认设置

10.1.5　删除视觉对象

可以将不再需要的视觉对象从画布上删除，有以下两种方法：

- 单击要删除的视觉对象以将其选中，然后按 Delete 键。
- 将鼠标指针移动到视觉对象的范围内，在该视觉对象的右上角将显示如图 10-16 所示的图标，单击省略号并在弹出的菜单中选择"删除"命令。

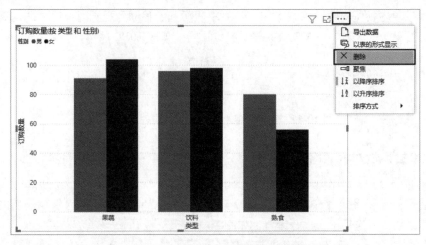

图 10-16　使用与视觉对象关联的菜单来删除视觉对象

10.2　设置在视觉对象上查看和交互数据的方式

创建视觉对象后，用户可以使用多种方式在视觉对象上查看和交互数据，包括创建层次结构并钻取数据、使用切片器筛选数据、更改视觉对象上的数据交互方式、使用焦点模式。此外，用户还可以查看和导出与视觉对象关联的数据。

10.2.1　创建层次结构并钻取数据

如果加载的数据中包含日期数据，Power BI Desktop 会自动为日期字段创建日期层次结构，以将日期划分为"年""季度""月"和"天"等不同的级别，用户可以基于不同的日期级别查看数据。钻取就是指这种基于同类数据的不同级别查看汇总数据和明细数据的方式。

用户可以手动为数据创建层次结构，并使用钻取的方式查看数据。在 Power BI Desktop 的任意一个视图中都可以创建层次结构，但是在报表视图中创建层次结构最直观。在报表视图的"字段"窗格中，将一个字段拖动到另一个字段的下方，即可为这两个字段创建一个层次结构。

例如，将"商品名称"字段拖动到"类型"字段的下方，将创建"类型"层次结构，其中的"类型"字段位于较高级别，"商品名称"字段位于较低级别，它们之间属于上下级关系，如图 10-17 所示。

图 10-17　创建层次结构

将创建好的层次结构放入视觉对象的一个区域中，例如将前面创建的"类型"层次结构放入簇状柱形图的"轴"区域中，如图 10-18 所示。当单击视觉对象或将鼠标指针移动到视觉对象的范围内时，将在视觉对象的右上方显示几个图标，使用这些图标可以钻取数据，如图 10-19 所示。

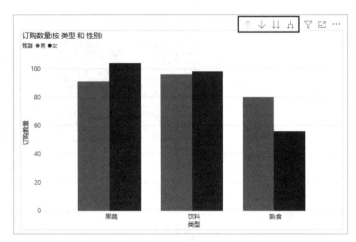

图 10-18　在视觉对象上添加层次结构　　　　图 10-19　钻取图标显示在视觉对象的右上方

由于当前显示的是商品类型的数据，因此在单击双下箭头图标后，将显示每个类型中具体商品的数据，如图 10-20 所示。如果创建的层次结构包含很多级别，则每次单击双下箭头图标，都会向下钻取到更低一级的数据。如果想要一次性展开层次结构中的所有级别，则可以单击如图 10-21 所示的图标。

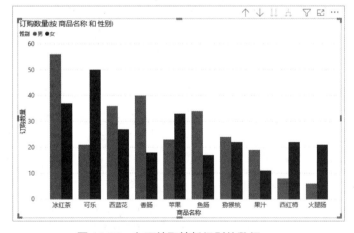

图 10-20　向下钻取较低级别的数据　　　　　图 10-21　用于展开层次结构中
　　　　　　　　　　　　　　　　　　　　　　　　　所有数据的图标

为了增加用户与视觉对象之间的交互性，可以单击视觉对象右上方的下箭头图标↓以启用"向下钻取"，然后可以直接单击视觉对象上的形状来钻取数据。如图 10-22 所示为启动"向下钻取"后，单击代表"饮料"类型的形状之前和之后的效果，向下钻取数据时，将只显示与单击的形状相关的下一级数据。单击上箭头图标↑可以返回上一级数据。在启用"向下钻取"的状态下单击下箭头图标，将关闭"向下钻取"。

删除视觉对象上层次结构的方法与删除其他字段一样，具体操作请参考 10.1.2 节。

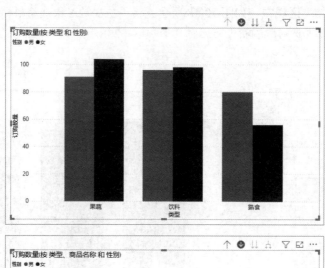

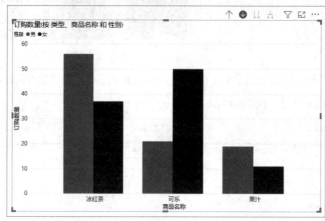

图 10-22　使用"向下钻取"功能钻取数据

10.2.2　使用切片器筛选数据

切片器是 Power BI Desktop 中的一种视觉对象，但是与其他视觉对象不同，切换器的用途不是显示数据，而是对其他视觉对象中的数据进行筛选。在"可视化"窗格中单击"切片器"图标，将在画布上创建一个不包含数据的切片器，如图 10-23 所示。

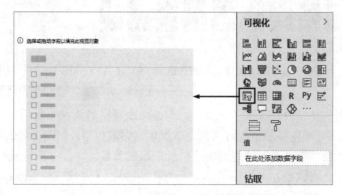

图 10-23　单击"切片器"图标创建切片器

将要用作筛选条件的字段拖动到切片器上，该字段中的每一项数据以复选框的形式显示在切片器上。选择其中的一项或多项，将同时对当前页面中的所有视觉对象的数据进行筛选，如图 10-24 所示。

在切片器中虽然是以复选框的形式显示数据项，但是默认情况下，想要同时选择多项需要按住 Ctrl 键后再单击各项。如果希望在单击每一项时即可进行多选，则需要在"可视化"窗格的"格式"选项卡中，将"选择控件"中的"使用 CTRL 选择多项"开关设置为"关"，如图 10-25 所示。在该选项卡中还可以对切片器的其他方面进行设置，例如在切片器中添加"全选"选项、强制只允许单项选择等。

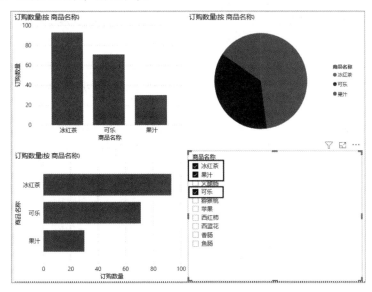

图 10-24　使用切片器筛选视觉对象中的数据　　　图 10-25　更改多项选择的选择方式

10.2.3　更改视觉对象上的数据交互方式

当一个报表页中包含多个视觉对象时，在任意一个视觉对象中通过单击或切片器选择特定数据时，其他所有视觉对象也会同时高亮显示该特定数据。如图 10-26 所示，在左侧的簇状柱形图中单击表示"苹果"的形状，在右侧的簇状条形图中也会高亮显示表示"苹果"的形状。

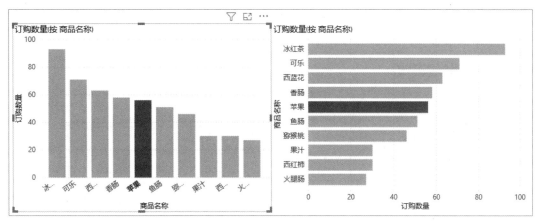

图 10-26　多个视觉对象同步显示相同的数据

如果不想让多个视觉对象联动，则可以更改交互模式。单击画布上的任意一个视觉对象，该视觉对象将作为影响其他视觉对象的交互方式的源视觉对象。然后在功能区的"格式"选项卡中单击"编辑交互"按钮，如图 10-27 所示。将在其他视觉对象的右上方显示 3 种交互方式的图标，它们用于控制这些视觉对象与源视觉对象的交互方式，如图 10-28 所示。

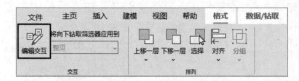

图 10-27　单击"编辑交互"按钮

图 10-28　3 种交互方式的图标

3 种交互方式的功能如下：

- 筛选器：单击"筛选器"图标以将其选中，当在源视觉对象上单击形状或使用切片器筛选数据时，该视觉对象将只显示对应的数据，而隐藏其他数据，效果如图 10-29 所示。
- 突出显示：单击"突出显示"图标以将其选中，当在源视觉对象上单击形状或使用切片器筛选数据时，该视觉对象将高亮显示对应的数据，并且不会隐藏其他数据，这是默认的交互方式。
- 无：单击"无"图标以将其选中，当在源视觉对象上单击形状或使用切片器筛选数据时，该视觉对象不会发生任何变化。

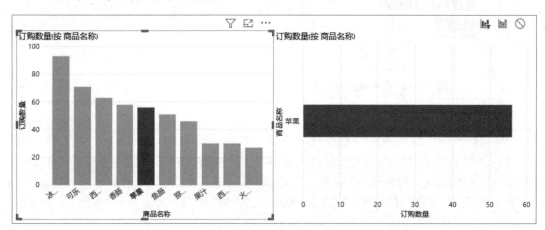

图 10-29　"突出显示"交互方式

10.2.4　使用焦点模式

虽然可以调整视觉对象的大小，但是当画布中包含多个视觉对象时，各个视觉对象的大小将会受到限制，影响视觉对象的显示效果。为了清晰展示视觉对象的细节部分，可以使用焦点模式。

单击视觉对象或将鼠标指针移动到视觉对象的范围内时，在视觉对象的右上方会显示"焦点模式"图标，如图 10-30 所示。单击该图标可将当前视觉对象以占满整个画布的方式显示，如图 10-31 所示，单击左上角的"返回到报表"按钮，将视觉对象恢复为原始大小。

图 10-30　"焦点模式"图标

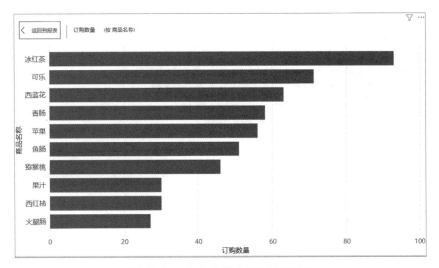

图 10-31 以焦点模式显示视觉对象

10.2.5 查看和导出与视觉对象关联的数据

可以在查看视觉对象的同时显示与其关联的数据，有以下两种方法：

- 右击要显示关联数据的视觉对象，在弹出的菜单中选择"以表的形式显示"命令，如图 10-32 所示。
- 单击视觉对象右上方的省略号，在弹出的菜单中选择"以表的形式显示"命令，如图 10-33 所示。

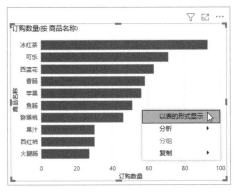

图 10-32 使用快捷菜单中的命令

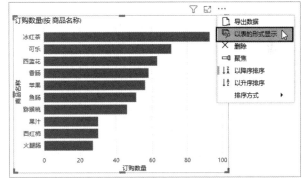

图 10-33 单击省略号以选择命令

使用以上任意一种方法，将以类似焦点模式的方式显示视觉对象，只不过此时会在视觉对象的下方显示与其关联的数据表，如图 10-34 所示。单击"返回到报表"按钮将返回到原始状态。

可以将与视觉对象关联的数据导出为 CSV 文件。单击视觉对象右上方的省略号，在弹出的菜单中选择"导出数据"命令，然后在打开的对话框中设置文件名称和保存位置，如图 10-35 所示，最后单击"保存"按钮，即可将数据导出为 CSV 文件。

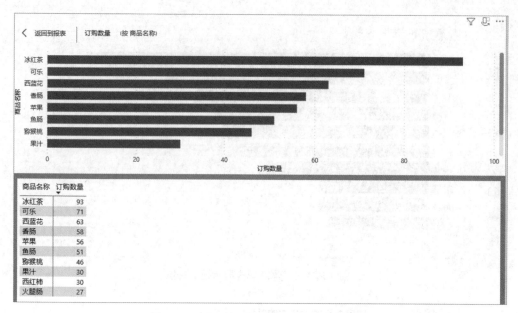

图 10-34　显示视觉对象及其关联的数据表

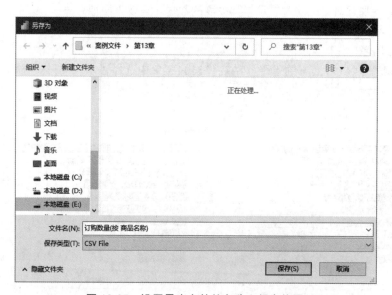

图 10-35　设置导出文件的名称和保存位置

第11章
设计报表

报表是最终展示给其他人看的数据分析结果。Power BI Desktop 中的报表主要以视觉元素为主，在一个报表中可以包含多个视觉元素，以便用户从不同角度和丰富的视觉效果来查看数据。本章将介绍在 Power BI Desktop 中设计报表时使用的一些工具和方法。

11.1 报表页的基本操作

一个 Power BI Desktop 文件由一个或多个报表页组成，Power BI Desktop 中的所有视觉对象都位于报表页上，所有报表页构成了一个完整的报表。在开始介绍报表设计的相关工具和方法之前，首先应该掌握报表页的基本操作。

11.1.1 添加报表页

新建一个 Power BI Desktop 文件时，其中默认包含一个报表页，以"第 1 页"为名称显示在画布下方的页面选项卡上，如图 11-1 所示。

用户可以根据需要随时添加新的报表页，有以下两种方法：

- 单击页面选项卡右侧的"新建页"按钮，如图 11-2 所示。
- 切换到报表视图，在功能区的"插入"选项卡中单击"新建页"按钮，然后在弹出的菜单中选择"空白页"命令，如图 11-3 所示。

图 11-1　默认的报表页

图 11-2　单击"新建页"按钮

图 11-3　选择"空白页"命令

11.1.2　修改报表页的名称

新建的报表页名称将被自动设置为"第 n 页"的格式，其中的 n 是 Power BI Desktop 根据当前已有页面的编号自动指定的连续编号。为了更易于识别报表页中的内容，可以为报表页设置一个有意义的名称，有以下两种方法：

- 在页面选项卡上双击要修改名称的报表页，进入编辑状态，原有名称将高亮显示，输入新的名称，然后按 Enter 键，如图 11-4 所示。
- 在页面选项卡上右击要修改名称的报表页，然后在弹出的菜单中选择"重命名页"命令，后续操作与第一种方法相同，如图 11-5 所示。

图 11-4　修改报表页的名称

图 11-5　选择"重命名页"命令

11.1.3　复制报表页

如果要制作的报表页中的内容与现有报表页存在很多相似的地方，则可以复制现有的报表页，然后对复制后的报表页稍加修改即可。复制报表页有以下两种方法：

- 在页面选项卡中右击要复制的报表页，然后在弹出的菜单中选择"复制页"命令。
- 切换到报表视图，在页面选项卡上单击要复制的报表页，然后在功能区的"插入"选项卡中单击"新建页"按钮，在弹出的菜单中选择"重复页"命令，如图 11-6 所示。

复制后得到的报表页，其名称的结尾带有"的副本"文字，如图 11-7 所示，可以使用 11.1.2 节介绍的方法对复制后的报表页进行重命名。

图 11-6　选择"重复页"命令

图 11-7　复制后的报表页的名称结尾带有"的副本"文字

11.1.4　删除报表页

可以将不再需要的报表页删除，有以下方法：

- 在页面选项卡上单击报表页名称右上角的 X 按钮，如图 11-8 所示。
- 在页面选项上右击要删除的报表页，然后在弹出的菜单中选择"删除页"命令，如图 11-9 所示。
- 在页面选项卡上单击要删除的报表页，然后按 Delete 键。

使用以上任意一种方法，都可以显示如图 11-10 所示的提示信息，单击"删除"按钮即可删除指定的报表页。

图 11-8　单击 X 按钮　　　图 11-9　选择"删除页"命令　　　图 11-10　删除报表页前的确认信息

11.2　设计报表时的一些有用工具

本节将介绍在设计报表时可以使用的一些有用工具，包括参考线、页面筛选和报表筛选、文本框、形状、图片、主题、聚焦等。

11.2.1　使用参考线快速对齐和定位视觉对象

在页面中移动视觉对象时，会在移动到特定位置时显示参考线，使用参考线可以快速确定视觉对象的位置或与其他视觉对象进行对齐。

将视觉对象移动到页面中心时，将自动显示页面的水平中心线和垂直中心线，如图 11-11 所示。将视觉对象移动到页面边缘时，也会自动显示与边缘对齐的参考线。

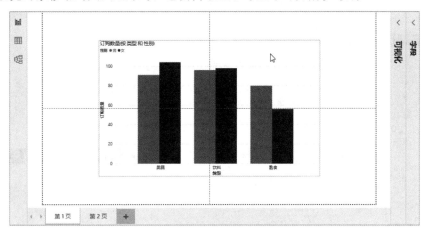

图 11-11　将视觉对象移动到页面中心时显示的参考线

如果报表页中包含多个视觉对象，则在移动其中某个视觉对象时，将在特定位置显示参考线，以便与其他视觉对象快速对齐，如图 11-12 所示。

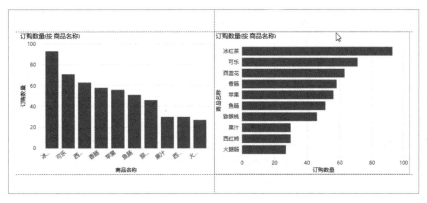

图 11-12　移动视觉对象时自动显示对齐参考线

在页面中选择一个或多个视觉对象，然后在功能区的"格式"选项卡中单击"对齐"按钮，在弹出的菜单中可以选择一种对齐方式，以便将选中的视觉对象快速移动到特定的位置或进行对齐，如图 11-13 所示。

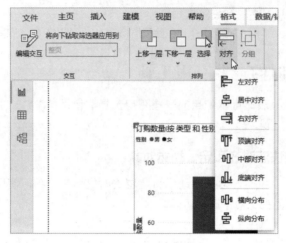

图 11-13　使用对齐命令快速移动和对齐视觉对象

11.2.2　使用页面筛选和报表筛选

默认情况下，在视觉对象中添加的字段筛选效果只能作用于该视觉对象本身。如果要让筛选操作作用于一个报表页中所有视觉对象，则需要单击报表页中的空白处，确保未选中任何视觉对象，然后将要用作筛选的字段拖到如图 11-14 所示的区域中。使用该字段进行筛选时，筛选结果将作用于该字段所在的报表页中的所有视觉对象。

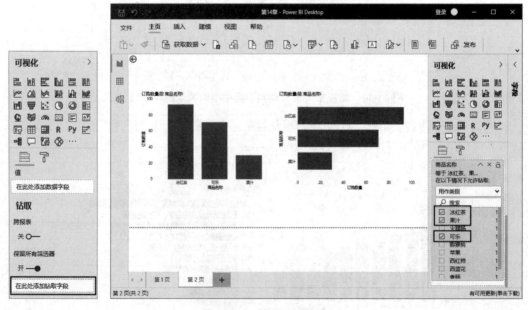

图 11-14　使用页面筛选

如果要让字段的筛选结果作用于所有报表页中的视觉对象，则可以使用类似于页面筛选的方法，将字段添加到设置页面筛选的区域中，但是还需要将"跨报表"开关设置为"开"。使用该字段进行筛选时，筛选结果将作用于该字段所在报表的每一个报表页中所有视觉对象，如图 11-15 所示。

11.2.3　使用文本框、形状和图片

除了可以随数据自动更新的视觉对象外，用户还可以在报表中添加一些静态的视觉元素，例如文本框、形状和图片。文本框主要用于显示特定的文字。形状可以为视觉上关联的元素提供可视化的边界，以用作不同元素的界限分隔或装饰点缀。图片可以作为视觉对象和报表页的背景图案，从而增强报表的视觉效果。

图 11-15　将"跨报表"
开关设置为"开"

要在报表页中添加文本框、形状和图片，需要切换到报表视图，然后在功能区的"插入"选项卡中使用"文本框""形状"和"图像"3个按钮插入相应的元素，如图 11-16 所示。

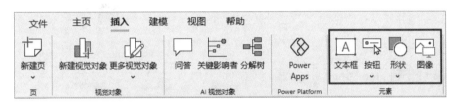

图 11-16　用于插入文本框、形状和图片的命令位置

使用文本框为报表页添加的标题"商品订购量分析"如图 11-17 所示。在插入文本框时会自动显示一个工具栏，使用该工具栏可以设置文本框中文本的字体格式，包括字体、字号、字体颜色、加粗、倾斜、下画线等。

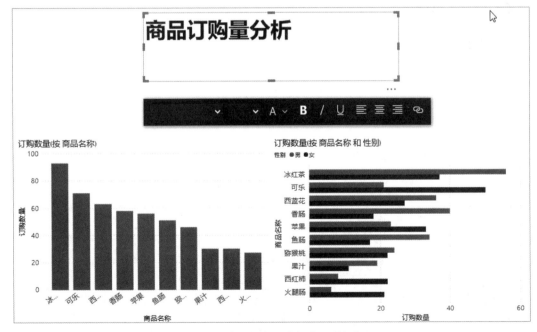

图 11-17　使用文本框为报表页添加标题

11.2.4 使用主题为报表统一配色

为了使报表设计得更加专业，可以使用"主题"功能快速将一组统一的配色和格式应用到报表中所有对象上。切换到报表视图，在功能区的"视图"选项卡中打开"主题"下拉列表，从中选择想要使用的主题，如图 11-18 所示。

主题分为内置和自定义两种，在图 11-18 中显示的主题属于内置主题，它们是由 Power BI Desktop 默认提供的，用户也可以根据所需的颜色和格式创建自定义主题。对于大多数用户来说，创建自定义主题的方法主要是对当前应用到报表中主题的颜色和格式进行修改，然后将修改结果保存下来，即可完成自定义主题的创建。自定义主题的选项包括在"可视化"窗格的"格式"选项卡中的几乎所有设置。

要创建自定义主题，首先选择一个内置的主题（即使不选择主题，新建报表时也会自动应用默认主题）。然后在"主题"下拉列表中选择"自定义当前主题"命令，打开"自定义主题"对话框，在"名称和颜色"选项卡的"名称"文本框中为自定义主题输入一个名称，然后对该对话框的各个选项卡中的选项进行设置，如图 11-19 所示。设置完成后单击"应用"按钮，将创建自定义主题并显示在"主题"下拉列表中。

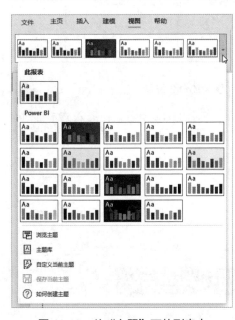

图 11-18 从"主题"下拉列表中
选择所需的主题

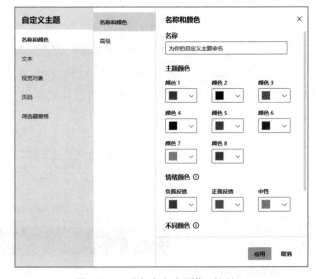

图 11-19 "自定义主题"对话框

11.2.5 聚焦视觉对象

如果一个报表页中包含多个视觉对象，为了避免视线干扰，可以在专注于某一个视觉对象时，将其设置为聚焦效果，这样会让其他视觉对象的外观暂时虚化，从而突出重点关注的视觉对象。如图 11-20 所示的左上角的簇状柱形图处于聚焦状态。

要使用聚焦功能，需要将鼠标指针移动到视觉对象的范围内，然后单击视觉对象右上方出现的省略号，在弹出的菜单中选择"聚焦"命令，如图 11-21 所示。单击处于聚焦状态的视觉对象以外的其他任意位置，将退出聚焦状态。

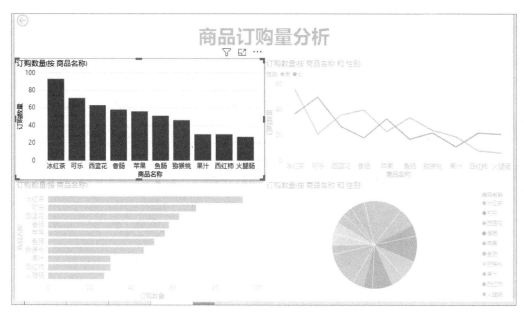

图 11-20　使用"聚焦"功能突出显示指定的视觉对象

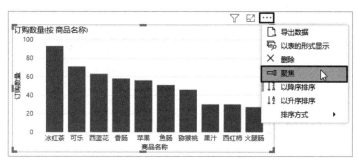

图 11-21　选择"聚焦"命令

第 12 章
在 Excel 中使用 Power BI 分析数据

Power BI for Excel 相当于 Power BI Desktop 的 Excel 版，两者实现的核心功能相同，但是存在一些细微的差别。Power BI for Excel 之所以能够实现 Power BI Desktop 的功能，主要是通过在 Excel 中安装的名称以 Power 开头的加载项，包括 Power Pivot、Power View 和 Power Map，而实现导入和整理数据功能的 Power Query 已被内置到 Excel 2016 和更高版本的 Excel 中。本章将介绍在 Excel 中使用 Power Query、Power Pivot 和 Power View 导入和整理数据、为数据建模、可视化呈现数据的方法。

12.1 在 Excel 中安装 Power 加载项

在 Excel 2016 及更高版本的 Excel 中内置了实现相同功能的 Power 加载项，只需安装这些加载项，即可在 Excel 中使用与 Power BI Desktop 相同的功能来创建和设计报表。如果要在 Excel 2013 及更低版本的 Excel 中创建和设计报表，则需要在微软公司官网下载相应的文件并进行安装。下面以 Excel 2019 为例，在 Excel 中安装 Power 加载项的操作步骤如下：

（1）启动 Excel 2019，默认会显示 Excel 开始界面，在该界面的左下方选择"选项"命令，如图 12-1 所示。

提示：如果取消了开始界面的显示，则在启动 Excel 后会自动创建一个空白工作簿，此时需要单击"文件"按钮，然后在进入的界面中选择"选项"命令。

（2）打开"Excel 选项"对话框，在"加载项"选项卡中的"管理"下拉列表中选择"COM 加载项"，然后单击"转到"按钮，如图 12-2 所示。

（3）打开"COM 加载项"对话框，在列表框中选中以下两个复选框，然后单击"确定"按钮，如图 12-3 所示。

- Microsoft Power Pivot for Excel：该加载项为数据建模。
- Microsoft Power View for Excel：该加载项创建可视化效果。

关闭"COM 加载项"对话框后，将在 Excel 功能区中添加 Power Pivot 选项卡，使用该选项卡中的命令可以为数据建模，如图 12-4 所示。

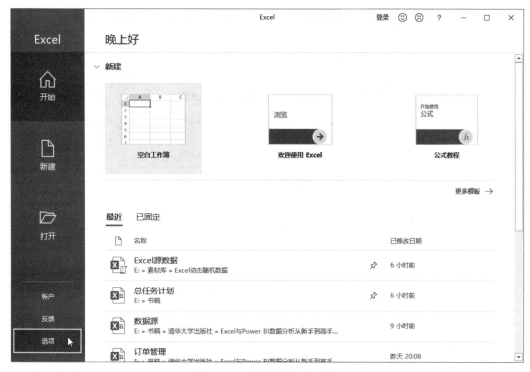

图 12-1　选择"选项"命令

图 12-2　选择"COM 加载项"并单击"转到"按钮

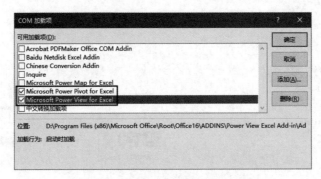

图 12-3　选择要安装的 Power 加载项

图 12-4　在功能区中添加 Power Pivot 选项卡

与 Power View 加载项相关的命令默认没有显示在功能区中，需要用户自己添加。右击快速访问工具栏，在弹出的菜单中选择"自定义快速访问工具栏"命令，打开"Excel 选项"对话框的"快速访问工具栏"选项卡，然后执行以下操作：

（1）在"从下列位置选择命令"下拉列表中选择"不在功能区中的命令"，然后在下方的列表框中选择"插入 Power View 报表"。

（2）单击"添加"按钮，将"插入 Power View 报表"添加到右侧的列表框中，如图 12-5 所示。

（3）单击"确定"按钮，关闭"Excel 选项"对话框，将在快速访问工具栏中显示"插入 Power View 报表"按钮，如图 12-6 所示。可以使用类似的方法将"插入 Power View 报表"命令添加到功能区中。

图 12-5　添加"插入 Power View 报表"的操作过程

使用 Excel 2016 或更高版本的 Excel 时，因为 Power Query 功能已经被内置到 Excel 功能区中，所以该功能相关的命令位于功能区的"数据"选项卡中，如图 12-7 所示。

图 12-6　在快速访问工具栏中添加
"插入 Power View 报表"命令

图 12-7　与 Power Query 功能相关的
命令位于"数据"选项卡中

12.2　使用 Power Query 处理数据

本节将介绍在 Excel 中使用 Power Query 导入和整理数据的方法，由于很多操作的方法与 Power BI Desktop 类似，因此不会过于详细和全面地介绍使用 Power Query 导入和整理数据的所有内容。

12.2.1　导入不同来源的数据

使用 Power Query 加载项可以在 Excel 中导入多种来源的数据，划分为文件、数据库、云数据、在线服务等类别，具体包括 Excel 工作簿、文本文件、XML 文件、JSON 文件、Access 数据库、SQL Server 数据库、Oracle 数据库、MySQL 数据库、IBM Db2 数据库、Azure 云数据、SharePoint、Active Directory、Odata 开源数据以及 Hadoop 分布式系统等。在 Excel 中使用 Power Query 加载项可以导入的数据类型与在 Power BI Desktop 中导入的数据类型基本相同。

要在 Excel 中使用 Power Query 导入数据，需要在功能区的"数据"选项卡的"获取和转换数据"组中选择所需的命令。在该组中列出了部分导入特定类型数据的命令，包括"从文本 / CSV""自网站"和"自表格 / 区域"。要访问所有可导入的数据类型的命令，需要单击"获取数据"按钮，在弹出的菜单中选择导入的数据类别，然后在子菜单中选择具体的数据类型，如图 12-8 所示。

图 12-8　单击"获取数据"按钮以选择要导入的数据类型

在第 2 章中的"导入数据"部分已经介绍了导入文本文件和 Access 数据库的方法，这里就不再重复介绍。

12.2.2 修改数据源

如果改变了数据源的位置或名称，则在 Excel 中刷新导入的外部数据时，将会由于无法找到数据源而导致刷新失败，此时需要重新指定数据源的最新位置或名称。

在功能区的"数据"选项卡中单击"获取数据"按钮，然后在弹出的菜单中选择"数据源设置"命令，打开"数据源设置"对话框，如图 12-9 所示。后续操作与在 Power BI Desktop 中修改数据源的方法相同，此处不再赘述，具体操作请参考第 8 章。

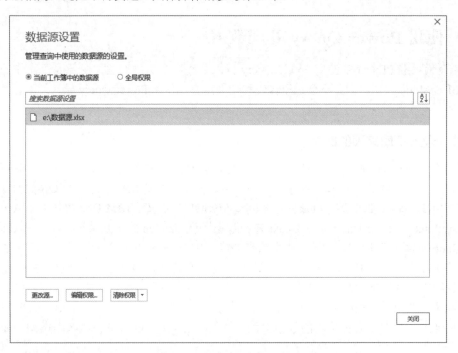

图 12-9 "数据源设置"对话框

12.2.3 重命名和删除查询

将外部数据导入到 Excel 中的每一个表都被称为"查询"。将数据导入 Excel 后会自动打开"查询 & 连接"窗格，并在其中显示成功导入的每一个查询，如图 12-10 所示。

为了让查询的名称易于识别，用户可以修改查询的名称。在"查询 & 连接"窗格中右击要修改名称的查询，然后在弹出的菜单中选择"重命名"命令，如图 12-11 所示。输入新的名称，并按 Enter 键确认修改。

如果要删除某个查询，则可以在"查询 & 连接"窗格中右击该查询，然后在弹出的菜单中选择"删除"命令，将显示如图 12-12 所示的确认信息，单击"删除"按钮即可删除该查询。

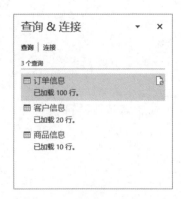

图 12-10 "查询 & 连接"窗格

图 12-11　选择"重命名"命令

图 12-12　删除查询前的确认信息

12.2.4　在 Power Query 编辑器中整理数据

如果想要使用 Power Query 整理导入的数据，则可以使用以下 3 种方法中的一种打开 Power Query 编辑器。

1. 导入数据时打开Power Query编辑器

用户可以在导入数据时打开 Power Query 编辑器，在选择要导入的表的界面中单击"转换数据"按钮，即可打开 Power Query 编辑器，如图 12-13 所示。

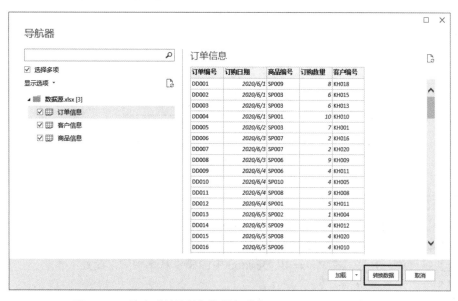

图 12-13　单击"转换数据"按钮将打开 Power Query 编辑器

2．导入数据后打开Power Query编辑器

导入数据后，用户可以在"查询 & 连接"窗格中选择要编辑的查询，并在 Power Query 编辑器中打开该查询。如果没有显示"查询 & 连接"窗格，可以在功能区的"数据"选项卡中单击"查询和连接"按钮来显示该窗格，如图 12-14 所示。

图 12-14　单击"查询和连接"按钮

打开"查询 & 连接"窗格后，右击要编辑的查询，在弹出的菜单中选择"编辑"命令，将在 Power Query 编辑器中打开该查询，如图 12-15 所示。

3．无论是否导入数据都打开Power Query编辑器

实际上，无论是否在 Excel 中导入数据，用户都可以打开 Power Query 编辑器。方法是在功能区的"数据"选项卡中单击"获取数据"按钮，然后在弹出的菜单中选择"启动 Power Query 编辑器"命令，如图 12-16 所示。

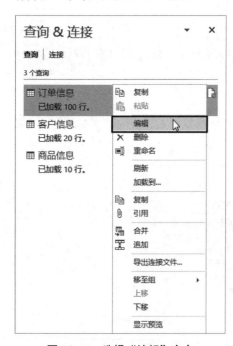

图 12-15　选择"编辑"命令

图 12-16　选择"启动 Power Query 编辑器"命令

使用以上任意一种方法都将打开 Power Query 编辑器，其界面与在 Power BI Desktop 中打开的查询编辑器基本相同，如图 12-17 所示。用户可以在 Power Query 编辑器中对数据进行转换、提取、合并等操作，方法与在 Power BI Desktop 中的操作基本相同，此处不再赘述，具体内容请参考第 8 章。

图 12-17 在 Excel 中打开的 Power Query 编辑器

12.2.5 将导入的数据加载到 Excel 工作表中

默认情况下，如果导入的是一个表中的数据，则在导入后会自动将数据加载到一个新的工作表中，如图 12-18 所示。如果导入的是多个表，则会自动将它们添加到 Power Pivot 中，但是不会加载到 Excel 工作表中。

图 12-18 将导入的数据加载到 Excel 工作表中

以上这些加载方式是由 Power Query 的默认设置决定的。用户可以更改默认设置，以便在导入数据时控制数据的加载方式。在功能区的"数据"选项卡中单击"获取数据"按钮，然后在弹出的菜单中选择"查询选项"命令，打开"查询选项"对话框，在"全局"类别的"数据加载"选项卡中可以设置数据的加载方式，如图 12-19 所示。

- 使用标准加载设置：该项是默认设置。
- 指定自定义默认加载设置：该项包含两项设置，如果选中"加载到工作表"复选框，则无论导入的是一个表还是多个表，会自动将每个表中的数据分别加载到单独的新工作表中。如果选中"加载到数据模型"复选框，则无论导入的是一个表还是多个表，会自动将每个表中的数据添加到 Power Pivot 中。

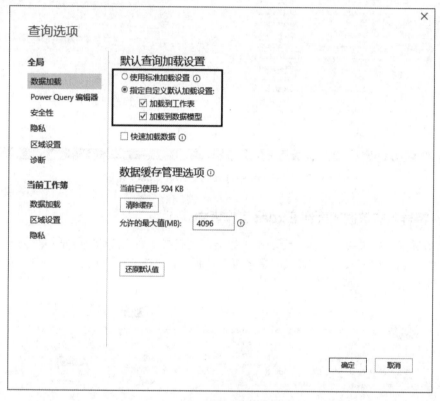

图 12-19　设置数据的加载方式

无论在"查询选项"对话框中如何设置数据的加载方式，用户都可以随时将导入的数据加载到 Excel 工作表中，操作步骤如下：

（1）打开"查询 & 连接"窗格，右击其中的某个查询，然后在弹出的菜单中选择"加载到"命令，如图 12-20 所示。

（2）打开"导入数据"对话框，选择数据在工作表中的显示方式和的位置，如图 12-21 所示。如果想要同时将数据添加到 Power Pivot 中，则应该选中"将此数据添加到数据模型"复选框。单击"确定"按钮，即可将查询中的数据以指定的显示方式加载到工作表中。

打开"导入数据"对话框的另一个方法是在选择要导入的表的界面中单击"加载"按钮右侧的下拉按钮，然后在弹出的菜单中选择"加载到"命令，如图 12-22 所示。

图 12-20　选择"加载到"命令　　　　　　图 12-21　选择数据在工作表中的显示方式和位置

图 12-22　单击"加载"按钮后选择"加载到"命令

12.2.6　刷新数据

当外部数据发生改变时，为了让导入到 Excel 中的数据与外部数据保持同步，需要刷新 Excel 中的数据。在功能区的"数据"选项卡中单击"全部刷新"按钮，将对当前导入到 Excel 中的所有数据进行刷新，如图 12-23 所示。

图 12-23　单击"全部刷新"按钮刷新导入的所有数据

如果只想刷新指定的数据，则可以打开"查询 & 连接"窗格，在其中右击要刷新的查询，然后在弹出的菜单中选择"刷新"命令，如图 12-24 所示。

如果已将数据加载到 Excel 工作表中，则可以右击数据区域中的任意单元格，在弹出的菜单中选择"刷新"命令，即可刷新该数据区域中的数据，如图 12-25 所示。

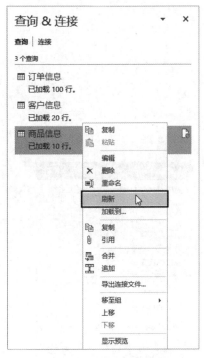

	A	B	C	D	E
1	商品编号	商品名称	类型	价格	
2	SP001	苹果	果蔬	8	
3	SP002	猕猴桃	果蔬	15	
4	SP003	西蓝花	果蔬	6	
5	SP004	西红柿			
6	SP005	果汁			
7	SP006	可乐			
8	SP007	冰红茶			
9	SP008	香肠			
10	SP009	火腿肠			
11	SP010	鱼肠			

图 12-24　刷新指定的查询　　　　图 12-25　刷新加载到工作表中的数据

12.3　使用 Power Pivot 为数据建模

在 Excel 中可以使用 Power Pivot 加载项为导入的数据创建数据模型，并在数据模型中创建计算列和度量值。在 Power BI Desktop 中创建数据模型是在数据视图中操作，而在 Excel 中创建数据模型则需要在专门的 Power Pivot 窗口中操作。

12.3.1　将数据添加到 Power Pivot 中

要为导入的多个表创建数据模型，需要先将这些表添加到 Power Pivot 中，有以下 3 种方法。

1．将工作表中的数据添加到Power Pivot中

如果已将导入的数据加载到工作表中，那么可以单击数据区域中的任意单元格，然后在功能区的 Power Pivot 选项卡中单击"添加到数据模型"按钮，即可将区域中的数据添加到 Power Pivot 中，如图 12-26 所示。

图 12-26　单击"添加到数据模型"按钮

2．在工作表中加载数据时将数据添加到Power Pivot中

如果已经将数据导入到 Excel 中，那么可以在将数据加载到工作表时，将这些数据添加到

Power Pivot 中。打开"查询 & 连接"窗格，右击要将数据加载到工作表的查询，在弹出的菜单中选择"加载到"命令，然后在打开的对话框中选中"将此数据添加到数据模型"复选框，如图 12-27 所示。

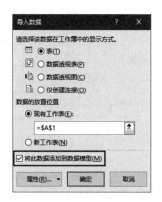

图 12-27　选中"将此数据添加到数据模型"复选框

3．在Power Pivot中导入数据

除了前面介绍的两种方法外，用户也可以直接在 Power Pivot 中导入数据，操作步骤如下：

（1）在 Excel 功能区的 Power Pivot 选项卡中单击"管理"按钮，如图 12-28 所示。

图 12-28　单击"管理"按钮

（2）打开 Power Pivot 窗口，在功能区的"主页"选项卡的"获取外部数据"组中的命令用于导入数据，如图 12-29 所示。例如，如果要导入 Excel 工作簿中的数据，则需要单击该组中的"从其他源"按钮。

图 12-29　"获取外部数据"组中的命令用于导入数据

（3）打开"表导入向导"对话框，选择"Excel 文件"，然后单击"下一步"按钮，如图 12-30 所示。

（4）显示如图 12-31 所示的选项，单击"浏览"按钮，然后选择要导入的 Excel 文件，所选文件的完整路径将被自动填入"Excel 文件路径"文本框中。如果要导入的表的第一行是各列数据的标题，则需要选中"使用第一行作为列标题"复选框。设置完成后单击"下一步"按钮。

（5）显示如图 12-32 所示的选项，选择要导入到 Power Pivot 中的表，可以同时选择导入多个表。选择完毕单击"完成"按钮。

（6）Excel 将在第（5）步中选择的表导入到 Power Pivot 中，并显示导入成功的提示信息，如图 12-33 所示。单击"关闭"按钮，关闭"表导入向导"对话框。

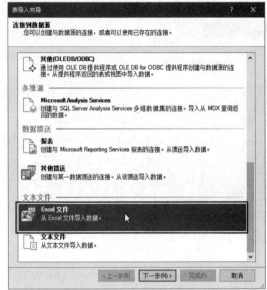

图 12-30　选择"Excel 文件"

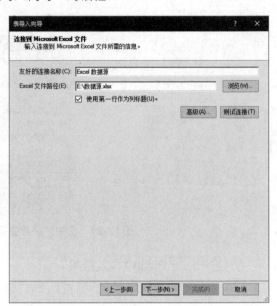

图 12-31　选择要导入的 Excel 文件

图 12-32　选择要导入的表

图 12-33　将数据成功导入到 Power Pivot 中

提示： 可以在将数据导入到 Power Pivot 中之前，通过单击"预览并筛选"按钮来筛选要导入的数据。

成功导入数据后，将在 Power Pivot 窗口中显示导入的一个或多个表，表的名称显示在窗口下方的选项卡上，单击不同的标签即可切换到相应的表，其显示和操作方法类似于 Excel 工作表标签，如图 12-34 所示。

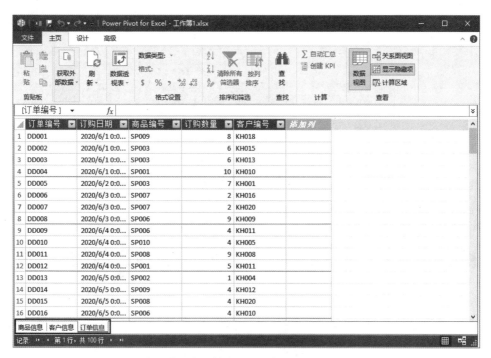

图 12-34　使用选项卡标签显示和切换导入 Power Pivot 中的表

12.3.2　创建关系

如果将多个相关的表添加到 Power Pivot 中，则需要为这些表创建关系。在 Power Pivot 中需要切换到关系视图才能创建关系，打开该视图有以下两种方法：

- 在 Power Pivot 窗口的功能区的"主页"选项卡中单击"关系图视图"按钮，如图 12-35 所示。
- 在 Power Pivot 窗口底部状态栏的右侧单击"关系图"按钮，如图 12-36 所示。

图 12-35　使用功能区命令切换视图

图 12-36　使用状态栏按钮切换视图

使用以上任意一种方法都将打开关系视图，其中显示了添加到 Power Pivot 中所有表中包含的字段，将一个表中的字段拖动到另一个表中的相关字段上，即可为这两个表创建关系，如图 12-37 所示。

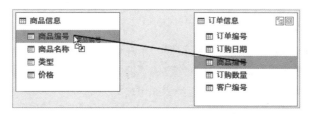

图 12-37　为两个表创建关系

创建关系后的两个表之间会自动添加连接线，当鼠标指针指向或单击连接线时，将突出显示两个表之间建立关系的相关字段，如图 12-38 所示。

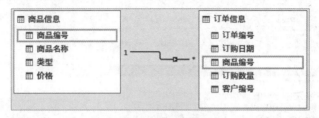

图 12-38 鼠标指针指向或单击连接线将突出显示相关字段

右击两个表之间的连接线，在弹出的菜单中选择"编辑关系"命令，可以在打开的"编辑关系"对话框中修改用于建立关系的相关字段，如图 12-39 所示。

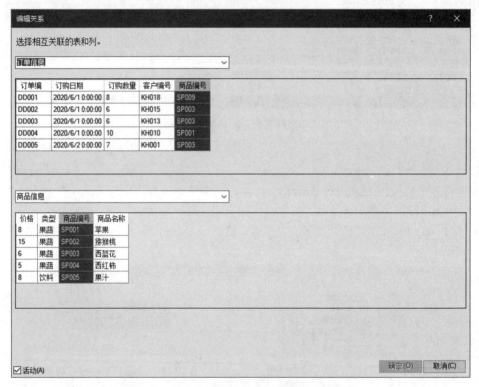

图 12-39 在"编辑关系"对话框中修改关系

如果要删除两个表之间的关系，则可以右击两个表之间的连接线，在弹出的菜单中选择"删除"命令，然后在打开的对话框中单击"从模型中删除"按钮。

12.3.3 创建计算列

与在 Power BI Desktop 中创建计算列类似，用户可以在 Excel 中使用 Power Pivot 加载项在数据模型中创建计算列。此处以第 9 章中创建的"商品名称"和"支付金额"两列为例，介绍使用 Power Pivot 创建计算列的方法，操作步骤如下：

（1）在 Excel 功能区的"Power Pivot"选项卡中单击"管理"按钮，打开 Power Pivot 窗口，默认进入数据视图。

（2）切换到"订单信息"表，然后在功能区的"设计"选项卡中单击"添加"按钮，如图 12-40 所示。

（3）在公式栏中输入以下公式，然后按 Enter 键，将自动添加一个新的列，并在其中显示该公式的计算结果，就是与该表的"商品编号"列中的商品编号对应的商品名称，如图 12-41 所示。

图 12-40　单击"添加"按钮

```
=RELATED('商品信息'[商品名称])
```

	订单编号	订购日期	商品编号	订购数量	客户编号	计算列 1	添加列
	[计算列 1] ▼		fx =RELATED('商品信息'[商品名称])				
1	DD001	2020/6/1 0:0...	SP009	8	KH018	火腿肠	
2	DD002	2020/6/1 0:0...	SP003	6	KH015	西蓝花	

图 12-41　在公式栏中输入公式

（4）双击第（3）步创建的新列标题，或者右击该列并在弹出的菜单中选择"重命名列"命令，输入"商品名称"并按 Enter 键，如图 12-42 所示。

客户编号	计算列 1	添加列
KH018	火腿肠	创建关系(T)
KH015	西蓝花	导航到相关表(N)
KH013	西蓝花	复制(C)
KH010	苹果	插入列(I)
KH001	西蓝花	删除列(D)
KH016	冰红茶	重命名列(R)
KH020	冰红茶	冻结列(Z)
KH009	可乐	取消冻结所有列(A)
KH011	可乐	从客户端工具中隐藏
KH005	鱼肠	列宽(W)...
KH008	香肠	筛选器(F)
KH011	苹果	说明(S)...

图 12-42　选择"重命名列"命令

创建"支付金额"列的方法与此类似，只需输入以下公式，然后将列标题设置为"支付金额"。创建好的两个计算列如图 12-43 所示。

```
=[订购数量]*RELATED('商品信息'[价格])
```

	订单编号	订购日期	商品编号	订购数量	客户编号	商品名称	支付金额	添加列
1	DD001	2020/6/1 0:0...	SP009	8	KH018	火腿肠	48	
2	DD002	2020/6/1 0:0...	SP003	6	KH015	西蓝花	36	
3	DD003	2020/6/1 0:0...	SP003	6	KH013	西蓝花	36	
4	DD004	2020/6/1 0:0...	SP001	10	KH010	苹果	80	
5	DD005	2020/6/2 0:0...	SP003	7	KH001	西蓝花	42	
6	DD006	2020/6/3 0:0...	SP007	2	KH016	冰红茶	10	
7	DD007	2020/6/3 0:0...	SP007	2	KH020	冰红茶	10	
8	DD008	2020/6/3 0:0...	SP006	9	KH009	可乐	27	
9	DD009	2020/6/4 0:0...	SP006	4	KH011	可乐	12	
10	DD010	2020/6/4 0:0...	SP010	4	KH005	鱼肠	40	

图 12-43　创建完成的两个计算列

12.3.4　创建度量值

使用 Excel 中的 Power Pivot 加载项创建度量值时，无须打开 Power Pivot 窗口，只需在

Excel 功能区的 "Power Pivot" 选项卡中单击 "度量值" 按钮，然后在弹出的菜单中选择 "新建度量值" 命令，如图 12-44 所示。

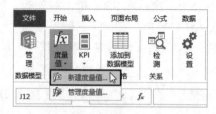

图 12-44　选择 "新建度量值" 命令

打开 "度量值" 对话框，在 "表名" 下拉列表中选择要将度量值创建到哪个表中，然后在 "度量值名称" 文本框中输入度量值的名称，最后在 "公式" 文本框中输入度量值的公式，如图 12-45 所示。可以单击 "检查公式" 按钮检查公式是否存在错误。确认无误后单击 "确定" 按钮，即可创建度量值。

```
=SUM('订单信息'[支付金额])
```

以后可以在 Excel 功能区的 "Power Pivot" 选项卡中单击 "度量值" 按钮，然后在弹出的菜单中选择 "管理度量值" 命令，在打开的对话框中修改或删除现有的度量值，如图 12-46 所示。

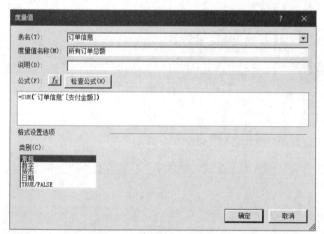

图 12-45　创建度量值

图 12-46　修改或删除现有的度量值

12.4　使用 Power View 展示数据

在 Excel 中使用 Power View 加载项可以创建和设计交互式报表，其功能类似于 Power BI Desktop 中的视觉对象、筛选器之类的可视化元素。使用 Power View 之前需要先在计算机中安装 Microsoft Silverlight，然后启动 Power View 加载项。

在将数据添加到 Power Pivot 中并创建数据模型后，在 Excel 功能区或快速访问工具栏中单击 "插入 Power View 报表" 按钮，将显示如图 12-47 所示的打开 Power View 的进度提示。

提示： 单击 "插入 Power View 报表" 按钮时，可能会显示如图 12-48 所示的提示信息，此时需要在浏览器中打开提示信息中的网址，然后下载名为 EnableControls 的压缩包，其中的 EnableSilverLight.reg 文件可以自动修改注册表，以解决无法使用 Power View 的问题。

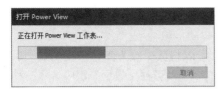

图 12-47　打开 Power View 的进度提示　　图 12-48　无法使用 Power View 时显示的提示信息

稍后将自动新建一个名为 Power View1 的工作表，其中显示了一个空白的报表，并在功能区中显示 Power View 选项卡，如图 12-49 所示。

图 12-49　Power View 工作表

提示：如果新建 Power View 工作表之前，Excel 工作表中包含数据，且该数据区域中的某个单元格是活动单元格，则在创建的 Power View 工作表中会自动将该数据区域添加到报表中。

在 Power View 工作表中包含以下 3 个部分：

- 报表区：报表区类似于 Power BI Desktop 中的画布，用户可以在报表区中为数据添加多种可视化效果。报表区的顶部显示"Click here to add a title"提示文字，单击该文字可以输入报表的标题。
- Filters 窗格：将字段添加到该窗格中，可以筛选在报表上显示的内容。
- Power View Fields 窗格：在该窗格中列出了数据模型中的各个表，以及 Excel 工作表中的数据区域，展开每个表或区域，将显示其中包含的字段。在 Power View Fields 窗格中选中所需的一个或多个字段，或者将字段拖动到该窗格下方的 FIELDS 列表框中，这些字段的数据将以可视化的形式显示在报表中。

例如，在 Power View Fields 窗格中选中"订单信息"表的"商品名称"和"所有订单总额"

两个字段后，在报表中将自动创建一个"表"，它类似于 Power BI Desktop 中的"表"视觉对象，如图 12-50 所示。

虽然在报表中默认创建的是"表"，但是用户随时都可以将其更改为其他可视化效果。只需单击报表中的"表"，然后在功能区的"设计"选项卡的"切换可视化效果"组中选择一种可视化效果，如图 12-51 所示。

图 12-50　选中字段以构建报表

图 12-51　选择不同的可视化效果

将报表中的"表"更改为"簇状柱形图"后的效果如图 12-52 所示。实现该效果的方法是单击"柱形图"按钮，然后在弹出的菜单中选择"簇状柱形图"命令。拖动对象边框上的控制点，可以调整对象的大小，如图 12-53 所示。

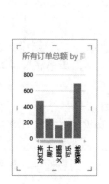

图 12-52　将"表"更改为"簇状柱形图"

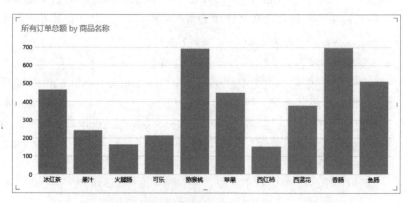

图 12-53　调整簇状柱形图的大小

将报表中的"表"更改为"簇状
柱形图"后，Power View Fields 窗格中
的字段区域会随之调整，如图 12-54
所示。

如果只想在报表上显示部分数
据，则需要将相关字段拖动到 Filters
窗格中。例如，将"商品名称"字段
拖动到 Filters 窗格中，将在该窗格中
以复选框的形式显示"商品名称"字
段中的每一项，选中其中的部分选项，
将在报表中只显示这些选中选项的数
据，如图 12-55 所示。

单击报表顶部的 Click here to add
a title，为报表输入一个标题，如图
12-56 所示。

图 12-54　适用于簇状柱形图的 Power View Fields 窗格

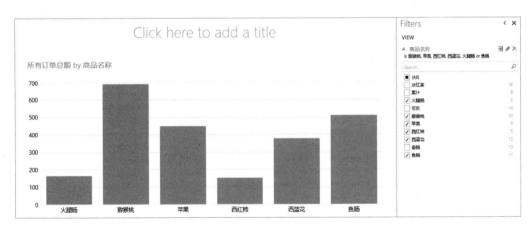

图 12-55　通过筛选字段以在报表中显示指定的数据

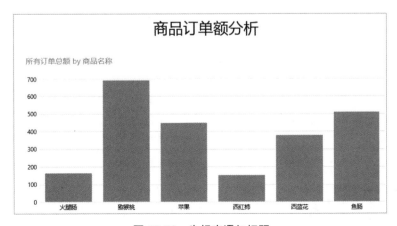

图 12-56　为报表添加标题

第13章
Power BI 数据分析在人力、销售和财务中的应用

本章将介绍数据分析在人力、销售和财务中的应用，包括客户分析、销售额分析、财务报表分析三部分内容。

13.1　客户分析

客户是企业生存和发展的重要资源，客户范围会随着业务的不断增长而快速扩大。为了更好地了解业务发展状况，以及每个客户的层次和规模，同时保持与现有客户的友好合作关系，并制定新客户的开发计划，企业需要对已有客户进行系统化的管理。本节将介绍客户销售额占比分析和排名，以及客户等级划分和统计的方法。

13.1.1　计算客户的销售额占比

销售额占比是指某个客户的销售额占所有客户销售额总和的百分比。如图 13-1 所示为客户的基本信息和销售额数据，计算客户的销售额占比的操作步骤如下：

	A	B	C	D	E
1	编号	客户名称	性别	合作性质	销售额
2	1	汪弈	女	代理商	36100
3	2	满侯	女	代理商	20300
4	3	余佳	男	代理商	68000
5	4	劳倩	女	代理商	20600
6	5	金宸	男	代理商	79000
7	6	秋嘉茂	男	代理商	12600
8	7	伍静馨	女	代理商	50800
9	8	宁亲	男	代理商	27000
10	9	冯蚨弘	女	代理商	75100
11	10	屈庆	男	代理商	35800

图 13-1　客户数据

（1）在 F1 单元格中输入“销售额占比”，然后为该单元格设置加粗格式，以及居中对齐，双击 F 列与 G 列之间的分割线，自动调整 F1 单元格的宽度，使其正好容纳其中包含的文字，如图 13-2 所示。

图 13-2　输入标题并设置格式

（2）选择 F2:F11 单元格区域，按 Ctrl+1 快捷键，打开"设置单元格格式"对话框，在"数字"选项卡的"分类"列表框中选择"百分比"，然后在右侧将"小数位数"设置为 0，最后单击"确定"按钮，如图 13-3 所示。

图 13-3　设置百分比格式

（3）选择 F2 单元格，输入下面的公式并按 Enter 键，计算第一个客户的销售额占比，如图 13-4 所示。

```
=E2/SUM($E$2:$E$11)
```

（4）使用鼠标向下拖动 F2 单元格右下角的填充柄，将 F2 单元格中的公式向下复制到 F11 单元格，计算出其他客户的销售额占比，如图 13-5 所示。

图 13-4　计算第一个客户的销售额占比　　　图 13-5　计算其他客户的销售额占比

13.1.2　根据销售额为客户排名

本小节以 13.1.1 节制作完成的数据为基础，将根据销售额为客户排名，操作步骤如下：

（1）在 G1 单元格中输入"排名"，并为该单元格设置加粗格式和居中对齐。

（2）在 G2 单元格中输入下面的公式并按 Enter 键，得到第一个客户的销售额在所有客户中的排名，如图 13-6 所示。

```
=RANK.EQ(E2,$E$2:$E$11)
```

图 13-6　得到第一个客户的销售额排名

（3）双击 G2 单元格右下角的填充柄，将 G2 单元格中的公式自动向下复制到 G11 单元格，得到其他客户的销售额排名，如图 13-7 所示。

编号	客户名称	性别	合作性质	销售额	销售额占比	排名
1	汪弈	女	代理商	36100	8%	5
2	满侯	女	代理商	20300	5%	9
3	余佳	男	代理商	68000	16%	3
4	劳倩	女	代理商	20600	5%	8
5	金宸	男	代理商	79000	19%	1
6	秋嘉茂	男	代理商	12600	3%	10
7	伍静馨	女	代理商	50800	12%	4
8	宁亲	男	代理商	27000	6%	7
9	冯蚨弘	女	代理商	75100	18%	2
10	屈庆	男	代理商	35800	8%	6

图 13-7　得到其他客户的销售额排名

13.1.3　使用饼图分析客户销售额占比

本小节以 13.1.2 节制作完成的数据为基础，为了直观显示客户销售额占比情况，可以将表示销售额占比的数据绘制到饼图中，操作步骤如下：

（1）选择客户名称所在的单元格区域，此处为 B1:B11。按住 Ctrl 键，然后选择销售额所在的单元格区域，此处为 E1:E11，此时将同时选中 B1:B11 和 E1:E11 两个单元格区域，如图 13-8 所示。

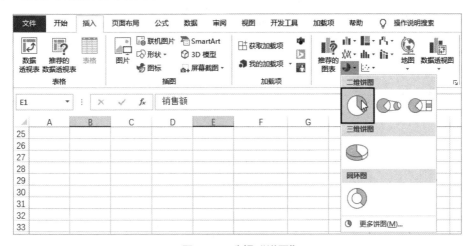

	A	B	C	D	E	F	G
1	编号	客户名称	性别	合作性质	销售额	销售额占比	排名
2	1	汪弈	女	代理商	36100	8%	5
3	2	满侯	女	代理商	20300	5%	9
4	3	余佳	男	代理商	68000	16%	3
5	4	劳倩	女	代理商	20600	5%	8
6	5	金宸	男	代理商	79000	19%	1
7	6	秋嘉茂	男	代理商	12600	3%	10
8	7	伍静馨	女	代理商	50800	12%	4
9	8	宁亲	男	代理商	27000	6%	7
10	9	冯蚨弘	女	代理商	75100	18%	2
11	10	屈庆	男	代理商	35800	8%	6

图 13-8　选择"客户名称"和"销售额"两列数据

（2）在功能区的"插入"选项卡中单击"插入饼图或圆环图"按钮，然后在弹出的菜单中选择"饼图"，如图 13-9 所示。

图 13-9　选择"饼图"

（3）在工作表中插入一个饼图。单击图表顶部的标题以将其选中，再次单击图表标题进入编辑状态，删除原有标题并输入"销售额占比分析"，如图 13-10 所示。

（4）单击图表区以选中图表，然后在功能区的"图表工具 | 设计"选项卡中单击"添加图表元素"按钮，在弹出的菜单中选择"图例"|"无"命令，删除饼图中的图例，如图 13-11 所示。

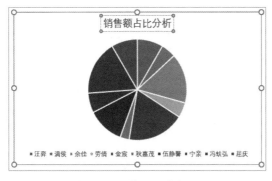

图 13-10　修改图表标题

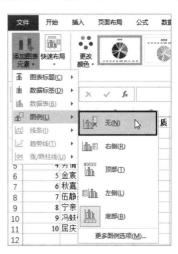

图 13-11　删除饼图中的图例

（5）右击饼图中的数据系列，在弹出的菜单中选择"添加数据标签"|"添加数据标注"命令，如图 13-12 所示。饼图中显示的是标注形式的数据，这些对应于客户名称和销售额所占比率，如图 13-13 所示。

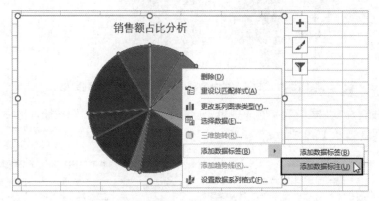

图 13-12　选择"添加数据标注"命令

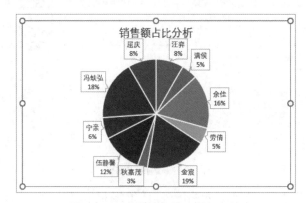

图 13-13　在图表上显示数据标注

（6）为了显示每个客户的销售额，可以右击任意一个数据标注，在弹出的菜单中选择"设置数据标签格式"命令，如图 13-14 所示。

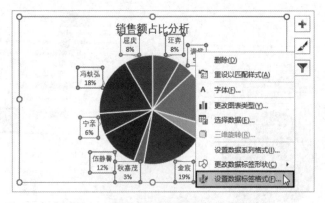

图 13-14　选择"设置数据标签格式"命令

（7）打开"设置数据标签格式"窗格，在"标签选项"选项卡中选中"值"复选框，即可在数据标注中添加销售额的显示，如图 13-15 所示。

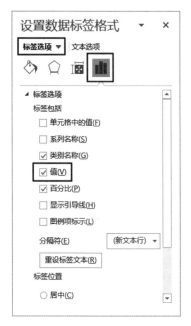
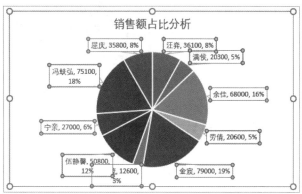

图 13-15　选中"值"复选框以在数据标注中添加销售额

（8）如果希望每个数据标注中的内容都显示在一行，则可以在"设置数据标签格式"窗格的"文本选项"选项卡中选中"根据文字调整形状大小"复选框，并取消选中"形状中的文字自动换行"复选框，如图 13-16 所示。

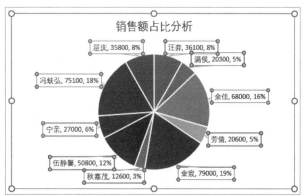

图 13-16　让每个数据标注中的内容显示在一行

（9）为了避免数据标注互相重叠，可以单击任意一个数据标注，然后再次单击要移动位置的数据标注，以将其单独选中，拖动该数据标注即可移动它的位置，如图 13-17 所示。

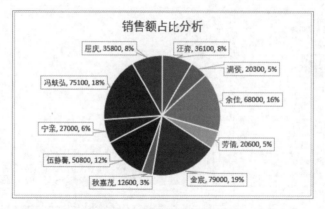

图 13-17　调整数据标注的位置

13.1.4　根据销售额为客户评级

本小节以 13.1.2 节制作完成的数据为基础，假设客户等级的划分标准为：销售额大于或等于 50000 元的客户为 A 级代理商，销售额大于或等于 30000 元且小于 50000 元的客户为 B 级代理商，小于 30000 元的客户为 C 级代理商。使用该标准为客户评级的操作步骤如下：

（1）在 H1 单元格中输入"等级"，并为该单元格设置加粗格式和居中对齐。

（2）在 H2 单元格中然后输入下面的公式并按 Enter 键，根据销售额对第一个客户进行评级，如图 13-18 所示。

```
=IF(E2>=50000,"A",IF(E2>=30000,"B","C"))
```

	A	B	C	D	E	F	G	H
	H2	▼ : ✕ ✓ fx		=IF(E2>=50000,"A",IF(E2>=30000,"B","C"))				
1	编号	客户名称	性别	合作性质	销售额	销售额占比	排名	等级
2	1	汪弈	女	代理商	36100	8%	5	B
3	2	满侯	女	代理商	20300	5%	9	

图 13-18　根据销售额对第一个客户进行评级

（3）双击 H2 单元格右下角的填充柄，将 H2 单元格中的公式自动向下复制到 H11 单元格，自动完成对其他客户进行评级，如图 13-19 所示。

	A	B	C	D	E	F	G	H
1	编号	客户名称	性别	合作性质	销售额	销售额占比	排名	等级
2	1	汪弈	女	代理商	36100	8%	5	B
3	2	满侯	女	代理商	20300	5%	9	C
4	3	余佳	男	代理商	68000	16%	3	A
5	4	劳倩	女	代理商	20600	5%	8	C
6	5	金宸	男	代理商	79000	19%	1	A
7	6	秋嘉茂	男	代理商	12600	3%	10	C
8	7	伍静馨	女	代理商	50800	12%	4	A
9	8	宁亲	男	代理商	27000	6%	7	C
10	9	冯蚨弘	女	代理商	75100	18%	2	A
11	10	屈庆	男	代理商	35800	8%	6	B

图 13-19　自动对其他客户进行评级

技巧：本例还可以使用 LOOKUP 函数代替多层嵌套的 IF 函数。由于 LOOKUP 函数的特点是查找不到精确值时，将返回小于或等于查找值的最大值，因此可以将本例等级划分标准的分段值作为 LOOKUP 函数的查找区间，将等级划分标准包括的销售额和对应的等级以常量数组的形式输入公式中，如图 13-20 所示。当要检测的区段数量较多时，使用 LOOKUP 函数可以让公式更简洁。

```
=LOOKUP(E2,{0,"C";30000,"B";50000,"A"})
```

图 13-20　使用 LOOKUP 函数代替多层嵌套的 IF 函数

13.1.5　创建客户等级统计表

本小节以 13.1.4 节制作完成的数据为基础，为了统计不同级别代理商的数量，需要创建客户等级统计表，操作步骤如下：

（1）在 J1 单元格中输入"客户等级统计"，然后在 J2:J5 单元格区域中输入"A 级代理""B 级代理""C 级代理"和"合计"，如图 13-21 所示。

图 13-21　输入统计表标题

（2）选择 J1 和 K1 单元格，然后在功能区的"开始"选项卡中单击"合并后居中"按钮，将这两个单元格合并到一起，并将"客户等级统计"文字居中显示，如图 13-22 所示。

图 13-22　单击"合并后居中"按钮

（3）在功能区的"开始"选项卡中单击"加粗"按钮，将"客户等级统计"设置为加粗格式。然后选择 J2:J5 单元格区域，在功能区的"开始"选项卡中单击"居中"按钮，将 J2:J5 单元格区域中的内容设置为居中对齐，如图 13-23 所示。

图 13-23　设置客户等级统计表的标题格式

（4）在 K2 单元格中输入下面的公式并按 Enter 键，计算出 A 级客户的数量，如图 13-24 所示。

```
=COUNTIF($H$2:$H$11,LEFT(J2))
```

K2 =COUNTIF($H$2:$H$11,LEFT(J2))

	A	B	C	D	E	F	G	H	I	J	K
1	编号	客户名称	性别	合作性质	销售额	销售额占比	排名	等级		客户等级统计	
2	1	汪弈	女	代理商	36100	8%	5	B		A级代理	4
3	2	满侯	女	代理商	20300	5%	9	C		B级代理	
4	3	余佳	男	代理商	68000	16%	3	A		C级代理	
5	4	劳倩	女	代理商	20600	5%	8	C		合计	

图 13-24　计算 A 级客户的数量

（5）向下拖动 K2 单元格右下角的填充柄，将 K2 单元格中的公式向下复制到 K4 单元格，计算出其他等级客户的数量，如图 13-25 所示。

（6）在 K5 单元格中输入下面的公式并按 Enter 键，计算出所有客户的总数，如图 13-26 所示。

```
=SUM(K2:K4)
```

J	K
客户等级统计	
A级代理	4
B级代理	2
C级代理	4
合计	

图 13-25　计算其他等级客户的数量

K5 =SUM(K2:K4)

	A	B	C	D	E	F	G	H	I	J	K
1	编号	客户名称	性别	合作性质	销售额	销售额占比	排名	等级		客户等级统计	
2	1	汪弈	女	代理商	36100	8%	5	B		A级代理	4
3	2	满侯	女	代理商	20300	5%	9	C		B级代理	2
4	3	余佳	男	代理商	68000	16%	3	A		C级代理	4
5	4	劳倩	女	代理商	20600	5%	8	C		合计	10
6	5	金宸	男	代理商	79000	19%	1	A			
7	6	秋嘉茂	男	代理商	12600	3%	10	C			
8	7	伍静馨	女	代理商	50800	12%	4	A			
9	8	宁亲	男	代理商	27000	6%	7	C			
10	9	冯蚨弘	女	代理商	75100	18%	2	A			
11	10	屈庆	男	代理商	35800	8%	6	B			

图 13-26　计算所有客户的总数

13.2　销售额分析

销售额是衡量产品是否符合市场需求的重要指标，可以基于销售额进行多个方面的分析，例如根据销售额计算员工的提成奖金、根据销售额分析产品在各个地区的占有率，还可以使用图表以图形化的方式展示销售额。

13.2.1　制作销售额提成表

公司会根据员工的销售业绩给予相应的奖励，通常是按照销售额的百分比作为员工的提成奖金。如图 13-27 所示为要计算员工提成奖金的数据，提成标准为：销售额小于 10000 元没有提成，大于或等于 10000 元且小于 20000 元的提成比例为 5%，大于或等于 20000 元且小于 30000 元的提成比例为 8%，大于或等于 30000 元的提成比例为 10%。下面使用这些数据制作销售额提成表，操作步骤如下：

	A	B
1	姓名	销售额
2	凌慈	12551
3	穆翌豪	20325
4	石兰	35261
5	井弘大	9325
6	杜雨王	37939
7	姚娟	6506
8	邢心释	38650
9	游差	36573
10	经卉	13176
11	洪训香	25668

图 13-27　员工销售额数据

（1）在 C1 和 D1 两个单元格中分别输入“提成比例”和“奖金”，并将其设置为加粗格式和居中对齐。

（2）在 F1 单元格中输入“提成标准”，选择 F1 和 G1 单元格，将它们合并在一起并设置为居中对齐，然后为合并后的单元格设置加粗格式，如图 13-28 所示。

（3）在 F2:G6 单元格区域中输入提成标准的相关数据，如图 13-29 所示。

F	G
提成标准	
销售额	提成比例
0	0%
10000	5%
20000	8%
30000	10%

图 13-28　输入标题并设置格式　　　　　　　图 13-29　输入提成标准的相关数据

（4）在 C2 单元格中输入下面的公式并按 Enter 键，计算出第一个员工的提成比例，如图 13-30 所示。

```
=LOOKUP(B2,$F$3:$G$6)
```

图 13-30　计算第一个员工的提成比例

（5）双击 C2 单元格右下角的填充柄，将 C2 单元格中的公式自动向下复制到 C11 单元格，计算出其他员工的提成比例，如图 13-31 所示。

图 13-31　计算其他员工的提成比例

（6）为了让 C 列中的提成比例以百分比格式显示，需要选择 C2:C11 单元格区域，按 Ctrl+1 快捷键打开"设置单元格格式"对话框，在"数字"选项卡的"分类"下拉列表中选择"百分比"，然后将"小数位数"设置为 0（参见图 13-3）。将 C 列中的提成比例设置为百分比格式的效果如图 13-32 所示。

（7）在 D2 单元格中输入下面的公式并按 Enter 键，计算出第一个员工的提成奖金，如图 13-33 所示。

```
=B2*C2
```

图 13-32　将提成比例以百分比格式显示　　　　图 13-33　计算第一个员工的提成奖金

（8）双击 D2 单元格右下角的填充柄，将 D2 单元格中的公式自动向下复制到 D11 单元格，自动计算出其他员工的提成奖金，如图 13-34 所示。

	A	B	C	D	E	F	G
1	姓名	销售额	提成比例	奖金		提成标准	
2	凌慈	12551	5%	627.55		销售额	提成比例
3	穆翌豪	20325	8%	1626		0	0%
4	石兰	35261	10%	3526.1		10000	5%
5	井弘大	9325	0%	0		20000	8%
6	杜雨玉	37939	10%	3793.9		30000	10%
7	姚娟	6506	0%	0			
8	邢心释	38650	10%	3865			
9	游差	36573	10%	3657.3			
10	经卉	13176	5%	658.8			
11	洪训香	25668	8%	2053.44			

图 13-34　计算其他员工的提成奖金

13.2.2　分析产品在各个地区的占有率

通过分析产品在各个地区的占有率，可以更好地了解产品在各个地区的销售情况，对未来销售计划的指定提供帮助。本小节已经使用数据源创建好了一个数据透视表，并完成如图 13-35 所示的字段布局，在此基础上分析产品在各个地区的占有率的操作步骤如下：

	A	B	C	D	E
1	月份	(全部)			
2					
3	销售额	地区			
4	产品	东北地区	华北地区	华东地区	总计
5	苹果	135803	102029	102405	340237
6	猕猴桃	153137	89904	105222	348263
7	蓝莓	138435	125795	97667	361897
8	总计	427375	317728	305294	1050397

图 13-35　完成基本字段布局的数据透视表

（1）右击值区域中的任意单元格，在弹出的菜单中选择“值显示方式”|“行汇总的百分比”命令，如图 13-36 所示，将显示每种产品在各个地区的销售额占比，如图 13-37 所示。

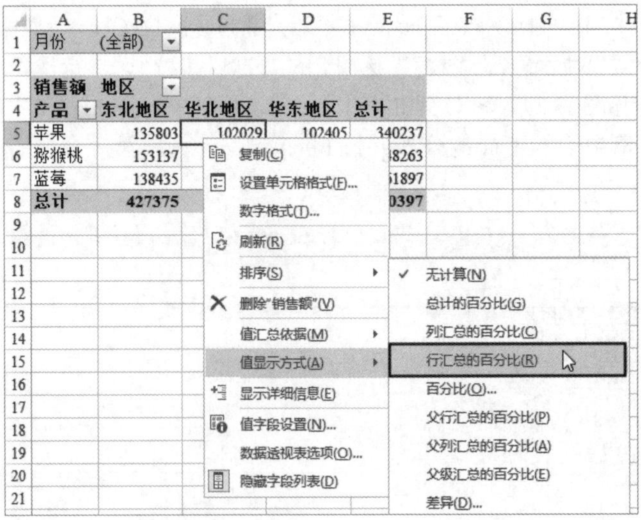

图 13-36　选择“行汇总的百分比”命令

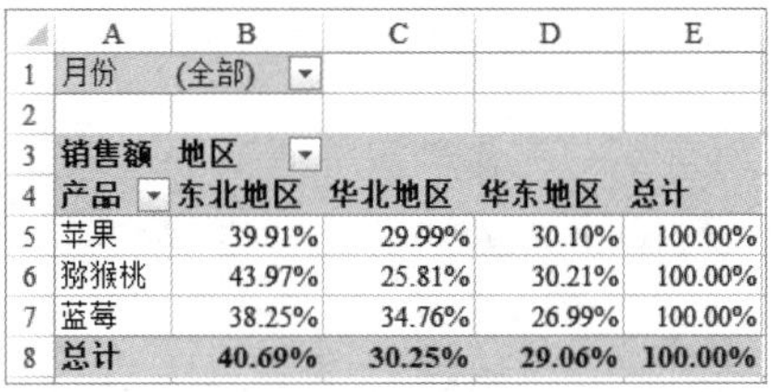

	A	B	C	D	E
1	月份	(全部)			
2					
3	销售额	地区			
4	产品	东北地区	华北地区	华东地区	总计
5	苹果	39.91%	29.99%	30.10%	100.00%
6	猕猴桃	43.97%	25.81%	30.21%	100.00%
7	蓝莓	38.25%	34.76%	26.99%	100.00%
8	总计	40.69%	30.25%	29.06%	100.00%

图 13-37　显示每种产品在各个地区的销售额占比

（2）在“数据透视表字段”窗格中，将“值”字段添加到值区域中，此时的数据透视表如图 13-38 所示。

	A	B	C	D	E	F	G	H	I
1	月份	(全部)							
2									
3		地区	值						
4		东北地区		华北地区		华东地区		计数项:值汇总	销售额汇总
5	产品	计数项:值	销售额	计数项:值	销售额	计数项:值	销售额		
6	苹果	5	39.91%	5	29.99%	5	30.10%	15	100.00%
7	猕猴桃	5	43.97%	5	25.81%	5	30.21%	15	100.00%
8	蓝莓	5	38.25%	5	34.76%	5	26.99%	15	100.00%
9	总计	15	40.69%	15	30.25%	15	29.06%	45	100.00%

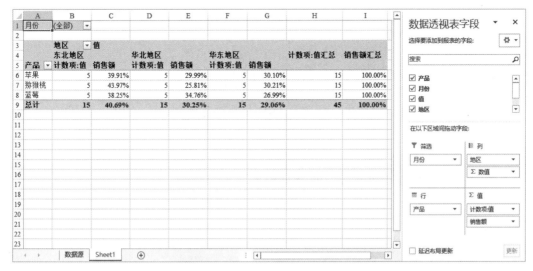

图 13-38　将“值”字段添加到值区域

（3）在数据透视表中右击“计数项：值”字段的任意一项，在弹出的菜单中选择“值汇总依据”|“求和”命令，如图 13-39 所示，将“计数项：值”字段中的数据汇总方式由“计数”改为“求和”，此时在该字段中将显示各个地区的销售额，如图 13-40 所示。

	A	B	C	D	E	F
1	月份	(全部)				
2						
3		地区	值			
4		东北地区		华北地区		华东地区
5	产品	计数项:值	销售额	计数项:值	销售额	计数项:值
6	苹果	5	39.91%	5	29.99%	5
7	猕猴桃			5	25.81%	5
8	蓝莓			5	34.76%	5
9	总计			15	30.25%	15

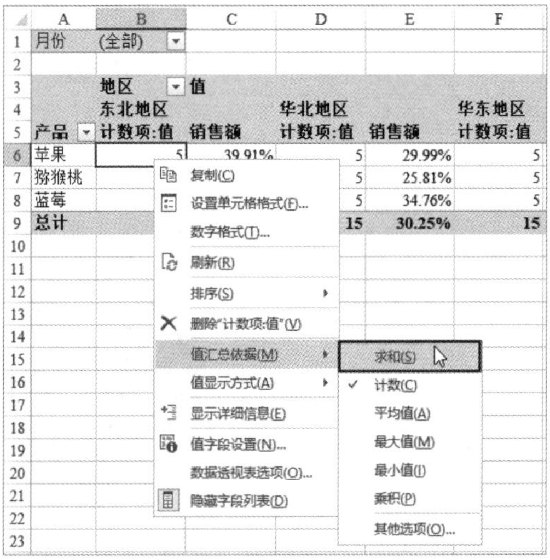

图 13-39　选择“求和”命令

	A	B	C	D	E	F	G	H	I
1	月份	(全部)							
2									
3		地区	值						
4		东北地区		华北地区		华东地区		求和项:值汇总	销售额汇总
5	产品	求和项:值	销售额	求和项:值	销售额	求和项:值	销售额		
6	苹果	135803	39.91%	102029	29.99%	102405	30.10%	340237	100.00%
7	猕猴桃	153137	43.97%	89904	25.81%	105222	30.21%	348263	100.00%
8	蓝莓	138435	38.25%	125795	34.76%	97667	26.99%	361897	100.00%
9	总计	427375	40.69%	317728	30.25%	305294	29.06%	1050397	100.00%

图 13-40　将"计数项：值"字段的汇总方式改为"求和"

（4）将"销售额"字段的名称改为"占有率"，将"求和项：值"字段的名称改为"销售额"，如图 13-41 所示。

	A	B	C	D	E	F	G	H	I
1	月份	(全部)							
2									
3		地区	值						
4		东北地区		华北地区		华东地区		销售额汇总	占有率汇总
5	产品	销售额	占有率	销售额	占有率	销售额	占有率		
6	苹果	135803	39.91%	102029	29.99%	102405	30.10%	340237	100.00%
7	猕猴桃	153137	43.97%	89904	25.81%	105222	30.21%	348263	100.00%
8	蓝莓	138435	38.25%	125795	34.76%	97667	26.99%	361897	100.00%
9	总计	427375	40.69%	317728	30.25%	305294	29.06%	1050397	100.00%

图 13-41　修改字段的名称

13.2.3　在饼图中快速切换显示不同季度的销售额

饼图每次只能显示一组数据系列，如果创建的饼图包含多组数据系列，为了切换显示各组数据系列，可以在饼图上添加一个下拉列表，其中包含各组数据系列的名称，用户可以从下拉列表中选择要在饼图中显示哪一组数据系列，如图 13-42 所示。

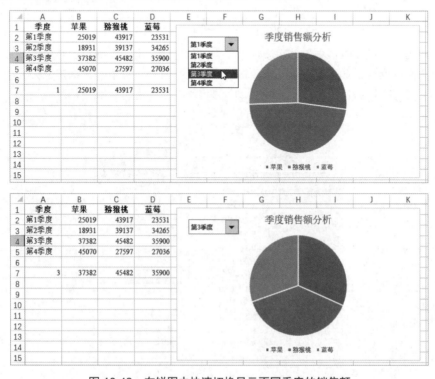

图 13-42　在饼图中快速切换显示不同季度的销售额

制作图 13-42 所示的可切换数据系列的饼图的操作步骤如下：

（1）新建一个 Excel 工作簿，在 Sheet1 工作表中输入用于制作饼图的数据，如图 13-43 所示。

（2）根据数据区域中除去标题行以外的其他行的总数，在数据区域外的一个单元格中输入总数范围内的任意一个数字。本例中的数据区域位于 A1:D5，该区域共 5 行，除去标题行之外还剩 4 行，因此输入的数字应该介于 1 ～ 4。此处在 A7 单元格中输入 2，然后在 B7 单元格中输入下面的公式，使用 INDEX 函数在 B 列查找由 A7 单元格表示的行号所对应的数据，如图 13-44 所示。

```
=INDEX(B2:B5,$A$7)
```

	A	B	C	D
1	季度	苹果	猕猴桃	蓝莓
2	第1季度	25019	43917	23531
3	第2季度	18931	39137	34265
4	第3季度	37382	45482	35900
5	第4季度	45070	27597	27036

图 13-43　输入基础数据　　　　　　　图 13-44　使用 INDEX 函数提取数据

　　提示：为了将公式复制到右侧单元格时可以得到正确的结果，需要将 INDEX 函数的第二个参数的单元格引用设置为绝对引用。

（3）使用鼠标向下拖动 B7 单元格右下角的填充柄，将 B7 单元格中的公式向右复制到 D7 单元格，提取出由 A7 单元格表示的行中的其他列数据，如图 13-45 所示。

（4）选择 B1:D1 单元格区域，按住 Ctrl 键再选择 B7:D7 单元格区域，将这两个单元格区域同时选中，如图 13-46 所示。

	A	B	C	D
1	季度	苹果	猕猴桃	蓝莓
2	第1季度	25019	43917	23531
3	第2季度	18931	39137	34265
4	第3季度	37382	45482	35900
5	第4季度	45070	27597	27036
6				
7		2	18931	39137	34265

图 13-45　复制公式以提取其他数据　　　　图 13-46　同时选中两个单元格区域

（5）在功能区的"插入"选项卡中单击"插入饼图或圆环图"按钮，在打开的下拉列表中选择"饼图"，将在当前工作表中插入一个饼图，其数据源就是在第（4）步中选中的两个单元格区域，如图 13-47 所示。

（6）在功能区的"开发工具"选项卡中单击"插入"按钮，然后在打开的下拉列表中从"表单控件"类别中选择"组合框（窗体控件）"，如图 13-48 所示。

　　提示：如果功能区中没有显示"开发工具"选项卡，则可以参考 5.7.1 节中的方法将其显示出来。

（7）在图表上的适当位置拖动鼠标插入一个组合框控件，然后右击该控件，在弹出的菜单中选择"设置控件格式"命令，如图 13-49 所示。

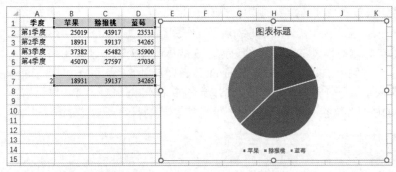

图 13-47　基于两个单元格区域中的数据创建饼图　　　　　图 13-48　选择"组合框
（窗体控件）"

（8）打开"设置控件格式"对话框，在"控制"选项卡中进行以下设置，如图 13-50 所示。

- 将"数据源区域"设置为"A2:A5"。
- 将"单元格链接"设置为"A7"。

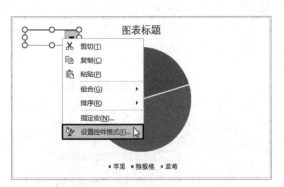

图 13-49　选择"设置控件格式"命令

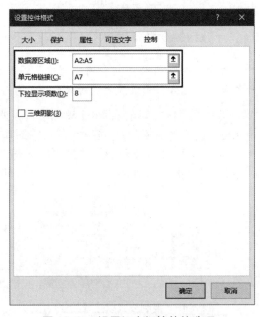

图 13-50　设置组合框控件的选项

　　提示：如果使用"数据源区域"或"单元格链接"右侧的按钮🔼在工作表中选择单元格，则对话框顶部的标题将变为"设置对象格式"。

　　（9）设置完成后单击"确定"按钮，关闭"设置控件格式"对话框。单击组合框控件以外的其他位置，取消组合框的选中状态。最后将图表标题设置为"季度销售额分析"。单击组合框控件上的下拉按钮，在打开的下拉列表中选择任意一项，饼图上就会显示正常了。

13.3　财务报表分析

　　本节将介绍使用数据透视表进行财务报表制作与分析的方法，包括汇总利润表中的数据并制作月报、季报、半年报和年报，以及使用数据透视表中的计算项制作累计报表的方法。

13.3.1　制作利润汇总表

如图 13-51 所示为 1 ～ 12 月的利润表，分别存储在 12 个工作表中。现在要汇总这些数据，以便分析公司的整体利润情况，操作步骤如下：

	A	B	C	D	E	F
1		**利 润 表**				
2		2020年1月				
3			单位：元			
4		项　目	本月数			
5		一、主营业务收入	8983816			
6		减：主营业务成本	520798			
7		主营业务税金及附加	713201			
8		二、主营业务利润（亏损以负号填列）	7749817			
9		加：其他业务利润（亏损以负号填列）	70801			
10		减：营业费用	61571			
11		管理费用	69880			
12		财务费用	86455			
13		三、营业利润（亏损以负号填列）	7602712			
14		加：投资收益（亏损以负号填列）	96265			
15		补贴收入	56922			
16		营业外收入	89169			
17		减：营业外支出	50009			
18		四、利润总额（亏损以负号填列）	7795059			
19		减：所得税	1774935			
20		五、净利润（净利以负号填列）	6020124			
21						

工作表标签：1月 2月 3月 4月 5月 6月 7月 8月 9月 10月 11月 12月

图 13-51　1 ～ 12 月的利润表

（1）依次按 Alt、D、P 键，打开"数据透视表和数据透视图向导"对话框，选中"多重合并计算数据区域"和"数据透视表"单选按钮，然后单击"下一步"按钮，如图 13-52 所示。

（2）进入如图 13-53 所示的界面，选中"创建单页字段"单选按钮，然后单击"下一步"按钮。

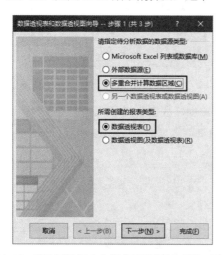

图 13-52　"数据透视表和数据透视图向导"对话框

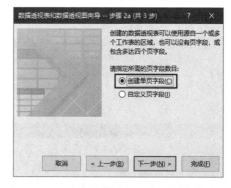

图 13-53　选中"创建单页字段"单选按钮

（3）进入如图 13-54 所示的界面，需要将 12 个工作表中的数据区域添加到"所有区域"列表框中。单击"选定区域"右侧的"折叠"按钮，将对话框折叠。单击"1 月"工作表标签，然后选择该工作表中的数据区域 B4:C20，如图 13-55 所示。

图 13-54　用于合并多个数据区域的界面　　　　图 13-55　选择"1 月"工作表中的数据区域

（4）单击"展开"按钮▣，展开对话框，然后单击"添加"按钮，将所选区域添加到"所有区域"列表框中，如图 13-56 所示。

（5）重复第（3）～（4）步操作，将其他 11 个工作表中的数据区域添加到"所有区域"列表框中，如图 13-57 所示，然后单击"下一步"按钮。

图 13-56　添加"1 月"工作表中的数据区域　　图 13-57　添加其他 11 个工作表中的数据区域

（6）进入如图 13-58 所示的界面，选择要在哪个位置创建数据透视表，此处选中"新工作表"单选按钮，然后单击"完成"按钮，创建如图 13-59 所示的数据透视表。

图 13-58　选择创建数据透视表的位置　　　　图 13-59　将多个利润表中的数据合并到一起

（7）对数据透视表进行调整。首先为数据透视表应用"表格"布局，然后将数据透视表中的各个项目排列为正确的顺序，拖动项目将其移动到所需的位置即可。如图 13-60 所示是将 A 列中的项目调整为正确顺序后的数据透视表。

（8）修改各个字段的名称：将"页 1"字段重命名为"月份"，将"行"字段重命名为"项目"，将"本月数"字段重命名为"金额"。将"求和项：值"和"列"两个字段重命名为空格，然后将行总计隐藏起来。如图 13-61 所示为完成这些设置后的数据透视表。

	A	B	C
1	页1	（全部）	
2			
3	求和项:值	列	
4	行	本月数	总计
5	一、主营业务收入	89898854	89898854
6	减：主营业务成本	8665171	8665171
7	主营业务税金及附加	9090798	9090798
8	二、主营业务利润（亏损以负号填列）	72142885	72142885
9	加：其他业务利润（亏损以负号填列）	893967	893967
10	减：营业费用	883368	883368
11	管理费用	867583	867583
12	财务费用	860693	860693
13	三、营业利润（亏损以负号填列）	70425208	70425208
14	加：投资收益（亏损以负号填列）	1029989	1029989
15	补贴收入	788175	788175
16	营业外收入	945372	945372
17	减：营业外支出	907538	907538
18	四、利润总额（亏损以负号填列）	72281206	72281206
19	减：所得税	18263865	18263865
20	五、净利润（净利润以负号填列）	54017341	54017341
21	总计	401962013	401962013

图 13-60　调整项目的排列顺序

	A	B	C
1	月份	（全部）	
2			
3			
4	项目	金额	总计
5	一、主营业务收入	89898854	89898854
6	减：主营业务成本	8665171	8665171
7	主营业务税金及附加	9090798	9090798
8	二、主营业务利润（亏损以负号填列）	72142885	72142885
9	加：其他业务利润（亏损以负号填列）	893967	893967
10	减：营业费用	883368	883368
11	管理费用	867583	867583
12	财务费用	860693	860693
13	三、营业利润（亏损以负号填列）	70425208	70425208
14	加：投资收益（亏损以负号填列）	1029989	1029989
15	补贴收入	788175	788175
16	营业外收入	945372	945372
17	减：营业外支出	907538	907538
18	四、利润总额（亏损以负号填列）	72281206	72281206
19	减：所得税	18263865	18263865
20	五、净利润（净利润以负号填列）	54017341	54017341
21	总计	401962013	401962013

图 13-61　修改字段名称并隐藏行总计后的数据透视表

注意：将"求和项：值"和"列"两个字段重命名为空格时，它们的空格数量不能相同，否则将被 Excel 视为字段重名。

（9）单击"月份"字段右侧的下拉按钮，在打开的列表中显示类似"项 1""项 2"的内容，如图 13-62 所示。

（10）需要将"月份"字段中各项的名称修改为相应的月份。由于无法直接对报表筛选字段中的项进行重命名，所以先将"月份"字段移动到行区域，如图 13-63 所示。

图 13-62　报表筛选字段中的项目名称含义不明确

图 13-63　将"月份"字段移动到行区域

（11）将位于行区域中的"月份"字段的各项名称修改为对应的月份，例如将"项 1"

改为"1月",将"项10"改为"10月",并按顺序排列各个月份,如图 13-64 所示。

(12)修改完成后,将"月份"字段移回报表筛选区域,此时在"月份"字段的下拉列表中将显示正确的月份名称,如图 13-65 所示。

图 13-64　修改"月份"字段中的各项的名称	图 13-65　显示正确的月份名称

13.3.2　制作月报、季报和年报

为了制作月报表、季度报表和年报表,需要对"月份"字段进行分组,操作步骤如下:

(1)本小节使用的示例数据来源于 13.3.1 节制作完成的数据透视表,在"数据透视表字段"窗格中对字段进行布局,如图 13-66 所示。布局字段后的数据透视表如图 13-67 所示。

● 将"项目"字段添加到"筛选"列表框。
● 将"月份"字段添加到"行"列表框。

(2)选择"月份"字段中的"1月""2月"和"3月",然后右击选中的任意一项,在弹出的菜单中选择"组合"命令,如图 13-68 所示。

(3)将创建第一个组,选择该组名称所在的单元格(如 A5),然后输入"第一季度"并按 Enter 键,如图 13-69 所示。

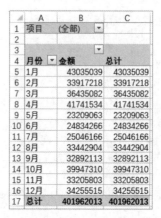

图 13-66　对字段进行布局	图 13-67　调整字段布局后的数据透视表

图 13-68　选择"组合"命令

图 13-69　创建第一个组并为其设置名称

（4）重复第（2）～（3）步操作，为"4月""5月"和"6月"创建名为"第二季度"的组，为"7月""8月"和"9月"创建名为"第三季度"的组，为"10月""11月"和"12月"创建名为"第四季度"的组，然后将行区域中的"月份 2"字段的名称修改为"季报"，如图 13-70 所示。

（5）右击"季报"字段中的任意一项，在弹出的菜单中取消选择"分类汇总'季报'"命令，如图 13-71 所示，将对"季度"字段进行的分类汇总隐藏起来。

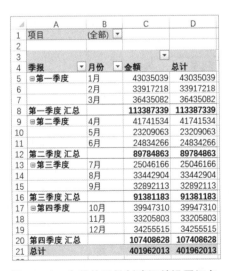

图 13-70　为其他月份创建组并设置组名

图 13-71　取消选择"分类汇总'季报'"命令

（6）选择"季报"字段中的"第一季度"和"第二季度"，然后右击选中的任意一项，在弹出的菜单中选择"组合"命令，如图 13-72 所示。

（7）将第一季度和第二季度创建为一组，然后将该组的名称设置为"上半年"。使用相同的方法，将第三季度和第四季度创建为一组，并将其命名为"下半年"，如图 13-73 所示。

图 13-72　选择"组合"命令　　　　　　　　图 13-73　将 4 个季度创建为两组

（8）右击新增的"月份 2"字段中的任意一项，在弹出的菜单中取消选择"分类汇总'月份 2'"命令，如图 13-74 所示。

（9）执行第（8）步操作后将隐藏对"月份 2"字段的分类汇总，然后将"月份 2"字段的名称设置为"半年报"，如图 13-75 所示。

图 13-74　取消选择"分类汇总'月份 2'"命令　　　图 13-75　隐藏分类汇总并设置字段的名称

（10）选择"半年报"字段中的"上半年"和"下半年"，然后右击选中的任意一项，在弹出的菜单中选择"组合"命令，如图 13-76 所示。

（11）将"上半年"和"下半年"创建为一组，将该组的名称设置为"全年"，然后将新增的"月份 3"字段的名称设置为"年报"，并隐藏"年报"字段中的分类汇总，如图 13-77 所示。

图 13-76　选择"组合"命令

图 13-77　将"上半年"和"下半年"创建为一组

（12）将创建第一个分组时的"月份"字段的名称设置为"月报"，然后在"数据透视表字段"窗格中对字段进行布局，如图 13-78 所示。完成后的数据透视表如图 13-79 所示。

- 将"月报""季报""半年报"和"年报"4 个字段移动到"筛选"列表框。
- 将"项目"字段移动到"行"列表框。

图 13-78　对字段进行布局

图 13-79　完成后的数据透视表

以后可以使用报表筛选区域中的字段，灵活查看不同的报表类型。例如，单击"季报"字段右侧的下拉按钮，在打开的列表中选择"第三季度"，如图 13-80 所示，在数据透视表中将只显示第三季度的数据，如图 13-81 所示。

图 13-80　选择要查看的时间段　　　　　　　图 13-81　只显示特定时间段的数据

13.3.3　制作累计报表

累计报表是指数据随着时间的推移而进行累计求和。例如，第一季度累计报表包含 1 ～ 3 月的数据，第二季度累计报表包含 1 ～ 6 月的数据，第三季度累计报表包含 1 ～ 9 月的数据，第四季度累计报表包含 1 ～ 12 月的数据。

用户可以通过在数据透视表中创建计算项制作累计报表，操作步骤如下：

（1）本小节使用的示例数据来源于 13.3.1 节制作完成的数据透视表，在"数据透视表字段"窗格中对字段进行布局，如图 13-82 所示。布局字段后的数据透视表如图 13-83 所示。

- 将"项目"字段添加到"筛选"列表框。
- 将"月份"字段添加到"行"列表框。

图 13-82　对字段进行布局

	A	B	C
1	项目	(全部)	
2			
3			
4	月份	金额	总计
5	1月	43035039	43035039
6	2月	33917218	33917218
7	3月	36435082	36435082
8	4月	41741534	41741534
9	5月	23209063	23209063
10	6月	24834266	24834266
11	7月	25046166	25046166
12	8月	33442904	33442904
13	9月	32892113	32892113
14	10月	39947310	39947310
15	11月	33205803	33205803
16	12月	34255515	34255515
17	总计	401962013	401962013

图 13-83　调整字段布局后的数据透视表

（2）单击"月份"字段中的任意一项，在功能区的"数据透视表工具 | 分析"组中单击"字段、项目和集"按钮，然后在弹出的菜单中选择"计算项"命令，如图 13-84 所示。

（3）打开"在'月份'中插入计算字段"对话框，进行以下几项设置，如图 13-85 所示。

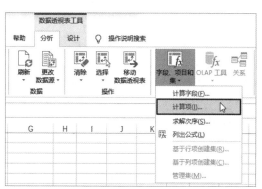

图 13-84　选择"计算项"命令

图 13-85　设置计算项

- 在"名称"文本框中输入"第一季度累计报"。
- 删除"公式"文本框中的 0。
- 单击"公式"文本框内部，然后在"字段"列表框中选择"月份"，在右侧的"项"列表框中分别双击"1 月""2 月"和"3 月"，将它们添加到"公式"文本框中，再在它们之间输入加号。

（4）单击"添加"按钮，将创建的"第一季度累计报"计算项添加到"项"列表框，如图 13-86 所示。

（5）使用类似的方法，创建"第二季度累计报""第三季度累计报""第四季度累计报""半年累计报"和"全年累计报"计算项，如图 13-87 所示。各计算项的公式如下：

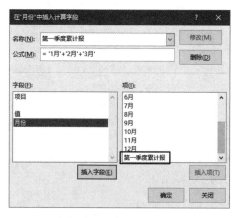

图 13-86　将创建的计算项添加到"项"列表框

图 13-87　创建所有的计算项

第二季度累计报：='1月'+'2月'+'3月'+'4月'+'5月'+'6月'
第三季度累计报：='1月'+'2月'+'3月'+'4月'+'5月'+'6月'+'7月'+'8月'+'9月'
第四季度累计报：='1月'+'2月'+'3月'+'4月'+'5月'+'6月'+'7月'+'8月'+'9月'+'10月'+'11月'+'12月'
半年累计报：=第二季度报
全年累计报：=第四季度报

（6）创建好所有计算项后，单击"确定"按钮，关闭"在'月份'中插入计算字段"对话框，将在数据透视表中添加这些计算项，如图 13-88 所示。

（7）将"月份"移动到"列"列表框中，将"项目"字段移动到"行"列表框中。然后单击"月份"字段右侧的下拉列表，在打开的列表中只选中与季度累计报和年累计报相关的选项，如图 13-89 所示。

图 13-88　在数据透视表中添加已创建的计算项　　　图 13-89　筛选"月份"字段中的项

（8）单击"确定"按钮，在数据透视表中将只显示季度累计报和年累计报的数据，如图 13-90 所示。

	月份						总计
求和项:值							
项目	第一季度累计报	第二季度累计报	第三季度累计报	第四季度累计报	半年累计报	全年累计报	总计
一、主营业务收入	25024118	45208644	65778349	89898854	45208644	89898854	361017463
减：主营业务成本	2173067	4286187	6491391	8665171	4286187	8665171	34567174
主营业务税金及附加	2145102	4302452	6414431	9090798	4302452	9090798	35346033
二、主营业务利润（亏损以负号填列）	20705949	36620005	52872527	72142885	36620005	72142885	291104256
加：其他业务利润（亏损以负号填列）	227755	444438	679227	893967	444438	893967	3583792
减：营业费用	219698	430860	653154	883368	430860	883368	3501308
管理费用	223737	431649	628963	867583	431649	867583	3451164
财务费用	209849	446501	646821	860693	446501	860693	3471058
三、营业利润（亏损以负号填列）	20280420	35755433	51622816	70425208	35755433	70425208	284264518
加：投资收益（亏损以负号填列）	271822	555472	769125	1029989	555472	1029989	4211869
补贴收入	164759	386736	598717	788175	386736	788175	3113298
营业外收入	180170	434847	691945	945372	434847	945372	3632553
减：营业外支出	233449	395998	659287	907538	395998	907538	3499808
四、利润总额（亏损以负号填列）	20663722	36736490	53023316	72281206	36736490	72281206	291722430
减：所得税	4284047	8552695	13618167	18263865	8552695	18263865	71535334
五、净利润（净利润以负号填列）	16379675	28183795	39405149	54017341	28183795	54017341	220187096
总计	113387339	203172202	294553385	401962013	203172202	401962013	1618209154

图 13-90　只显示季度累计报和年累计报